深远海养殖技术系列专著

深远海养殖用渔网材料技术学

石建高 著

海洋出版社

2022年·北京

图书在版编目（CIP）数据

深远海养殖用渔网材料技术学 / 石建高著 . — 北京：
海洋出版社，2022.6
ISBN 978-7-5210-0955-2

Ⅰ . ①深… Ⅱ . ①石… Ⅲ . ①深海 – 海水养殖 – 渔网 –
材料技术 Ⅳ . ① S972.1

中国版本图书馆 CIP 数据核字（2022）第 090506 号

责任编辑：高朝君
责任印制：安 淼
海洋出版社 出版发行
http：//www.oceanpress.com.cn
北京市海淀区大慧寺路 8 号 邮编：100081
鸿博昊天科技有限公司印刷
2022 年 6 月第 1 版 2022 年 10 月北京第 1 次印刷
开本：787mm × 1092mm 1/16 印张：13.25
字数：236 千字 定价：80.00 元
发行部：010-62100090 邮购部：010-62100072
总编室：010-62100034 编辑室：010-62100038

前 言

随着全球人口增长、资源短缺等问题的日益严重，陆地资源已难以满足社会发展需求。在此背景下，发展深远海养殖网箱显得尤为必要。我国政府为此出台相关政策，大力支持深远海养殖网箱生产。2019 年，农业农村部等 10 部门印发《关于加快推进水产养殖业绿色发展的若干意见》，明确未来国家将大力支持发展深远海绿色养殖。2021 年 5 月，财政部联合农业农村部印发《关于实施渔业发展支持政策推动渔业高质量发展的通知》，明确指出“十四五”期间国家将继续重点支持建设现代渔业装备设施等。2022 年 1 月 11 日，农业农村部网站公布的《对十三届全国人大四次会议第 2782 号建议的答复》显示，农业农村部将组织编制《深远海大型智能化养殖渔场发展规划（2021—2035 年）》，并以此为引领，加强技术攻关和装备科技创新，推动深远海养殖高质量发展。半潜式养殖装备、牧场化围栏和养殖工船等深远海养殖装备设施作为新型水产养殖模式，将在我国水产养殖中发挥重要作用。

在水产领域，渔民或养殖企业对“网片”“网衣”或“渔网”等名词术语没有严格区分，本书在叙述中采用历史或传统习惯叫法。渔民或养殖企业等也将渔网系统称为网衣系统、网片系统或网具系统。深远海养殖业的高质量发展离不开渔网材料技术，直接关系到产业的成败。近年来，中国水产科学研究院东海水产研究所石建高研究员课题组等团队创新研发了多种渔网新材料及网衣系统，并在生产及研发活动中进行了试验、示范或产业化应用，中央电视台等多家媒体对相关成果进行了宣传报道，推动了深远海养殖技术进步。本书对渔网材料、网衣工艺、防污损处理、综合性能检验等深远海养殖用渔网材料技术进行了分析研究，由石建高研究员负责编写并统稿。本书编写单位为中国水产科学研究院东海水产研究所、农业农村部绳索网具产品质量监督检验测试中心。本书得到了工业和信息化部高技术船舶科研项目（项目名称：半潜式养殖装备工程开发；项目编号：工信部装函〔2019〕360 号）、国家自然科学基金（31972844）、国家重点研发计划项目（2020YFD0900803）等多个科技项目的资助。

本书在编写过程中少量引用了文献资料、媒体报道和企业网站等公开的图片，作者尽可能地对图片来源进行说明或将相关文献列于参考文献中，如有疏漏之处，敬请谅解。本书也得到了中国船舶重工集团有限公司科技创新与研发项目（201817K）、泰山英才领军人才项目（2018RPNT-TSYC-001）、2020年省级促进（海洋）经济高质量发展专项资金（粤自然资合〔2020〕016号）、国际合作项目（TEK1060）、广西创新驱动发展专项资金项目“离岸海域设施化网箱装备研制与养殖技术创新及成果转化应用”等多个科技项目的支持。余雯雯、张文阳、程世琪、钟文珠、李守湖参加专著第2章第3节编写工作。著者课题组及合作单位参加了渔网材料的设计、开发、加工、论证、推广应用或标准制修订等工作。刘永利、陈晓雪、徐学明、王越、孙斌、王猛、徐俊杰、邱昱、舒爱艳、吕昌麟等同志参加了渔网材料试验及项目论证等工作。专著封面及封底照片由庄栋杨及李红等提供。在此一并表示感谢。

为阶段性总结深远海养殖技术成果与实践经验，助力深远海养殖业高质量发展，石建高研究员组织相关单位编写了《深远海养殖技术》系列专著。本书为《深远海养殖技术》系列专著中的第二本书籍，书名为《深远海养殖用渔网材料技术学》。我国现有水产养殖渔网系统（亦称网衣系统）及网具系统安全方面存在诸多问题，如渔网及网具基础理论不足，难以支撑渔网系统安全；渔网系统破坏机理复杂，尚未掌握破损规律；渔网系统防污难度大，无法实现低防污成本下的渔网清洁；渔网工艺标准缺失，难以精准控制渔网系统整体质量等，导致恶劣海况下个别养殖装备多次出现网破鱼逃问题，这已成为制约深远海养殖业发展的关键技术问题。为解决上述关键技术问题，迫切需要开展渔网材料技术总结与联合攻关研究。本书仅为深远海养殖渔网材料技术理论及实践经验的阶段性总结，可供渔业管理部门、科技和教育部门、企业、个体户、专业人员以及相关协会等阅读参考。

本书是国际上首部系统研究深远海养殖用渔网材料技术的重要著作，整体技术达到国际先进水平，部分技术（如渔网本征防污技术、减小附着基面积防污技术、多元协同防污技术、高性能渔网综合性能测试技术等）及实践经验达到国际领先水平。期望本书为政府管理部门的科学决策以及产学研企协等各界朋友提供借鉴，并为实现深远海养殖业高质量发展发挥抛砖引玉的作用。本书为著者单位、著者及其团队、著者合作单位及其团队等20多年来集体智慧的结晶，在此向他们表示衷心的感谢。由于编写时间、作者水平等所限，不当之处在所难免，恳请读者批评指正。

著　者

2022年6月

目　录

第一章 深远海养殖用渔网材料与工艺学

深远海养殖是一种绿色养殖模式，在水产养殖业发挥着重要作用。材料是深远海养殖业的基础，深远海养殖设施离不开绳网材料。网衣系统安全设计技术是制约我国深远海养殖业发展的“卡脖子”技术难题，但目前尚未得到行业的足够重视。网片是由网线编织成一定尺寸网目结构的片状编织物。剪裁后的网片、装配在渔具上的网片等，被习惯地称为网衣或渔网。渔网材料的研发、检验与应用为深远海养殖的离岸化、深水化、大型化、智能化、绿色化和现代化发挥了重要作用。渔网材料与工艺技术直接关系到网衣系统的安全设计。本章对深远海养殖概况、渔网材料、渔网工艺学、渔网质量安全及技术标准体系等进行综合分析研究，为水产养殖业的高质量发展提供技术支撑。

第一节 深远海养殖概况与渔网材料

深远海养殖业的高质量发展离不开渔具材料技术，尤其是渔具新材料技术。中国是世界第一渔具材料大国，2020 年全国绳网制造总产值高达 133.4 亿元，这为发展深远海养殖提供了得天独厚的基础条件。近年来，渔具及渔具材料技术取得重大突破，中国水产科学研究院（以下简称“水科院”）东海水产研究所石建高研究员课题组及其合作单位创新研发了多种渔网新材料，并在深远海养殖业进行了试验或产业化应用，助力了我国深远海养殖技术进步。本节主要介绍深远海养殖概况及渔网材料，为读者了解、分析、研发和应用深远海养殖用渔网材料提供参考。

一、深远海养殖概况

开拓海水养殖新空间，开展深远海海水养殖是我国海水养殖可持续发展的需要，是保障我国食物安全和近海生态安全的需要，也是有效利用我国海洋资源、宣示海洋权益的需要。2019 年，农业农村部等十部委联合印发《关于加快推进水产养殖业绿色发展的若干意见》，明确未来国家将大力支持发展深远海绿色养殖。2021 年 5 月，财政部联合农业农村部印发《关于实施渔业发展支持政策推动渔业高质量发展的通知》，明确指出“十四五”期间国家将继续重点支持建设现代渔业装备等。

深远海养殖网箱、深远海围栏和养殖工船等深远海养殖装备作为新型水产养殖模式，将在我国水产养殖中发挥重要作用。

深远海养殖网箱是指放置在低潮位水深超过 15 m 且有较大浪流的开放性水域或离岸数海里外岛礁水域的箱状水产养殖设施。2016 年以前，我国深远海养殖网箱工作处于起步阶段，这个时期为我国深远海养殖网箱发展的第一阶段——深远海养殖网箱 1.0 时代，相关代表性装备如特力夫深海网箱、大型增强型高密度聚乙烯（HDPE）框架圆形网箱、可组装式深远海潟湖金属网箱等，这为我国发展深远海养殖提供了技术支持与储备。2017 年 6 月，武昌船舶重工集团有限公司（以下简称“武船重工”）为挪威客户建成“海洋 1 号”深海渔场（Ocean Farm 1），随后我国兴起了深远海养殖网箱研发、建造、应用示范 / 应用试验等热潮，标志着我国深远海养殖网箱跨入了新的阶段——深远海养殖网箱 2.0 时代，海工企业（如武船重工、中集蓝海洋科技有限公司、上海振华重工集团股份有限公司、中国科学院广州能源所、海王星海洋工程技术有限公司、天津德赛海洋船舶技术有限公司等）联合院所校企建造了形式多样的深远海养殖网箱（如“深蓝 1 号”“长鲸一号”“振渔 1 号”“澎湖号”“哨兵号”“德海 1 号”“闵投一号”“经海 001 号”等），引领了我国深远海养殖网箱的绿色发展和现代化建设。未来深远海养殖网箱技术成熟，且有大规模（区域集群）的深远海养殖网箱进行建造与产业化生产应用时，我国深远海养殖网箱将跨入新的阶段——深远海养殖网箱 3.0 时代。当前，我国深远海养殖网箱尚处于 2.0 时代，深远海养殖网箱 3.0 时代是令人神往的水产时代，需要大家的长期支持与不懈努力。关于深远海养殖网箱发展阶段的学术观点，一切以政府出台的公开文件为准。

深远海围栏是指在低潮位水深超过 15 m 且有较大浪流的开放性水域、离岸 3 海里外岛礁水域或养殖水体不小于 20 000 m^3 的海水围栏。2000 年以后，随着网箱技术、新材料技术、水产养殖技术和网具优化设计技术等新技术的开发与应用，东海水产研究所（以下简称“东海所”）石建高研究员、浙江海洋大学宋伟华教授等专家学者开展了围栏技术研究，形成了一批论著与专利，如《深远海生态围栏养殖技术》、“中国海水围网养殖的现状与发展趋势探析”“一种大型复合网围”等。围栏设施也由普通合成纤维网衣结构拓展到栅栏、网栏、镂空堤坝 + 网衣等多种结构形式。针对上述水生生物的圈养设施模式，出现了“围栏”“围网”“网栏”“网围”“栅栏”“海洋渔场”“无底智能海洋渔场”等不同称谓。石建高等养殖围栏专家认为，将不采用栏杆、柱桩、堤坝等主体结构，而仅采用网衣 + 网纲结构形式的网围称为“围网”更加贴切，这有待今后的进一步规范。2013—2014 年，东海所石建高研究员联合相关单位率先为恒胜水产公司设计制造了周长 386 m 的双圆周管桩式大型围栏。该围栏运行至今，已经历“凤凰”等多个台风的考验，大型围栏完好无损，相关技术成果技术安全可靠、抗风浪能力强、养殖鱼类品质高、经济效益好。至此，我国（超）大型围栏技术初步成熟。随后，石建高研究员课题组联合相关单位设计建造了双圆周管桩式大型围栏（大陈岛，周长约 386 m）、超大型双圆周大跨距管桩式围栏（浙江，周长 498 m）、超大型牧场化栅栏式堤坝围栏（浙江，养殖面积 650 亩①）、零投喂牧场化大黄鱼围栏（浙江，一期养殖面积 200 余亩）等多种（超）大型围栏，并成功实现产业化应用，中央电视台等多家媒体对相关成果进行了多次宣传报道，推动了围栏的技术进步，引领了围栏产业的高质量发展。上述多种结构形式围栏的建成交付、产业化养殖应用及其良好的抗台风性能，标志着我国深远海养殖围栏发展从第一阶段跨入了第二阶段——深远海养殖围栏 2.0 时代。综上所述，深远海养殖围栏的前景广阔，值得深入研究与大力推广应用。

养殖工船为目前我国先进的可移动养殖技术装备，它改变了传统养殖产业模式，将海水养殖从近海拓展到深远海，同时解决了传统深水网箱养殖不可移动的弊端。通过引导大数据、物联网、人工智能等现代信息技术与水产养殖生产深度融合，有助于缓解近海养殖污染、解决传统养殖转型升级等问题。养殖工船是落实我国海洋强国战略、发力深远海养殖、推动海洋渔业智能化、现代化升级发展的重要技术载体。经过多年的发展，我国养殖工船取得了突破性的进展，其前景相当广阔。如 2022 年 5 月，全球首艘 10 万吨级智慧渔业大型养殖工船“国信 1 号”在青岛交付运营，标志着我国深远海大型养殖工船产业实现了由 0 到 1 的突破。诚然，我国在建的大多数养殖工船项目获得了渔业补贴支持，因此在分析养殖工船模式产业可行性时，人们应在去除相关渔业补贴后再理性分析其可行性，特别需要客观评价其投资总成本、单位养殖水体成本、养成鱼类的品质与售价等，以客观分析其在没有渔业补贴前提下实际运营的经济可行性与投资回报率等，以控制投资成本、客观评价项目立项投资可行性，确保其有序、规范发展。

有关深远海养殖围栏、网箱和养殖工船的概况，读者可参考《深远海生态围栏养殖技术》《深远海网箱养殖技术》《深远海养殖用纤维材料技术学》等论著，这里不再重复。

二、深远海养殖渔网材料

在深远海养殖技术领域，网片、网线、绳索及纤维统称为“绳网”。绳网材料及工艺直接关系到水产养殖的成败，系统研究其综合性能非常重要与必要。网片是

---

① 1 亩≈ 666.67 平方米。

组成网（渔）具的主要材料，其种类、结构、规格、形状和网目尺寸与网具的综合性能有着极为密切的关系。渔网一般应具有强力高、网结牢度大、网目尺寸均匀一致等性能。而理想的深远海养殖渔网材料还应具有防污功能，以减少污损生物在网衣上的附着，提高养殖设施安全与养成鱼类品质。渔具是指在海洋和内陆水域中，直接用于捕捞和养殖水生经济动物的工具。本节对深远海养殖渔网材料的网目结构与网目尺寸、网片结构与网片方向、网片尺寸与网片种类、渔网材料与网片重量、网片标记与网片质量等进行分析总结，供读者参考。

（一）网目结构与网目尺寸

1. 网目结构

网目是由网线通过网结、编织（如绞捻、插编、辫编）等方法，按设计形状加工成的孔状结构，其形状呈菱形、方形、六角形和多边形等形状（图 1–1）。六角形网目亦称“六边形网目”。网目包括目脚和网结（或网目连接点）两个部分；一个菱形或方形网目由 4 个网结和 4 根等长的目脚组成。传统渔具的网目通常为菱形，它能较好地适应渔具作业需要。然而，渔业生产实践表明，在封闭水域、释放幼鱼、减小阻力以及节省材料等方面，菱形网目结构还需进行改进和完善。20 世纪 70 年代中期起，正方形网目网片和六角形（六边形）网目网片引起了人们的重视，目前正逐步在深远海养殖、运动网等领域得到推广应用。如亚洲最大的深海智能网箱“经海 001 号”，其网片结构就采用了方形网目。

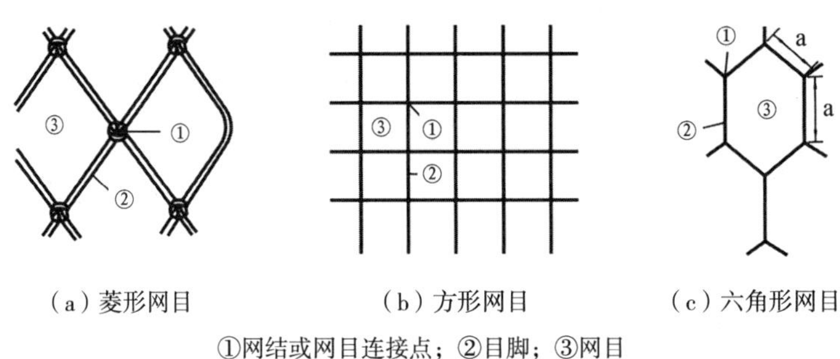

（a）菱形网目　（b）方形网目　（c）六角形网目

①网结或网目连接点；②目脚；③网目

图 1–1　网目结构示意

目脚是指网目中相邻两结或网目连接点间的一段网线。目脚决定网目尺寸和网目形状的正确性。就菱形网目和方形网目而言，目脚长度都应相同，以保证网片强力和网目的正确形状。就六角形网目而言，其中 4 根目脚一般等长，另外两根目脚可以和其他 4 根不等长［当 7 根目脚都等长时则为正六角形（正六边形）网目］，如图 1–1（c）。网结是指有结网片中目脚间的连接结构（以下简称“结”或“结节”)。网目连接点是指无结网片中目脚间的连接结构（以下简称“连接点”)。网结或网目连接点的主要作用是限定网目尺寸和防止网目变形，它对网片的使用性能与水体交换等具有重要意义。网结牢固程度决定于网结种类。对由合成纤维及网线编织的网片，需通过热定型处理或树脂处理等后处理，来提高网结牢固性。网结种类主要有活结和死结（图 1–2）。活结结形扁平、耗线量少，这可减轻网具重量。活结使用时对网结磨损程度较轻，但活结的牢固性较差，受力后易变形，不适合在水产养殖网衣中使用。活结一般适用于编织小网目网片。死结的网结形状表面突起，较活结易受磨损。死结的网结较牢固，使用中不易松动或滑脱，可在水产养殖网衣中使用。死结是编织网片时使用最普遍的一种网结。单死结又叫蛙股结、死结。单死结因打结方法不同，又有手工编单死结、机织单死结的区别。最常用的变形结为双死结，这在养殖网具的装配中经常使用。因为合成纤维网线表面光滑、弹性较大[尤其是用聚酰胺（PA）单丝线打成的网结牢固性较差]，所以人们在原有死结上多绕一圈构成双死结，以提高网结的牢固性。

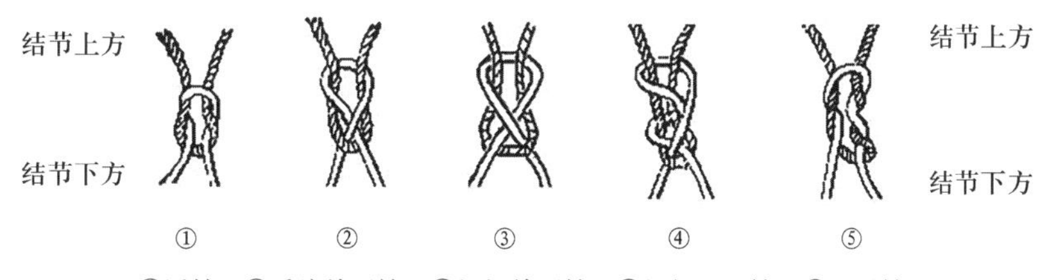

①活结；②手编单死结；③机织单死结；④机织双死结；⑤双活结

图 1–2　网结种类

不管哪种网结，编织时必须具有正确的形状，使网结部分的线圈相互紧密嵌住，并应勒紧。完全良好的网结不应变形，并在拉紧网结上任何一对线端时，网线不会滑动。网结的滑动不仅会导致网目不稳定、网目形状变形和网目尺寸不等，而且会引起网线间磨损，导致网片强力减小，影响使用周期。

无结网片网目连接点的形式主要有插捻、平织、经编、辫编、绞捻和热塑成型等（见图 1–3）。在无结网片中，目前渔具上使用较多的包括经编网片、绞捻网片和辫编网片等，深远海养殖业中使用较多的主要有经编网片和绞捻网片等，如在“深蓝 1 号”网箱上采用了超高分子量聚乙烯（UHMWPE）经编网衣。如果无结网片网目连接点上相互连接的网线多，那么网目连接点长度就会增加，网目形状也会因此从菱形变成六角形或其他多边形。在深远海养殖业，人们可以根据需要选择合适的网目形状。

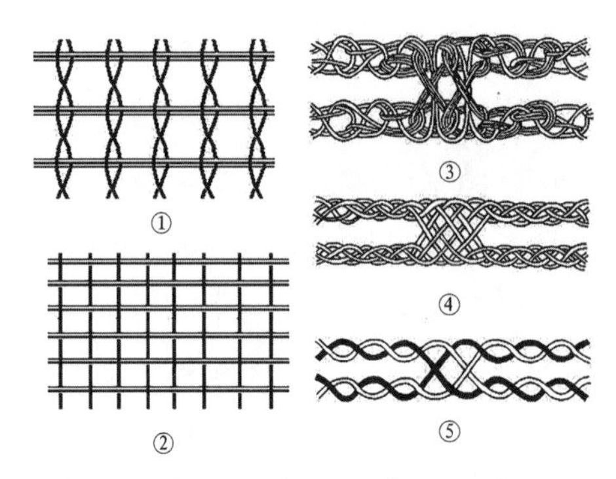

①插捻；②平织；③经编；④辫编；⑤绞捻

图 1–3 无结网片网目连接点的形式

2. 网目尺寸

网目尺寸为一个网目的伸直长度。网目尺寸可用网目内径、目脚长度和网目长度等 3 种尺寸表示（图 1–4）。

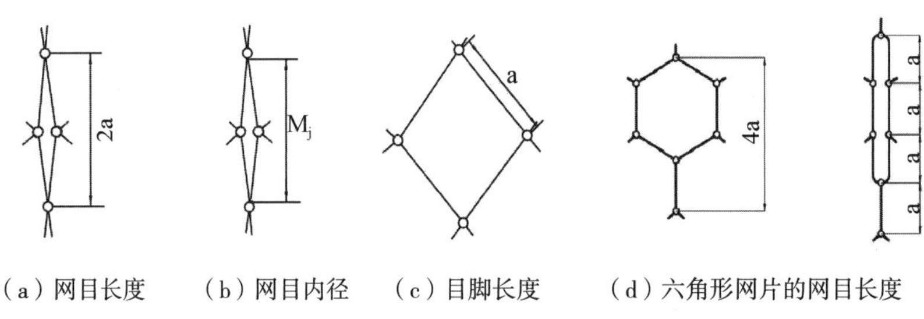

（a）网目长度 （b）网目内径 （c）目脚长度 （d）六角形网片的网目长度

图 1–4 网目尺寸表示法

网目长度是指当网目充分拉直而不伸长时，其两个对角结或连接点中心之间的距离［以下简称“目大”，图 1–4（a）］。如果菱形网片和方形网片的网目中一个目脚长为 a，那么网目长度符号用“2a”表示，单位 mm。测量网目长度时，可在网片上分段取 10 个网目拉直量取，然后取其平均值，具体方法可参考石建高研究员起草的国家标准《渔网网目尺寸测量方法》（GB/T 6964—2010）。网目内径是指当网目充分拉直而不伸长时，其对角结或连接点内缘之间的距离［图 1–4（b）］。网目内径符号用“Mj”表示，单位 mm。值得读者注意的是，我国在渔具图标记或计算时，习惯用目脚长度、网目长度来表示；但在某些国家，捕捞渔具用网目尺寸有时用网目内径表示，如非洲一些国家的拖网网囊的网目尺寸就是用网目内径表示。目脚长度是指当目脚充分伸直而不伸长时，网目中两个相邻结或连接点的中心之间的距离［亦称“节”，图 1–4（c）］。目脚长度通常用符号“a”表示，单位 mm。在实际测量时，可从一个网结下缘量至相邻网结的下缘。在正六角形网目中，正六角形网目的 6 个目脚的目脚长度相同，但在不规则六角形网目中，六角形网目的目脚长度可能存在两个不同值，读者或渔网用户应加以关注。菱形网片和方形网片的网目有 4 个目脚、4 个结节（或节点），而六角形网目有 7 个目脚和 7 个节点［图 1–4（d）］。如果正六角形网片的每一个目脚长为 a，那么其网目长度符号用“4a”表示，单位 mm。养殖网衣的网目尺寸需要根据养殖种类、初始投放鱼类大小、网具装配工艺等因素综合确定。

（二）网片结构与网片方向

1. 网片结构

因为网片自身的特殊结构，所以，剪断网片目脚后，在网片边缘或目脚剪断处，网目会出现单脚、宕眼和边旁等 3 种基本形式（图 1–5）。几种剪裁形式的目数计算基础如表 1–1 所示。

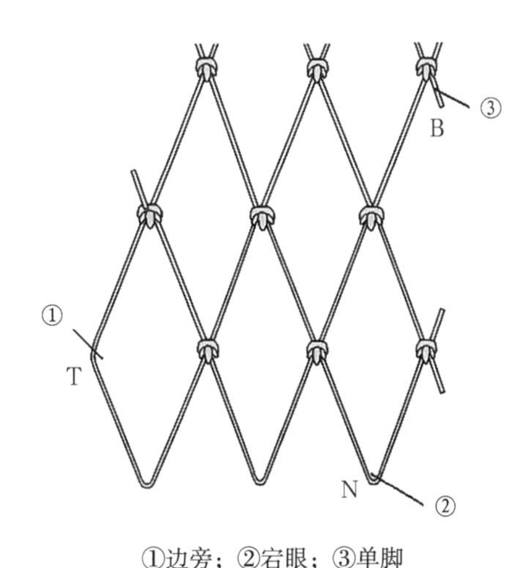

①边旁；②宕眼；③单脚

图 1–5　网目的三种基本形式

表 1–1　几种剪裁形式的目数计算基础

剪裁形式	网片方向	
	横向	纵向
B	0.5 目	0.5 目
N	1 目	—
T	—	1 目

单脚是指沿网结外缘剪断一根目脚，组成 3 个目脚和一个网结的结构，代号 B［图 1–5 ③］。单脚的特点是：在单脚结上有 3 个目脚完整，仅有一个目脚被剪断。单脚结不可以解开，一旦解开，网目结构就会受到破坏。一个单脚，在网片的

纵向和横向都计半目。宕眼是指沿网结外缘剪断横向相邻两根目脚所组成的结构，代号 N［图 1–5 ②］。宕眼的特点是：宕眼结可以解开，一旦解开，网目结构仍然完好无损。一个宕眼，在网片的横向计 1 目，纵向不计目数。边旁是指沿网结外缘剪断纵向相邻两根目脚所组成的结构，代号 T［图 1–5 ①］。边旁的特点是：边旁结不能解开，一旦解开，网目结构就要受到破坏。一个边旁，在网片的纵向计 1 目，横向不计目数。

2. *网片方向*

网片方向有纵向、横向和斜向之分。需要注意的是，无结网片方向一般与网线总走向有关，其网目最长轴方向与网线总走向相平行，但有时网线总走向不易判断。手工编织有结网片，横向设定网目数不再扩大，纵向网目数在编织中不断增加，因此，手工编网一般采用纵向编织。机器编织有结网片时，纵向设定网目数不再扩大，横向网目数在编织中不断增加，因此，机器编网一般采用横向编织（图 1–6）。如果网目的两个轴长相等，那么网片方向就无法确定，这时，网目的尺寸可按任一方向来确定。

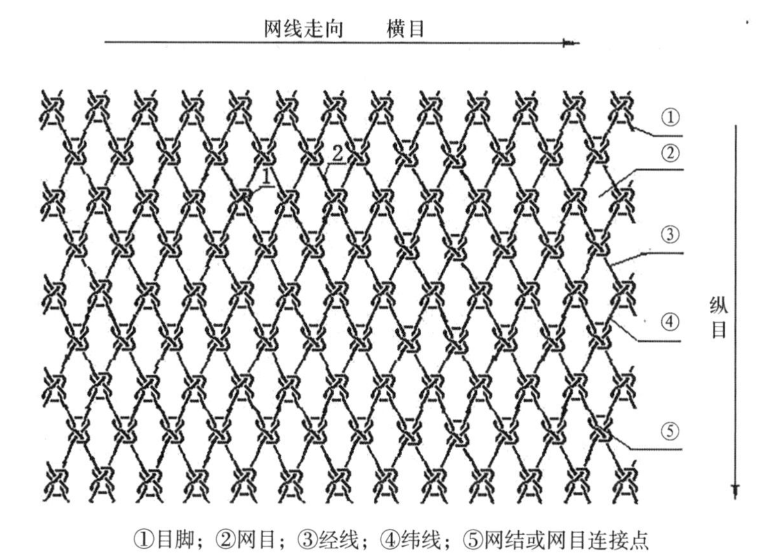

①目脚；②网目；③经线；④纬线；⑤网结或网目连接点

图 1–6　网线走向示意

如图 1–7 所示，在一片网片中，与织（结）网网线总走向相平行的方向称网片横向，代号 T 平行于网片横向的网目，称为横目。网片横向一排的网目数，称网片的横（向）目数。在一片网片中，与织（结）网网线总走向相垂直的方向称网片纵向，代号 N。平行于网片纵向的网目，称为纵目。网片纵向一列的网目数，称网片的纵（向）目数。网片上与目脚相平行的方向，称为网片斜向，代号 AB。

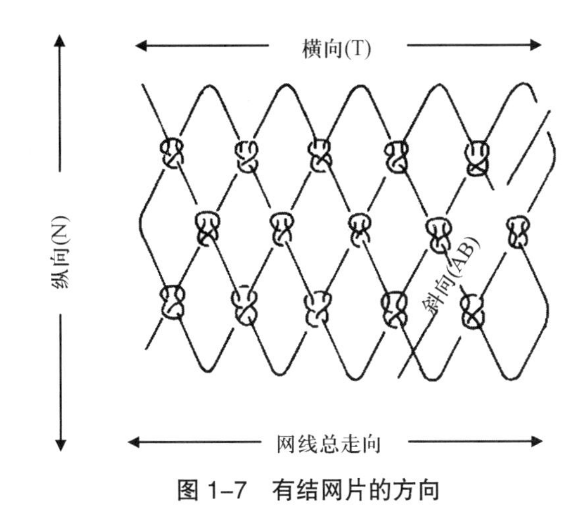

图 1-7 有结网片的方向

（三）网片尺寸与网片种类

1. 网片尺寸

网片尺寸包括网片长度和网片宽度，既可用网片纵、横向网目数表示，又可用充分拉直而不伸长的长度来表示。

（1）网片长度

网片的纵向（N）尺度，用网目数表示时，逐个计数与网片长度方向平行排列的目数；用长度表示时，将网片摊平、拉直，在网片的中部任取一目，按网目长度的构成方向，从一端第一目开始，用卷尺量至另一端，单位 m。在养殖网衣的筛选上，如果条件允许，宜选用合适长度的网片进行网具加工，以降低网衣破损风险。

（2）网片宽度

网片的横向（T）尺度，用网目数表示时，逐个计数网片宽度方向平行排列的目数；用长度表示时，将网片摊平、拉直，在网片的中部任取一目，按网目长度的构成方向，从一端第一目开始，用卷尺量至另一端，单位 m。在养殖网衣的筛选上，如果条件允许，宜选用合适宽度的网片进行网具加工，以降低网衣破损风险。

例如，网片尺寸 100 T × 1 000 m，即表示该网片横向 100 目，纵向拉直长度为 1 000 m。又如网片尺寸 800 T × 300 N，即表示该网片横向 800 目，纵向 300 目。

2. 网片种类

网片在水产技术领域应用广泛，其生产设备有经编机、有结网机、绞捻网机和辫编网机等。适应水产养殖等不同领域的需要，网片结构、网目形状、编织方式以及织网用纤维（亦称“基体纤维”）等都可不同，这使得网片种类繁多且标记复杂。根据定型与否，网片可分为定型网（片）和未定型网（片）两大类；根据编织方式，网片可分为机织网片和手工网片两大类；根据网结有无，网片可分为有结网（片）和无结网（片）两大类；根据网目形状，网片可分为菱形网（片）、方形网（片）、六角形网（片）、多边形网（片）和其他形状网（片）；根据材料柔性与否，网片可分为柔性网（片）和刚性网（片）两大类；根据基体材料，网片可分为聚乙烯（PE）单丝网（片）、PA 单丝网（片）、PA 复丝网（片）、聚丙烯（PP）复丝网（片）、聚酯（PET）复丝网（片）、UHMWPE（纤维）网（片）和金属网（片）等。在上述分类的基础上，还可以对网片进行细分，如养殖网（片）根据潜在制作的养殖设施类型分为网箱网片、养殖围网网片、扇贝笼网片和珍珠笼网片等；金属网（片）根据结构可分为斜方网、编织网、拉伸网和电焊网等。

（1）有结网片

有结网片（亦称“有结网”）是指由网线通过作结构成的网片。按网结类型，有结网片分为活结网片、单死结网片和双死结网片，网结种类见图 1-2。按生产形式，有结网片分为双线式（图 1-8）和单线式（图 1-9）。双线式的有结网片基本上由织网机生产而成（其中一条线是来自筒子，像织布一样运动；而另一条线则缠绕在梭子上，并由梭子引线穿过钩型或针型结网装置。双根网线或多根网线均适用于双线式有结网片）。单线式的有结网片基本由手工制成。网线都缠绕在网针上，同排的所有网目都分别依次打结。织网过程中通过使用网目尺寸控制板（以下简称“目板”）来获得相同的网目尺寸。如果要将网片织得平整，那么网线的走向都依次为从左到右，再从右到左；如果要将网片织成连续不断的圆筒（像一个试管或圆柱形），那么网线的走向就应沿着同一方向。

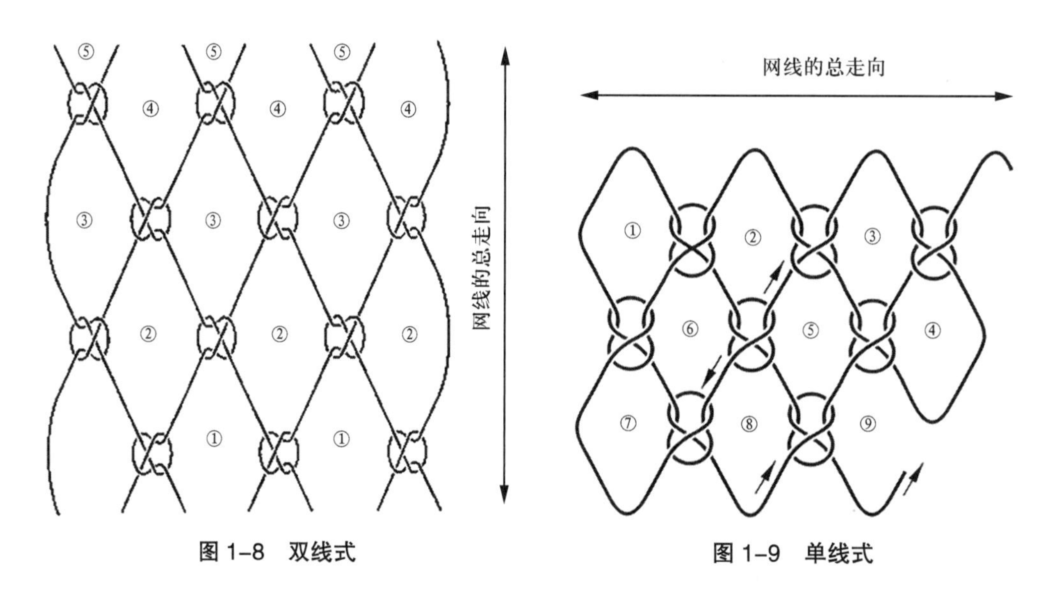

图 1-8 双线式　　　图 1-9 单线式

按整块网片的所有网结方向，有结网片分为加捻型网片（见图 1-10）和无捻型网片（图 1–11）。如果有结网机织出的整块网片的所有网结的方向相同，那么这样的有结网片称为“加捻型网片”；如果有结网机织出的整块网片上网结作结方向正反交替，那么这样的有结网片称为“无捻型网片”。所有类型的有结网片均可用单股网线或多股网线加工生产。

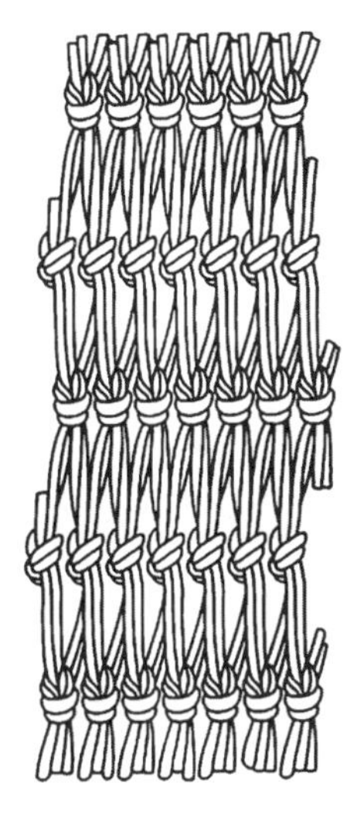

图 1–10　加捻型网片

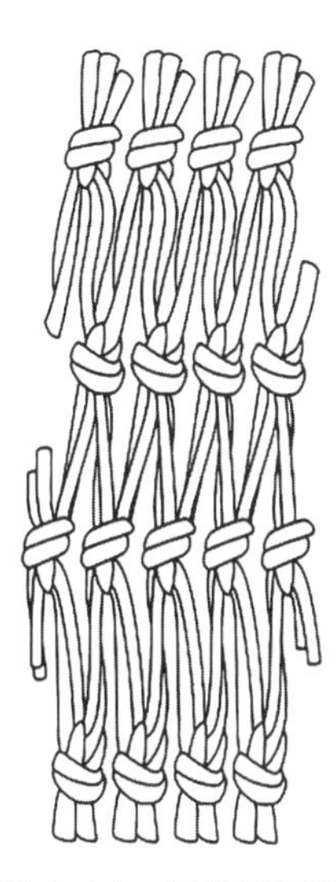

图 1–11　无捻型网片

按目脚所用网线根数，有结网片分为单线结（有结）网片和双线结（有结）网片。按网结类型，单线结网片又分为单线单死结网片和单线双死结网片，双线结网片又分为双线单死结网片和双线双死结网片。按死结的数量，有结网片分为单死结网片（以下简称“死结网片”）和双死结网片。单死结网片和双死结网片是目前捕捞网具上使用最普遍的网片；在水产养殖领域，也使用单死结网片和双死结网片，但用量小于无结网片。有结网片可采用手工编织或机器编织，其优点是便于加工制造以及损坏后的修补。与相同材料同规格的无结网片相比，有结网片缺点包括：

①网结会引起网片强力显著降低；

②突起的网结易受磨损；

③有相当长度的网线打在网结内，这增加了网片重量，网结重量占网片总重量的百分率随着网目尺寸增大和网线直径减小而减小（如网目长度为 5 cm 时，网结重量在网片总重量中所占的百分率随网线直径变化情况如表 1–2 所示）；

④网结有时会擦伤养殖鱼类等。

表 1–2　网结重量占网片总重量的百分率随网线直径变化情况

网线直径 /mm	2.02	1.88	1.63	1.40	1.15	0.78	0.56
网结重量占网片总重量的百分率 /（%）	61	51	47	41	36	26	20

由表 1–2 可见，在其他条件相同的前提下，当网线直径由 1.88 mm 减小为 0.78 mm 时，其网结重量占网片总重量的百分率由 51% 减小为 26%。

（2）无结网片

无结网片是指由网线或股相互交织而构成没有网结的网片，一般由机器编织加工而成。按网目连接点形式分类，无结网片可分为插捻网（片）、成型网（片）、平织网（片）、经编网（片）、辫编网（片）和绞捻网（片）等（无结网片网目连接点形式如图 1–3 所示）。如果无结网片网目连接点上相互连接的网线多，那么网目连接点长度增加、网目形状会因此从菱形变成六角形或其他形状。与采用相同基体纤维材料的同规格有结网片相比，无结网片因没有网结而具有以下优点：

①网目尺寸稳定；

②耐磨性较好，网目断裂强力较高；

③不易被污损生物附着、容易清洗且干燥较快；

④（在同等面积条件下）无结网片重量较轻、网片及其相关网具体积较小，便于网具操作；

⑤在相同拖速下，无结网片能增加拖网的主尺度或在同样拖网主尺度下可提高拖速，可实现捕捞生产的节能降耗；

⑥在相同养殖条件下，可实现养殖生产的降耗减阻。

无结网片的上述优点在渔业生产实践活动中已被证实，如在大型围网和养殖网箱上使用绞捻网片可减小网片对鱼体的伤害；又如，在大型拖网的囊网部位使用辫编网片可大幅提高囊网的耐磨性和使用寿命。诚然，由于无结网片结构较多，在实际生产中并非各种无结网片都有上述优点（如生产实践表明，绞捻网片用于拖网腹部时，当某根目脚磨损断裂后，缺损扩散将影响整个网片，绞捻网片在围网或养殖网具上使用也有类似情况），若网具使用中经受较强应力和经常磨损，则应选用有结网片。此外，无结网片最大缺点是网片破损后，非专业人员修补或缝合网片都比较困难，限制了它在渔业等领域的应用推广。这就需要从业人员进一步加强无结网衣修补或缝合技术的学习，助推无结网衣的大规模应用。

——插捻网片

由纬线插入经线的线股间，经捻合经线构成的网片称为“插捻网片”（亦称“插捻网”，见图 1–3 ①），其代号为 CN。插捻网片目前尚无水产行业标准，其性能测定可参照东海所申请的相关发明专利（专利名称：养殖与捕捞用乙纶插捻网片性能测定方法专利号：ZL 200710045354.8）。在深远海养殖领域，插捻网片可用于饲料挡网、挡流网等。插捻网片是将织布机改造后所生产出的一种无结网布。插捻网片根据经线和纬线结构的不同，可分为单纬双经和双纬双经两种，俗称“银渔网”“虾网”。插捻网片基体纤维主要包括 PE 单丝、PET 单丝和 PA 单丝等材料。插捻网片的网目尺寸由经线密度和纬线密度决定，网片幅宽和长度与平织网片相同。插捻网片的主要优点是网片表面光滑平整、质地牢固、网目结构稳定不易窜动。插捻网片目前主要用于银鱼捕捞、对虾养殖、贝类养殖、黄鳝养殖、龙虾养殖和螃蟹养殖等。

——平织网片

由经线和纬线一上一下相互交织而构成的平布状网片称为“平织网片”（亦称“平织网”，见图 1-3 ②），其代号为 PZ。现有 PE 平织网片标准为《渔用机织网片》（GB/T 18673—2008）；此外，平织网片的性能测定可参考东海所石建高研究员课题组申请的相关发明专利（专利名称：渔用聚乙烯平织网片物理性能测定方法专利号：ZL 200710044363.5）。在深远海养殖领域，平织网片可用于饲料挡网、挡流网等。平织网片是将织布机改造后所生产出的一种无结网布，平织网片正面、反面平坦光滑，外观效果相同，它具有组织简单、滤水性能好等特点。平织网片的基体纤维主要包括 PE 单丝、PET 单丝和 PA 单丝等材料。平织网片的网目尺寸是由经线密度和纬线密度决定的，即 1 cm^2 内有多少孔；也用丝直径、开口两个数据来表示，开口是指丝与丝之间的距离，单位用 μm。平织网片幅宽一般有 800 mm、1 000 mm、1 500 mm 等几种；平织网片长度一般为 20 m、50 m 或不定长。

——经编网片

由两根相邻的网线，沿网片纵向各自形成线圈，并相互交替串联而构成的网片称为经编网片（亦称经编网、拉舍尔网片或套编网片，见图 1-3 ③、图 1-12），其代号为 JB。经编网强力通常检验网目断裂强力或网片断裂强力等综合性能，具体技术要求可参考《聚乙烯网片　经编型》（SC/T 5021—2017）、《超高分子量聚乙烯网片　经编型》（SC/T 5022—2017）和《渔用机织网片》（GB/T 18673—2008）等标准。经编网片由经编网机加工生产，它们既可采用 PE 单丝、PA 复丝、PET 复丝、PP 复丝、UHMWPE 纤维或中高分子量聚乙烯（MMWPE）纤维等基体纤维制作线股，又可采用线绳作为线股，线股再通过舌针和梳节，套穿成目脚和网目连接点。由于衬纱或编织物结构不同，经编网片可有多种。经编网片结构特征是由基体纤维种类、号数与经纱排列及经编机的机号、针床数、梳栉（导纱针）等综合因素决定，其中，经纱排列与梳栉的横移情况直接影响线圈的结构形态。

经编网片目脚结构、网目连接点比绞捻网片复杂。同绞捻网片类似，经编网可以制成不同结构和长度的网目连接点；如果增加网目连接点的长度，经编网片的网目形状可变为六角形（见图 1-4）。因为网目连接点套穿时只有部分股线相互连接，所以，经编网片网目的纵向强力和横向强力有所差异，在实际生产中应根据实际需要（如强力大小、网目张开要求等）选择合适的经编网片装配方向。在渔业上，经编网片主要用于网箱、捕捞围网、养殖围栏、珍珠笼和扇贝笼等设施装备。目前，东海所石建高研究员课题组联合相关单位推动高性能经编网片在拖网等捕捞渔具上的创新应用，以替代传统有结网衣。此外，经编网片还用于制作安全网、防尘网、防鸟网、防风网、遮阳网和蔬菜防护网等。经编网片的缺点是修补困难，对此可参考东海所石建高研究员课题组申请的相关发明专利（专利名称：渔用菱形网目经编网片修补方法专利号：ZL 200610118756.1），这些专利技术解决了经编网片修补困难的问题。

与采用相同基体纤维材料的同规格有结网片相比，经编网片因没有网结而具有以下特点：

①经编网片容易清洗且干燥较快；

②在相同拖速下，经编网片能增加拖网的主尺度或在同样拖网主尺度下可提高拖速，实现捕捞渔业生产的节能降耗；

③经编网片耐磨性较好且网片强力一般较高，可克服有结网片结节强力损失大的缺点，网片强力保持率大（但对特殊结构有结网而言，上述规律也有例外）；

④经编网片表面光滑，不易擦伤鱼体，适于作为养殖网衣或捕捞渔具的囊网；

⑤同等面积条件下，经编网片无结重量较轻、网片及其相关网具体积较小，便于网具操作；

⑥经编网片网目尺寸稳定，结构紧凑，网目连接点内用丝相互交错，定型后不易松动变形，可以保证网目尺寸稳定、网目不易变形；

⑦由于没有网结，经编网片耗线量小、重量轻，加上其生产加工周期短，无捻线工序等特点，使用高速经编机时，同等面积下经编网片的成本低于有结网；

⑧网目尺寸可编得更小，由于没有网结，经编网片可以编织有结网不能编的小网目网片。

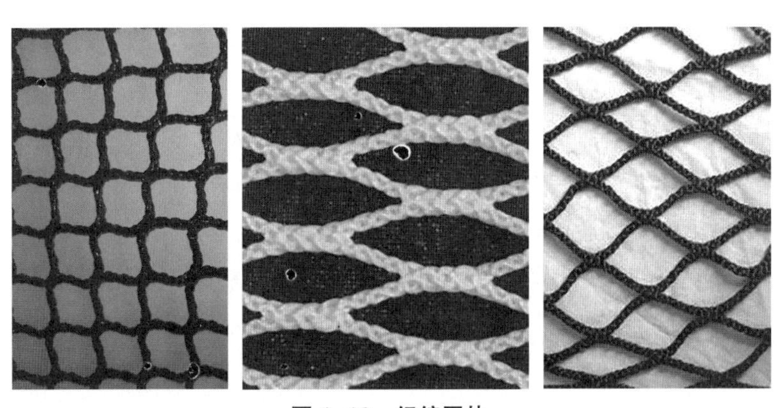

图 1–12　经编网片

——辫编网片

由两根相邻网线各股作相互交叉并辫编而构成的网片称为“辫编网片”（亦称“辫编网”，见图 1-3 ④、图 1-13），其代号为 JN。辫编网片目前尚无国家标准或行业标准。辫编网片目脚是由 3 股线或 4 股线编织而成，用相邻目脚的股编织在一起，形成网目连接点，所有股斜向贯穿网片中。辫编网片一般采用 PA、PP 或 UHMWPE 等纤维为股线，通过相互交编，分别构成目脚和网目连接点。辫编网片特点包括：

①由于结构特殊，在海水中所受阻力较小；

②耐磨性良好，适合捕捞围网或拖网、囊网以及养殖围栏等耐磨性要求高的网具、设施使用；

③辫编网片即使股线断裂，网目也不会磨损松散，适合在水产养殖网衣上应用，但目前价格昂贵，限制了其应用范围；

④较有结网的体积更小，可以节省甲板空间。

图 1-13 辫编网片

——绞捻网片

由两根相邻网线的各股作相互交叉并捻而构成的网片称为“绞捻网片”（亦称“绞捻网”，见图 1-3 ⑤、图 1-14），其代号为 JN。对于绞捻网的强力测定，通常检验网目连接点断裂强力，具体技术要求参考行业标准《聚乙烯网片 绞捻型》（SC/T 5031—2014）。绞捻网片的性能测定可参考东海所石建高研究员课题组申请的相关发明专利（专利名称：绞捻网片单线强力测试方法和绞捻型网片网目连接点断裂强力测试方法）。绞捻网网目的目脚通常由两股组成，每股包括数根单纱、单丝或单捻线等，由绞捻网机将它们捻合在一起，达到目脚所需长度以后，一根目脚的两股同相邻目脚的两股经一次或数次交叉而相连接，于是形成网目连接点。在连接处相互连接的网线越长，网目形状的变化越大，可从菱形变成六角形。如果网目的股仅交叉一次，那么线股斜向通过网片的网目连接点；如果线股交叉两次或多次，那么线股呈“Z”字形通过网目连接点。绞捻网片可采用PE单丝线股、PA复丝线股、PET复丝线股、PP复丝线股、UHMWPE线股、MMWPE单丝线股或高强度膜裂纤维线股等，由2股或3股相互绞捻穿插而成，在渔业上目前PE单丝绞捻网、PA复丝绞捻网和UHMWPE绞捻网使用较多。目前，东海所石建高研究员课题组正联合相关单位开发高强度膜裂纤维绞捻网。绞捻网经过定型处理，可增加网片网目连接点的捻合强力。

绞捻网具有耗料少、网片纵向、横向强力高、水流阻力小和网目尺寸稳固等优点，但绞捻网片目前也存在单价较高、撕裂强力较差、在单根目脚断裂后网片易发生大面积撕裂破损等缺点。日东制网株式会社发明了绞捻网机，目前在绞捻网的生产与应用方面处于世界领先水平，该公司生产的UHMWPE绞捻网曾在我国“长鲸一号”深水智能网箱上创新应用。近年来，日东制网株式会社与东海所石建高研究员课题组开展了国际合作，推动了绞捻网在我国的产业化应用。国内生产绞捻网片的绞捻网机包括日产和国产两种。目前，我国绞捻网片应用范围主要集中于广东、广西和海南等地区。在渔业上，绞捻网主要用于网箱、捕捞围网和养殖围栏等领域。

图1-14 绞捻网片

——成型网片

所谓成型网片是指由热塑性合成材料直接挤出成型，再经牵伸制成的网片（亦称“成型网”），其代号为CX。成型网片目前尚无国家标准或行业标准。成型网片产量很少，国内在鱼苗养殖上有少量应用。

（四）渔网材料与网片重量

1. 渔网材料

中国是世界上产量最大的渔网材料生产国和出口国，相关技术已形成论著《渔具材料与工艺学》《绳索技术学》《渔用网片与防污技术》等，现对代表性渔网材料进行简要介绍，供读者参考。

（1）高强度膜裂纤维网片

高强度膜裂（简称“UHMWPE-F”）纤维为一种高性能纤维材料。近年来，东海所石建高研究员课题组开展了高强度膜裂纤维绳网的开发与应用（图 1-15）。目前，高强度膜裂纤维网片已在综合性能研发的基础上，逐步在我国养殖网箱、拖网等渔业装备上开展应用试验，以验证其综合性能。随着水产养殖业向深远海方向发展，高强度膜裂纤维网片将会得到更加广泛的应用。高强度膜裂纤维网片前景非常广阔，但任重道远，需要我们进一步深入研发与技术熟化。

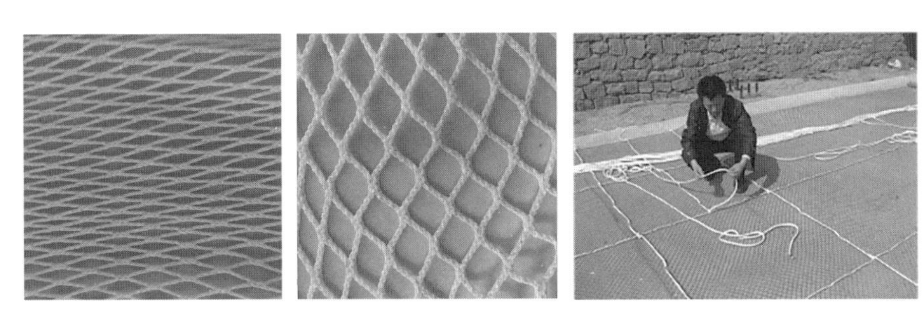

图 1-15　UHMWPE-F 纤维绳网及其在渔业上的应用

（2）超高分子量聚乙烯网片

超高分子量聚乙烯网片是渔业生产上应用范围最广的高性能网片，主要包括 UHMWPE 绞捻网片、UHMWPE 经编网片和 UHMWPE 有结网片。UHMWPE 绞捻网片与经编网片如图 1-16 所示。在水产养殖上，UHMWPE 网片可被用于制造网箱、围栏、围网、扇贝笼、珍珠笼、海参笼和鲍鱼笼等。用 UHMWPE 纤维制作的网片具有高强力、耐老化、抗撕裂等特点，可提高作业工况下网具的滤水性及抗风浪流性能，从而大幅降低网具水阻力与蠕变速率。UHMWPE 网片主要品种包括 Spectra® 网片、Dyneema® 网片、Trevo™ 网片和九九久网片等。

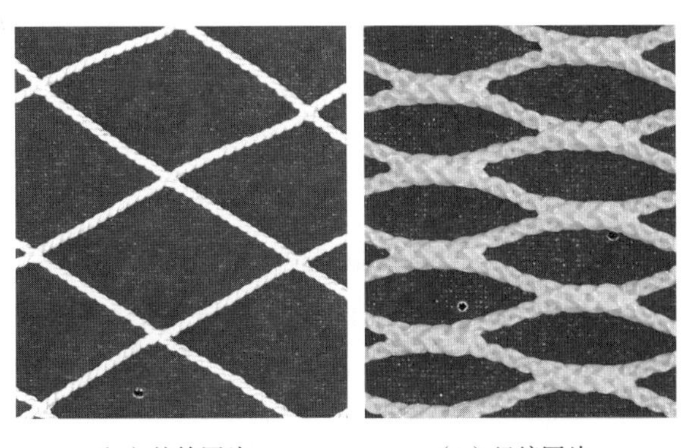

（a）绞捻网片　　（b）经编网片

图 1-16　UHMWPE 经编网片与绞捻网片

2000年以来，在“渔网系统设计技术研究”“渔用超高分子量聚乙烯绳网材料的开发研究”“水产养殖大型养殖围网工程设计合作”等几十项研发项目的持续支持和帮助下，东海所石建高研究员课题组等多个项目组开始了UHMWPE绳网材料、UHMWPE网箱、UHMWPE纤维绳网标准、HDPE框架特种组合式网片网围、管桩式（超）大型牧场化养殖围网设施、深远海网箱养殖设施等渔业装备与工程技术系统研究，联合有关单位或团体，成功设计开发出多种养殖设施及绳网材料（图1-17），授权“一种大型复合网围”等20余项养殖设施及材料发明专利。上述养殖设施技术安全可靠、抗风浪能力强、养殖鱼类品质高、经济效益显著，相关成果技术成效已获得水产行业高度认可并在全国推广应用。随着水产养殖业向离岸、深水、深远海方向发展，UHMWPE渔网材料将会得到更加广泛的应用，前景非常广阔。但是，基于养殖设施的多样性、养殖海况的复杂性、投资成本的局限性等，UHMWPE网衣系统安全设计技术尚需要专家、学者们深入研究，其材料综合性能研究及产业化应用将是一个长期的过程。

图1-17　UHMWPE网衣在深远海网箱上的应用实景

（3）聚酯纤维网片

聚对苯二甲酸乙二酯组分大于85%的合成纤维即聚酯纤维。在水产养殖中，PET复丝纤维广泛用于制造网线、绳索、围栏网片和网箱箱体网片等。目前，网具用PET复丝纤维网片主要包括PET经编网、PET有结网和PET绞捻网。2017年，东海所石建高研究员课题组联合山东好运通网具科技有限公司等制定了行业标准《渔用聚酯经编网通用技术要求》（SC/T 4043—2018），推动了PET经编网片在渔业上的应用。除了上述PET复丝纤维，渔业上还采用特种PET单丝网片，即以不同于PET复丝的“polyester monofilament-polyethylene terephthalate”为基体纤维、采用特殊倍捻织造方法制作成的命名为“Kikko net”“EcoNet”等的半刚性聚对苯二甲酸乙二酯（PET）单丝网片（见图1-18）。上述半刚性PET单丝网片在渔业上俗称“龟甲网”、在水产养殖上简称“PET网”。

图 1-18 “Kikko net”网片及其在海洋防护网工程上的应用

PET 网加工的网具网片的优点主要包括不生锈、耐腐蚀、比重轻、质地硬和抗疲劳，在风浪大的养殖场，可确保箱体或网具等的变形 / 形变小等。目前，“Kikko net”等 PET 网已在水产养殖网箱、养殖围栏等设施上应用（图 1-19 至图 1-21），这为人们选择水产养殖渔网材料提供了一个新的途径。宁波百厚海洋科技有限公司和衡水华荣新能源科技有限公司等单位开发了半刚性 PET 渔网材料或半刚性高分子复合网，并在养殖网箱、养殖围栏、防护网等领域开展了应用或试验。近年来，受武船重工等多家单位委托，东海所石建高研究员课题组联合相关单位率先开展了 PET 网材料的综合性能研究与产业化应用，发明了 PET 网检验方法及网片强力专用检验夹具，研究、测试 PET 网的强力、耐磨性、耐老化性、抗蠕变性和水动力性能等，推动了 PET 网在我国网箱、养殖围栏、防护网等领域的产业化应用，助推了我国网片技术升级。2010 年至今，PET 网已在无人智能可升降试验养殖平台“哨兵号”、智能海洋牧场“耕海 1 号”、管桩式深远海养殖围栏、零投喂牧场化大黄鱼养殖生态围栏、双圆周大跨距管桩式围栏等深远海养殖设施上投入检验或产业化应用。PET 网在水产养殖网衣及其他领域上的前景广阔，值得深入研究。

图 1-19 网箱装配网片

图 1-20 PET 网及其在围栏养殖设施上的应用

图 1–21 PET 网在各类网箱设施上的应用

（4）金属网衣

近年来，金属网衣在水产养殖领域有一定的应用（图 1–22）。对镀锌金属网而言，人们既可采用锌铝合金丝或镀锌钢丝（钢丝材料表面镀锌）、铜锌合金丝等制作金属斜方网或金属编织网，又可以采用特种金属板材加工拉伸网等渔网材料。锌铝合金网衣为日本等国在海水养殖设施上使用的一种金属网衣，主要用于鲥鱼、真鲷等鱼类的养殖。锌铝合金网衣一般采用特种金属丝网加工工艺，由一种经特殊电镀工艺制造的锌铝合金网线（亦称“锌铝合金丝”“锌铝合金线”等）编织而成。相关资料显示，锌铝合金网线采取双层电镀的尖端技术，确保合金网片的高抗腐能力。锌铝合金网线一般为三层结构，其最里层为铁线芯层，在铁线芯层外镀有铁锌铝合金层，最后在铁锌铝合金层外镀有特厚锌铝合金镀层。金属丝的特厚锌铝合金镀层，一般采用锌铝合金 300 g/m^2 以上的表面处理技术或其他特种处理技术。钛网的强度和不锈钢相同，但比重仅为 4.5 g/cm^3，耐海水腐蚀性能可与铂相比，但经受不住风浪引起的磨损，只能用于港湾内网箱养殖场或者有刚性支撑类型的网箱（如球形网箱等）；同时，因为钛网价格高，所以目前还未能在水产养殖生产中普及应用。东海水产研究所、国

图 1–22 金属网衣及其在网箱设施装备上的应用

际铜业协会、大连天正集团等单位对铜合金网衣养殖设施进行了相关研究，设计开发了我国第一套铜合金网衣网箱与养殖围网，有兴趣的读者可参考《渔用网片与防污技术》等论著资料。2013—2014 年，东海所石建高课题组联合恒胜水产有限公司等设计了双圆周管桩式大型养殖围栏，采用双圆周框架系统 + 特种组合式网衣结构，为国内首创，如图 1–23（a）所示，成功实现产业化养殖应用。该围栏网具系统的组合式网衣结构为“超高分子量聚乙烯网片 + 水产养殖专用特种铜合金网衣”。

2017 年 9 月，福建省船舶集团旗下企业福建福宁船舶重工有限公司、马尾造船股份有限公司与福鼎市城投建材有限公司、福鼎海鸥水产食品有限公司、中国进出口银行福建分行和荷兰迪玛仕（De Maas SMC）设计公司共同签订国内首座单柱式半潜深海渔场——“海峡 1 号”项目合同；2019 年，马尾造船股份有限公司为福鼎市城投建材有限公司承建的“海峡 1 号”举行上台仪式。单柱式半潜深海大型渔场“海峡 1 号”直径约 140 m，网箱型深 12 m，养殖水深大于 45 m，有效养殖水体容积达 1.5×10^5 m^3，可养殖大黄鱼约 2 000 t，配置铜合金网衣和水下监测系统，采用光伏供电。“海峡 1 号”箱体所用铜合金渔网材料由国外提供，其实际使用效果将为我国未来深远海养殖网衣的选配提供科学依据。2020 年 3 月，“海峡 1 号”主体工程顺利完工。2020 年 5 月 13 日，“海峡 1 号”在福建省福鼎市外海约 30 海里的作业地点浮卸成功并开始系泊安装［图 1–23（b）］。

（a）双圆周管桩式大型养殖围栏

（b）单柱式半潜深海大型渔场“海峡 1 号”

图 1–23　金属网衣在不同养殖设施上试验验证

由于金属网衣为刚性结构或半刚性结构，带有力纲（亦称网筋）等骨架，又有自重，因此，金属网衣养殖网箱一般不需要配重块或沉子，而金属网衣围栏通过桩网连接技术固定在柱桩等构件上。水产养殖过程中，金属网衣表面也需要定期清洗，一般采取高压水枪、洗网机等清除金属网衣表面的钩挂生物、漂浮物等。几种海水养殖渔网材料综合性能的比较如表 1–3 所示。基于表 1–3 的情况，人们可以根据深远海养殖项目实际情况，选择合适的渔网材料。

表 1–3 几种海水养殖渔网材料综合性能的比较

材料类型	合成纤维网衣	PET 网	钛网	镀锌金属网衣	铜合金网衣
性能	网衣柔软轻便，加工、运输和安装等操作方便；其中，普通合成纤维网衣性能可满足近岸养殖要求；UHMWPE 网衣与 UHMWPE–F 网衣的综合性能优越，进行专业设计后可满足深远海养殖要求	网衣偏硬，较镀锌金属网轻，其综合性能好	网衣比镀锌金属网轻，其综合性能较好	网衣耐咬，较普通合成纤维网衣重，其强力性能较好	特种铜合金网衣耐咬，其综合性能较好；专业设计及加工后可满足特定海况下的水产养殖要求
成本	普通合成纤维网衣成本低，相关设施加工、运输和安装方便。UHMWPE 网衣与 UHMWPE–F 网衣单位面积成本较高，但操作轻便	高于普通合成纤维网衣，运输和安装方便	成本昂贵，且相关养殖设施海上安装时需借助吊机设备	成本较高，且相关养殖设施海上安装等过程中需借助吊机设备	成本高，且相关养殖设施海上安装等过程中需借助吊机设备
抗流能力	网衣柔软，它们在水流作用下易漂浮，相关养殖网具需采用配重等措施	良好	良好	良好	良好
河豚养殖	普通合成纤维网衣一般不能养殖未剪齿河豚，但 UHMWPE 网衣与 UHMWPE–F 网衣可以养殖未剪齿河豚	可养殖未剪齿河豚	可养殖未剪齿河豚	可养殖未剪齿河豚	可养殖未剪齿河豚
防污效果	未进行防污处理的普通合成纤维网衣抗污能力差；同等网衣强力下，UHMWPE 网衣的抗污能力优于普通合成纤维网衣。具有本征防污功能的合成纤维网衣具有防污能力	优于未经防污处理的合成纤维网衣	优于合成纤维网衣	水产养殖专用镀锌金属网衣防污性能较好	水产养殖专用特种铜合金网衣防污性能好
清洗方式	在陆上、沙滩、框架或海上工作平台等处洗净，可采用手工、机械等清洗方式。根据海况和污损生物量决定普通合成纤维网衣的清洗次数，我国海域网衣清洗次数为 3 ~ 12 次 / 年	定期洗网、采用洗网机、人工等清洗方式	定期洗网、采用洗网机等清洗方式，3~4 次 / 年	潜水员洗网、采用洗网机等清洗方式，2 ~ 3 次 / 年	水产养殖专用特种铜合金网衣不需要清洗，但需要维护保养

续表

材料类型	合成纤维网衣	PET 网	钛网	镀锌金属网衣	铜合金网衣
使用寿命	普通合成纤维网衣使用寿命为 1 ~ 4 年；UHMWPE 网衣使用寿命为 5 ~ 8 年（养殖网衣使用寿命由养殖海况、渔网材料和养殖设施结构等综合因素决定，生命周期中网衣可能有局部修补）	10年（需专业设计、专业维护保养）	使用寿命长（需专业设计、专业维护保养）	2 ~ 3 年。如果海况、养殖设施结构等合适，使用寿命可以延长	使用寿命主要取决于海况、设计技术、养殖设施结构等因素

（5）聚酰胺网片

聚酰胺纤维主要品种为 PA6 纤维、PA66 纤维和 Kevlar 纤维等。PA 复丝网片如图 1-24 所示。在水产技术领域，PA 复丝网片一般简称为“PA 网片”，而以 PA 单丝编织的网片一般称为“锦纶综丝网”或“尼龙单丝网”，也简称为“PA 网片”。2016 年，东海所石建高研究员课题组联合三沙美济渔业开发有限公司等制定了行业标准《渔用聚酰胺经编网片通用技术要求》（SC/T 4066—2017），推动了 PA 经编网片在渔业上的应用。PA 单线单死结型渔用机织网片和 PA 单线双死结型渔用机织网片技术要求参考《渔用机织网片》（GB/T 18673—2008）。在水产养殖中，PA 复丝纤维被广泛用于制造绳索、围栏网具和网箱箱体等。PA 单丝则可用来加工流刺网、防磨网和饲料挡网等。目前，围栏网具用 PA 网片以 PA 经编网居多。东海所石建高研究员课题组联合经纬网厂、艺高网业有限公司等单位开展了 PA 单丝有结网产业化生产应用研究，目前已在金鲳鱼养殖网箱防磨网、虹鳟养殖网箱领域实现产业化应用。

图 1-24　PA 网片

（6）聚乙烯网片

聚乙烯纤维属于聚烯烃类纤维，主要包括（普通）PE 单丝、UHMWPE 复丝纤维和熔纺 UHMWPE 单丝等产品。聚乙烯网片标准有《渔用机织网片》《聚乙烯网片 绞捻型》和《聚乙烯网片 经编型》。由于 PE 网材价格低，其在渔业、建筑业、运输业等领域已得到广泛应用。单死结 PE 网片可用手工或机器编织，而双死结 PE 网片或 PE 无结网片则用机器编织（图 1–25）。除 PE 单丝外，在国家工业和信息化部高技术船舶科研项目（工信部装函〔2019〕360 号）、国家自然科学基金（31972844）、国家重点研发计划项目（2020YFD0900803）、国家支撑项目（2013BAD13B02）、中国船舶重工集团有限公司科技创新与研发项目（201817K）、2020 年省级促进（海洋）经济高质量发展专项资金（粤自然资合〔2020〕016 号）等多个项目的资助下，东海所石建高研究员课题组联合相关单位根据我国渔用材料的现状，以特种组成原料（如 MMWPE 原料、UHMWPE 粉末、聚胍盐材料等）与熔纺设备为基础，采用特种纺丝技术，研制具有高性价比和适配性优势明显，且易在我国渔业生产中推广应用的高性能或功能性单丝新材料，如深蓝渔业用纲索、海水鱼类养殖网衣用纤维、海水网箱或栅栏式堤坝养殖围网用绞线、离岸网箱网袋主纲加工用单丝、深远海网箱或浮绳式养殖围网用防污熔纺丝等。因高性能或功能性单丝新材料具有性能或功能好、性价比高的特点，其应用前景非常广阔。东海所石建高研究员等专家将上述特定的高性能或功能性单丝新材料命名为“中高聚乙烯及其改性单丝新材料”“熔纺超高强聚乙烯及其改性单丝新材料”“接枝聚胍盐 / 聚乙烯共混单丝新材料”“接枝聚胍盐 / 聚乙烯 / 纳米铜共混单丝新材料”。熔纺超高强单丝与接枝聚胍盐 / 聚乙烯共混单丝纺丝流程如图 1–26 所示。

图 1–25 PE 网片

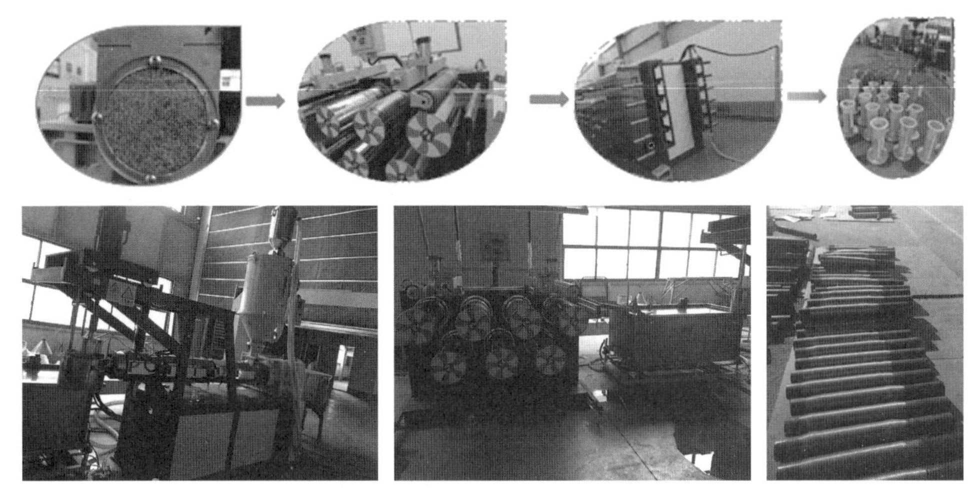

图 1-26　熔纺超高强单丝与接枝聚胍盐 / 聚乙烯共混单丝纺丝流程

2. 网片重量

网片重量取决于渔网材料、网目尺寸、网结类型、网线粗度和网线种类等因素。在其他条件相同的前提下，同种网线编织的网片，网结越复杂，其耗线量就越多，因此，死结网片重量大于活结网片。在其他条件相同的前提下，无结网片重量小于有结网片。在网片尺寸相同的情况下，小网目网片由于网结数量较多，网片重量较大。网片重量还与基体材料吸湿性相关，吸湿性材料网片吸湿后，重量大于吸湿前的网片重量。网片重量可通过网线耗线量进行推算，根据网片和网目数量进行推导。整块网片消耗网线的总长度（即网片总用线长度，L）为目脚长度和网结用线长度之和。设网片纵向拉紧长度为 L_0，网片横向目数为 n，则网片上每一纵行网目的目脚用线长度 L_1 可用公式（1-1）表示：

$$L_1=2L_0 \times n \tag{1-1}$$

式中：L_1——网片上每一纵行网目的目脚用线长度（mm）；

L_0——网片纵向拉紧长度（mm）；

n——网片横向目数。

计算全部网结的用线长度必须先算出网片上网结的总数量。而网片上每一横列的几个半目中包含对应数量的网结，在长度为 L_0 的网片中，其半目的横列数等于 n，故整块网片网结的总数为$\frac{L_0}{a} \times n$（网片边缘网结数量的差别均予从略）。则整块网片网结用线长度 L_2 可用公式（1-2）表示：

$$L_2=c \times d \times \frac{L_0}{a} \times n \tag{1-2}$$

式中：L_2——网片网结用线长度（mm）；

d——网线直径（mm）;

c——网结耗线系数;

L_0——网片纵向拉紧长度（mm）;

a——目脚长度（mm）;

n——网片横向目数。

整块网片消耗网线的总长度可用公式（1–3）表示：

$$L=L_1+L_2=L_0\times n\times\left(2+c\times\frac{d}{a}\right) \tag{1–3}$$

式中：L——整块网片消耗网线的总长度（mm）;

L_1——网片上每一纵行网目的目脚用线长度（mm）;

L_2——网片网结用线长度（mm）;

L_0——网片纵向拉紧长度（mm）;

n——网片横向目数;

c——网结耗线系数;

d——网线直径（mm）;

a——目脚长度（mm）。

如果网线单位长度的重量为 G_l，则网片用线总重量可用公式（1–4）表示：

$$G=G_l\times L_0\times n\left(2+c\times\frac{d}{a}\right) \tag{1–4}$$

式中：G——网片用线总重量（N）;

G_l——网线单位长度的重量（N）;

L_0——网片纵向拉紧长度（mm）;

n——网片横向目数;

c——网结耗线系数;

d——网线直径（mm）;

a——目脚长度（mm）。

因为公式（1–4）须代入网片纵向拉紧长度和网片横向目数，所以，它只适用于计算矩形网片的重量。其他形状的网片重量可用公式（1–5）表示：

$$G=G_l\times\frac{S_0}{a}\left(1+\frac{c}{2}\times\frac{d}{a}\right) \tag{1–5}$$

式中：G——网片用线总重量（N）;

G_l——网线单位长度的重量（N）;

S_0——网片虚构面积（mm^2）;

c——网结耗线系数；

d——网线直径（mm）；

a——目脚长度（mm）。

先计算出一个网目的用线量，然后乘以网片总目数，即得出整块网片的用线量；再根据每米网线的重量，得出网片重量。网结的耗线量与网线的粗度、网结的类型有关。对菱形网目网片而言，网片中一个网目是由 4 个目脚和 2 个网结组成的。设目脚长度为 a，每个结节耗线长度为 l，则每个网目的耗线长度可用公式（1–6）表示：

$$L_{h1}=4a+l=4a+c\times d \tag{1–6}$$

式中：L_{h1}——每个网目的耗线长度（mm）；

l—— 一个网结的耗线长度（mm）；

c——网结耗线系数（见表 1–4）；

d——网线直径（mm）。

表 1–4　网结耗线系数

网结类型	双线双死结	双死结	死结	活结
网结耗线系数 c 值	32	24	16	14

如果网线单位长度的重量为 G_l、网片中网目总数为 N_{ms}，则网片用线总重量可用公式（1–7）表示：

$$G=G_l\times L=G_l\times\frac{2a+cd}{500}\times N_{ms} \tag{1–7}$$

式中：G——网片用线总重量（N）；

G_l——网线单位长度的重量（N）；

L——整块网片消耗网线的总长度（mm）；

a——目脚长度（mm）；

c——网结耗线系数；

d——网线直径（mm）；

N_{ms}——网片中网目总数。

（五）网片标记与网片质量

1. 网片标记

网片标记亦称“网片标识”，包括完整标记和简便标记两大部分。参考《主要渔具材料命名与标记 网片》(GB/T 3939.2—2004),本节将最新的网片标记方法简述如下,供读者参考。

(1)完整标记

①有结网片完整标记。

有结网片(完整)标记,按次序包括下列项目:

a)产品原材料代号;

b)网线规格;

c)双线式的有结网片,以乘 2 表示;

d)网目长度(mm);

e)网片尺寸,以横向目数和纵向目数表示或网片宽度(m)× 网片长度(m)表示;

f)网片结构形式,以网片结型代号表示;

g)标准号。

其中,a)后接"—"号;当产品为单丝有结网片时,b)以单丝公称直径的毫米值表示,在数值之前写上"ϕ",或者以线密度的特克斯值表示,在数值之前,写上"ρ_x";当产品为捻线有结网片时,b)以单丝或单纱线密度 × 捻线用单丝或单纱的总根数表示;当产品为编线有结网片时,b)编线面子用单丝或单纱的线密度 × 编线面子用单丝或单纱的总根数 + 线芯用单丝或单纱的线密度 × 线芯用单丝或单纱总根数(当线芯采用一根或一根以上网线时,还应标记出对应的网线规格及其根数);单线式的有结网片、单丝有结网片则无 c);d),用"—"号与前项连接;e),横向目数之后写上"T"、纵向目数之后写上"N"。如果在技术交流、经济活动等场合中不需要表述产品的网片尺寸时,则可省略 e);f),活结网片、死结网片、双死结网片的结型代号分别为 HJ、SJ、SS;如网片经过涂料处理,须在 f)后写上"CT",且 f)与"CT"之间留一字空位;g)与前项之间留一字空位。

[示例 1–1]

按《聚酰胺单丝机织网片 单线双死结型》(SC/T 5026—2006)生产、以公称直径为 0.40 mm、线密度为 143 tex 的聚酰胺单丝加工网目长度为 90 mm 的单线双死结型聚酰胺单丝网片完整标记为:

PA—ϕ 0.40 mm—90 mm SS SC/T 5026

或 PA—ρ_x 143 tex—90 mm SS SC/T 5026

[示例 1–2]

按《渔用机织网片》(GB/T 18673—2008)生产、以规格为 36 tex × 12 × 3 的聚乙烯网线加工网目长度为 55 mm、网片尺寸为横向 400 目、纵向 100.5 目的单线单死结型渔用机织网片完整标记为：

PE—36 tex × 12 × 3—55 mm（400 T × 100.5 N）SJ　GB/T 18673

或 PE—36 tex × 36—55 mm（400T × 100.5N）SJ　GB/T 18673

或 PE—36 tex × 36—55 mm SJ　GB/T 18673

[示例 1-3]

按《渔用机织网片》（GB/T 18673—2008）生产、以规格为 UHMWPE—33tex × 6 × 16 的超高分子量聚乙烯编线加工网目长度为 50 mm、网片尺寸为横向 300 目、纵向 160.5 目、经过树脂后处理的单线单死结型双线式的编线有结网片完整标记为：

UHMWPE—（33 tex × 6 × 16 B）× 2—50 mm（300 T × 160.5 N）SJ　CT　GB/T 18673

或 UHMWPE—（33 tex × 96 B）× 2—50 mm（300 T × 160.5 N）SJ　CT　GB/T 18673

或 UHMWPE—（33 tex × 96 B）× 2—50 mm SJ　CT　GB/T 18673

②传统无结网片完整标记。

经编网片、辫编网片、绞捻网片、插捻网片和平织网片等传统无结网片完整标记，按次序包括下列项目：

a）产品原材料代号；

b）网线规格；

c）网目长度（mm）；

d）网片尺寸，以横向目数和纵向目数表示或网片宽度（m）× 网片长度（m）表示；

e）网片结构形式，以网片结型代号表示；

f）标准号。

其中，a）后接“—”号；当产品为经编网片、辫编网片、绞捻网片时，b）以目脚的单丝或单纱规格乘其名义股数表示；当产品为插捻网片、平织网片时，b）以经纱、纬纱的线密度乘其名义股数表示；c），用“—”号与前项连接；d），横向目数之后写上“T”、纵向目数之后写上“N”；对于插捻网片、平织网片，c）为经纱密度乘以纬纱密度；d）以幅宽乘长度的米数表示；如果在技术交流、经济活动等场合中，不需要表述产品的网片尺寸时，则可省略 d）；e），经编网片、辫编网片、绞捻网片、插捻网片、平织网片、成型网片的结型代号分别为 JB、BB、JN、CN、PZ、CX；如网片经过涂料处理，须在 e）后写上“CT”，且 e）与“CT”之间留一字空位；f）与前项之间留一字空位。

[示例 1-4]

按《聚乙烯网片　经编型》（SC/T 5021—2017）生产、以公称直径为 0.20 mm、线密度为 36 tex 的聚乙烯单丝加工网目长度为 60 mm、名义股数为 45 股的聚乙烯经编网片完整标记为：

PE—36 tex×45—60 mm JB SC/T 5021

或 PE—0.20 mm×45—60 mm JB SC/T 5021

［示例 1-5］

按《超高分子量聚乙烯网片 经编型》（SC/T 5022—2017）生产、以线密度为 177.8 tex 的超高分子量聚乙烯纤维加工网目长度为 40 mm、名义股数为 45 股、网片尺寸为横向 100 目、纵向 600 目的超高分子量聚乙烯经编网片完整标记为：

UHMWPE—177.8 tex×45—40 mm（100 T×600 N）JB SC/T 5022

［示例 1-6］

按《聚乙烯网片 绞捻型》（SC/T 5031—2014）生产、以公称直径为 0.20 mm、线密度为 36 tex 的聚乙烯单丝加工网目长度为 50 mm、名义股数为 48 股、网片尺寸为网片宽度 4 m、网片长度 30 m 的聚乙烯绞捻网片完整标记为：

PE—36 tex×48—50 mm（4 m×30 m）JN SC/T 5031

或 PE—0.20 mm×48—50 mm（4 m×30 m）JN SC/T 5031

③新型无结网片完整标记。

铜合金斜方网、铜合金编织网和龟甲网或半刚性聚酯网片等新型无结网片标记，按次序包括下列项目：

a）产品原材料代号，其中，铜合金丝材料、半刚性复合聚酯单丝材料代号分别为 CA、PET，其他织网用材料代号参考相关标准或规范要求；

b）网线规格（如织网用单丝直径）；

c）网目长度（mm）；

d）网片尺寸，以横向目数和纵向目数表示或网片宽度（m）× 网片长度（m）表示；

e）网片结构形式，以网片结型代号表示；

f）标准号。

其中，a）后接“—”号；当产品为铜合金斜方网、铜合金编织网、龟甲网或半刚性聚酯网片时，b）以织网用单丝直径表示；当产品为铜合金斜方网、铜合金编织网时，c）以网目边长表示；当产品为龟甲网或半刚性聚酯网片时，以内宽（mm）× 轴距（mm）表示；c）用“—”号与前项 b）连接；d）中横向目数之后写上“T”、纵向目数之后写上“N”；对于铜合金斜方网、铜合金编织网、龟甲网，c）以横向目数 × 纵向目数或网片宽度（m）× 网片长度（m）表示；如果在技术交流、经济活动等场合中不需要表述产品的网片尺寸时，则可省略 d）；e）中的铜合金斜方网、铜合金编织网、龟甲网、半刚性聚酯网片的结型代号分别为 XF、BZ、GJ、BGXJZ；

如网片经过涂料处理，须在 e）后写上“CT”，且 e）与“CT”之间留一字空位；f）与前项之间留一字空位。

［示例 1–7］

按《高密度聚乙烯框架铜合金网片网箱通用技术条件》（SC/T 4030—2016）生产、以公称直径为 2.5 mm 的铜合金丝加工网目边长为 55 mm、网片尺寸为横向 80 目、纵向 200 目的铜合金斜方网完整标记为：

CA—ϕ 2.5 mm—55 mm（80 T × 200 N）XF　SC/T 4030

［示例 1–8］

按《高密度聚乙烯框架铜合金网片网箱通用技术条件》（SC/T 4030—2016）生产、以公称直径为 4.0 mm 的铜合金丝加工网目边长为 50 mm 的铜合金编织网完整标记为：

CA—ϕ 4.0 mm—50 mm BZ　SC/T 4030

［示例 1–9］

按《聚酯深海渔网》（Q/HRX 01—2019）生产、以公称直径为 3.0 mm 的半刚性复合聚酯单丝加工内宽 45 mm、轴距 50 mm、网片尺寸为网片宽度 3 m、网片长度 20 m 的 PET 网完整标记为：

PET—ϕ 3.0 mm—45 mm × 50 mm（3 m × 20 m）GJ　Q/HRX 01

（2）简便标记

①有结网片简便标记。

活结网片、死结网片、双死结网片等有结网片简便标记，按次序包括下列项目：

a）产品原材料代号；

b）网线规格；

c）双线式的有结网片，以乘 2 表示；

d）网目长度（mm）；

e）网片结构形式，以网片结型代号表示。

其中，a）后接“—”号；当产品为单丝有结网片时，b）以单丝公称直径的毫米值表示，在数值之前写上“ϕ”，或者以线密度的特克斯值表示，在数值之前，写上“ρ_x”；当产品为捻线有结网片时，b）以单丝或单纱线密度 × 捻线用单丝或单纱的总根数表示；当产品为编线有结网片时，b）编线面子用单丝或单纱的线密度 × 编线面子用单丝或单纱的总根数 + 线芯用单丝或单纱的线密度 × 线芯用单丝或单纱总根数（当线芯采用一根或一根以上网线时，还应标记出对应的网线规格及其根数）；单线式的有结网片、单丝有结网片则无 c）；e），活结网片、死结网片、双死结网片的结型代号分别为 HJ、SJ、SS；如网片经过涂料处理，须在 e）后写上“CT”，且 e）与“CT”之间留一字空位。

［示例 1-10］

按《聚酰胺单丝机织网片　单线双死结型》（SC/T 5026—2006）生产、以公称直径为 0.40 mm、线密度为 143 tex 的聚酰胺单丝加工网目长度为 90 mm 的单线双死结型聚酰胺单丝网片简便标记为：

PA—ϕ 0.40 mm—90 mm SS

或 PA—ρ_x 143 tex—90 mm SS

［示例 1-11］

按《渔用机织网片》（GB/T 18673—2008）生产、以规格为 36 tex × 12 × 3 的聚乙烯网线加工网目长度为 55 mm、网片尺寸为横向 400 目、纵向 100.5 目的单线单死结型渔用机织网片简便标记为：

PE—36 tex × 12 × 3—55 mm SJ

或 PE—36 tex × 36—55 mm SJ

［示例 1-12］

按《渔用机织网片》（GB/T 18673—2008）生产、以规格为 UHMWPE—33 tex × 6 × 16 的超高分子量聚乙烯编线加工网目长度为 50 mm、网片尺寸为横向 300 目、纵向 160.5 目、经过树脂后处理的单线单死结型双线式的编线有结网片简便标记为：

UHMWPE—（33 tex × 6 × 16 B）× 2—50 mm SJ　CT

或 UHMWPE—（33 tex × 96 B）× 2—50 mm SJ　CT

②传统无结网片简便标记。

经编网片、辫编网片、绞捻网片、插捻网片和平织网片等传统无结网片简便标记，按次序包括下列项目：

a）产品原材料代号；

b）网线规格；

c）网目长度（mm）；

d）网片结构形式，以网片结型代号表示。

其中，a）后接“—”号；当产品为经编网片、辫编网片、绞捻网片时，b）以目脚的单丝或单纱规格乘其名义股数表示；当产品为插捻网片、平织网片时，b）以经纱、纬纱的线密度乘其名义股数表示；c），用“—”号与前项连接；e），经编网片、辫编网片、绞捻网片、插捻网片、平织网片、成型网片的结型代号分别为 JB、BB、JN、CN、PZ、CX；如网片经过涂料处理，须在 d）后写上“CT”，且 d）与“CT”之间留一字空位。

［示例 1–13］

按《聚乙烯网片　经编型》（SC/T 5021—2017）生产、以公称直径为 0.20 mm、线密度为 36 tex 的聚乙烯单丝加工网目长度为 60 mm、名义股数为 45 股的聚乙烯经编网片简便标记为：

PE—36 tex × 45—60 mm JB

或 PE—0.20 mm × 45—60 mm JB

［示例 1–14］

按《超高分子量聚乙烯网片 经编型》（SC/T 5022—2017）生产、以线密度为 177.8 tex 的超高分子量聚乙烯纤维加工网目长度为 40 mm、名义股数为 45 股、网片尺寸为横向 100 目、纵向 600 目的超高分子量聚乙烯经编网片简便标记为：

UHMWPE—177.8 tex × 45—40 mm JB

［示例 1–15］

按《聚乙烯网片　绞捻型》（SC/T 5031—2014）生产、以公称直径为 0.20 mm、线密度为 36 tex 的聚乙烯单丝加工网目长度为 50 mm、名义股数为 48 股、网片尺寸为网片宽度 4 m、网片长度 30 m 的聚乙烯绞捻网片简便标记为：

PE—36 tex × 48—50 mm JN

或 PE—0.20 mm × 48—50 mm JN

③新型无结网片简便标记。

铜合金斜方网、铜合金编织网和 PET 网或半刚性聚酯网片等新型无结网片标记简便标记，按次序包括下列项目：

a）产品原材料代号，其中，铜合金丝材料、半刚性复合聚酯单丝材料代号分别为 CA、PET，其他织网用材料代号参考相关标准或规范要求；

b）网线规格（如织网用单丝直径）；

c）网目长度（mm）；

d）网片结构形式，以网片结型代号表示。

其中，a）后接“—”号；当产品为铜合金斜方网、铜合金编织网、PET 网或半刚性聚酯网片时，b）以织网用单丝直径表示；当产品为铜合金斜方网、铜合金编织网时，c）以网目边长表示；当产品为龟甲网或半刚性聚酯网片时，c）以内宽（mm）× 轴距（mm）表示；c）用“—”号与前项连接；d）中的铜合金斜方网、铜合金编织网、龟甲网、半刚性聚酯网片的结型代号分别为 XF、BZ、GJ、BGXJZ；如网片经过涂料处理，须在 d）后写上“CT”，且 d）与“CT”之间留一字空位。

［示例 1–16］

按《高密度聚乙烯框架铜合金网片网箱通用技术条件》（SC/T 4030—2016）生

产、以公称直径为 2.5 mm 的铜合金丝加工网目边长为 55 mm、网片尺寸为横向 80 目、纵向 200 目的铜合金斜方网简便标记为：

CA—ϕ 2.5 mm—55 mm XF

[示例 1-17]

按《高密度聚乙烯框架铜合金网片网箱通用技术条件》(SC/T 4030—2016)生产、以公称直径为 4.0 mm 的铜合金丝加工网目边长为 50 mm 的铜合金编织网简便标记为：

CA—ϕ 4.0 mm—50 mm BZ

[示例 1-18]

按《聚酯深海渔网》Q/HRX 01 生产、以公称直径为 3.0 mm 的半刚性复合聚酯单丝加工内宽 45 mm、轴距 50 mm、网片尺寸为网片宽度 3 m、网片长度 20 m 的 PET 网简便标记为：

PET—ϕ 3.0 mm—45 mm × 50 mm GJ

2. 网片质量

网片质量是保证渔具使用性能和作业效果的重要条件。网片质量的好坏可从网片的外观质量、网目长度偏差率、网片强力和结牢度等方面进行综合分析评价。在水产养殖技术领域，网片质量通过网片的综合性能来体现。

(1)外观质量

网片外观质量主要包括破目、漏目和活络结等内容。根据国家标准《渔用机织网片》(GB/T 18673—2008)，渔用机织网片外观质量应符合表 1-5 和表 1-6 的相关要求，其他网片外观质量可参考相关标准或合同要求。网片外观质量应在自然光线或白炽灯等无色光源下，通过目测并采用卷尺进行检验，观察网片的网结是否整齐紧实、有无明显的大小行和异形结等出现，同时观察网片是否平整且无紧边现象。

表 1-5 PE 网片、PA 复丝网片和 PA 单丝网片外观质量

序号	项目	要求
1	活络结 /(%)	≤ 0.02
2	漏目 /(%)	≤ 0.02
3	扭结 /(%)	≤ 0.01
4	破目 /(%)	≤ 0.01
5	混线	不允许
6	K 型网目	不明显
7	色差(不低于)	3 ~ 4

表 1-6　PE 经编网片和平织网片的外观质量

序号	项目	要求
1	破目 /（%）	≤ 0.03
2	漏目 /（%）	≤ 0.01 × 名义股数
3	跳纱 /（%）	≤ 0.01
4	缺股 /（%）	≤ 0.02 × 名义股数
5	每处修补长度 /m	≤ 1.0
6	修补率 /（%）	≤ 0.10

注：1. 每处修补长度以网目闭合时长度累计；2. 修补率为网片修补目数对网片总目数的比值。

（2）网目长度偏差率

网目长度是指网目大小的允许公差。根据《渔用机织网片》（GB/T 18673—2008），渔用机织网片的网目长度偏差率应符合表 1-7 和表 1-8 的相关要求。

表 1-7　PE 网片、PA 复丝网片和 PA 单丝网片的网目长度偏差率要求

网目长度 /mm	要求		
	聚乙烯网片	PA 复丝网片	PA 单丝网片
10 ≤ 2a ≤ 25	± 4.5%	± 5.5%	± 3.0%
25 < 2a ≤ 50	± 4.0%	± 5.0%	± 2.5%
50 < 2a ≤ 100	± 3.5%	± 4.5%	± 2.0%
2a > 100	± 3.0%	± 4.0%	± 1.5%

表 1-8　PE 经编网片和平织网片的网目长度偏差率要求

网目长度 /mm	要求	
	未定型	定型
2a ≤ 10	± 6.0%	± 4.5%
10 < 2a ≤ 20	± 5.5%	± 4.0%
20 < 2a ≤ 45	± 5.0%	± 3.5%
2a > 45	± 4.5%	± 3.0%

网目长度按国家标准《渔网网目尺寸测量方法》（GB/T 6964—2010）进行检验，然后按 GB/T 18673—2018 等标准来计算网片的网目长度偏差率。网目长度测量步骤是沿有结网的纵向或无结网的长轴方向拉紧网片，在预加张力下测量网目长度，当网目长度大于 20 mm 时，从有结网的第一个结或无结网的第一个网目连接点在内的距离应用一把精度为 1 mm 的钢质直尺测量；当网目长度小于或等于 20 mm

时，从有结网的第一个结或无结网的第一个网目连接点在内的距离应用一把精度为 0.02 mm 的游标卡尺测量（图 1–27）。每次用连续的 5 网目测量，将测量长度除以 5 得到网目长度。最后计算出网目长度偏差率。

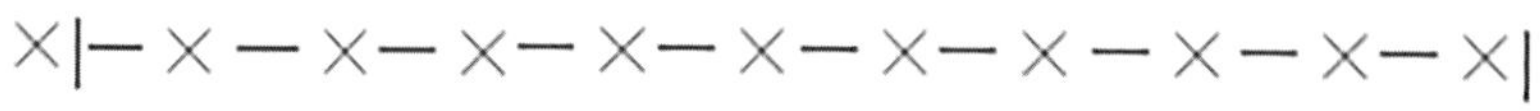

×|— × — × — × — × — × — × — × — × — × — ×|

图 1–27 测量网目长度

渔网网目内径一般采用扁平楔形网目测量仪测量。网目测量仪由铝合金制成，其表面有涂层（图 1–28）。网目测量仪 2 mm 厚，扁平且有两条逐渐变细的边，边的锥度为 1 : 8。在网目测量仪的细端应有一个孔。网目测量仪的边缘成半径为 1 mm 的圆形，离印刷或雕刻标记末端 2 mm 范围内的数字均可以使用，量程的刻度间隔为 1 mm、5 mm 和 10 mm。距离测量仪细端 50 mm 外无刻度标记处不可以使用。测量渔网网目内径一般需配备 10 ~ 470 mm、60 ~ 120 mm、110 ~ 170 mm、150 ~ 250 mm 4 种尺寸范围的网目测量仪。当渔网网目内径大于 250 mm 时可选用其他尺寸的网目测量仪。除了上述扁平楔形网目测量仪，国际上还开发了国际海洋考察理事会网目测量仪（以下简称 ICES mesh gauge，图 1–29）和客观网目测量仪（以下简称 OMEGA mesh gauge，见图 1–30）等多种网目测量仪，这进一步推动了渔网网目检验技术的升级。有关 ICES mesh gauge、OMEGA mesh gauge 的详细资料，读者可参考相关文献，这里不再详细论述。

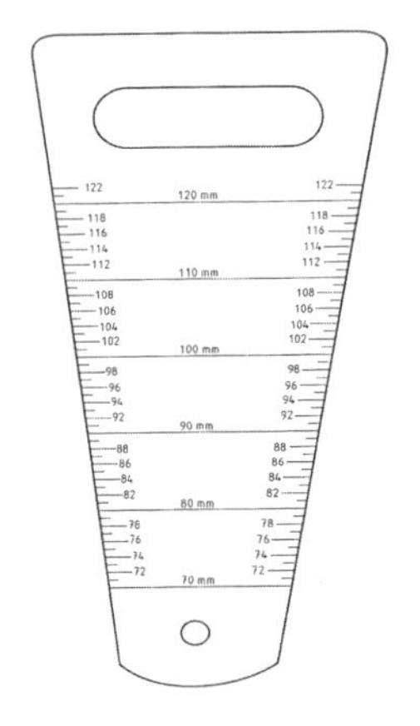

图 1–28 扁平楔形网目测量仪

图 1–29 国际海洋考察理事会网目测量仪

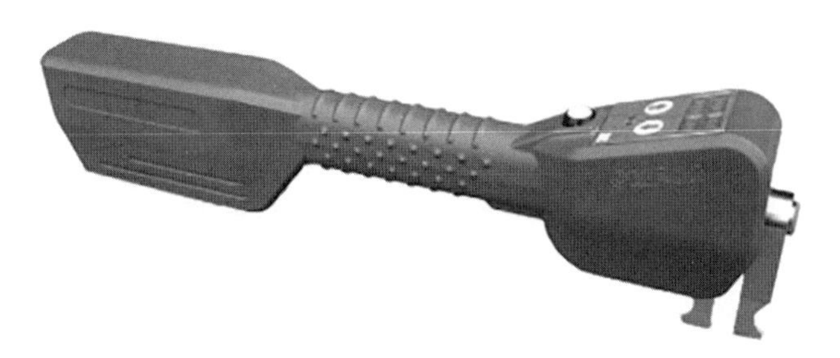

图 1-30　国际上使用的客观网目测量仪

（3）网片强力

网片强力是网片拉伸时的重要机械性能。根据现行国家标准《渔网　合成纤维网片强力与断裂伸长率试验方法》（GB/T 4925—2008）的规定，网片强力用网目断裂强力、网片撕裂强力和网片断裂强力 3 种方式进行表示。网目断裂强力为单个网目被拉伸至断裂时的最大强力值。网目断裂强力按国家标准《渔网　网目断裂强力的测定》（GB/T 21292—2007）进行检验（图 1-31）。

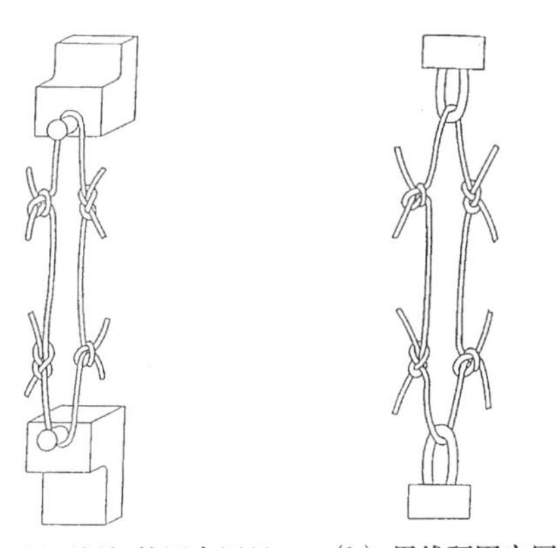

(a) 用不锈钢栓固定网目　　(b) 用线环固定网目

图 1-31　网目强力检验方法

网片撕裂强力为试样上保留的网结或连接点，在被全部撕裂时的最大强力值。网片撕裂强力按国家标准《渔网　合成纤维网片强力与断裂伸长率试验方法》进行检验（见图 1-32）。网片强力首先取决于所使用基体材料、网片结构、网片规格、网片质量，同时还与网目尺寸、网目结节或连接点的方式、网片受力方向、织网条件和网片后处理质量等因素有关。在编网过程中，如果目大均匀、目脚长短一致，那么网片能经受相当大的拉力。但通常由于织网机故障，尤其是在网机规格边缘区，往往产生目脚长短不一的现象，从而出现“K”形网目。当网线打结后，在剧烈的弯曲条件下，由于断面上所出现的复杂应力状态，产生应力集中，从而降低了网线强力。网片撕裂强力的大小还与其受力时相对状态有关。网片吸水后所表现出来的强力变化因材料吸湿性不同而异，并表现出不同的趋势。

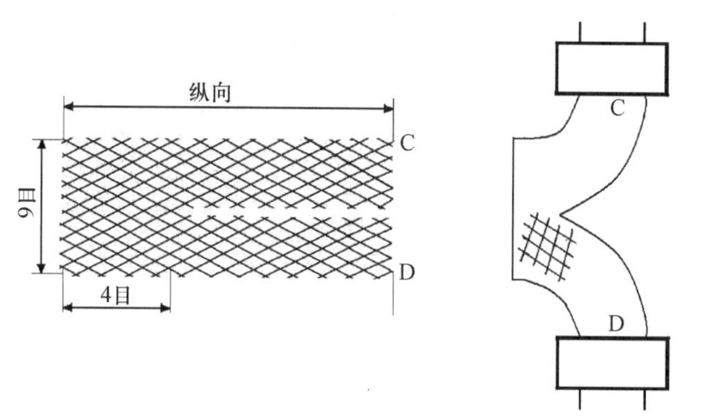

（a）撕裂强力样品　　（b）网片撕裂强力测定示意

C. 样品在夹具中的上夹持点；D. 样品在夹具中的下夹持点

图 1–32　网片撕裂强力测定方法

网片断裂强力为网片试样被拉伸至断裂时的最大强力值。网片断裂强力检验的同时，可测得试样在断裂时被拉伸的长度与原来的百分比即网片断裂伸长率。网片断裂强力按国家标准《渔网　合成纤维网片强力与断裂伸长率试验方法》进行检验（图 1–33）。

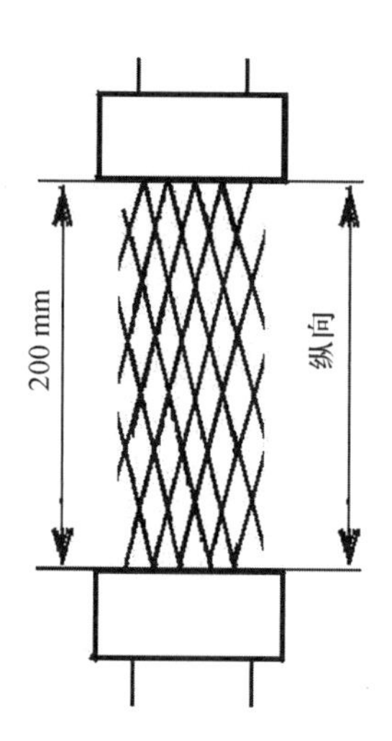

图 1–33　渔网网片断裂强力与断裂伸长率的测定

（4）结牢度

结牢度是指网结抵抗滑脱变形的能力。结牢度以网结在拉伸中出现滑移时所需的力来表示。网片结牢度的大小与基体材料种类、网线粗度、网结类型、网结打结时的勒紧张力等因素有关。网片结牢度可按水产行业标准《合成纤维渔网　结牢度试验方法》（SC/T 5019—1998）的规定进行检验分析。东海所与上海海洋大学曾对几种合成纤维网片结牢度进行了试验，结果如下：

①在其他条件相同时，结牢度随网线综合线密度增加而增加，两者呈幂函数关系；

②同种网线，“S”形死结结牢度大于“Z”形死结结牢度，双死结结牢度大于单死结结牢度；

③以同种规格网线打成“Z”形死结，则结牢度随打结张力的增加而增加，两者呈线性关系；

④在其他条件相同时，各种网材料的结牢度有所差异，对比粗捻线，PE 网线的结牢度明显比 PA 网线高，而较细捻线，PE 网线、PA 网线、PET 网线三者的结牢度基本相近；PA 单丝的结牢度最低。

（5）耐磨性

由合成纤维制造的网衣耐腐性较高，其使用寿命主要是受磨损的影响。养殖网衣在使用时受到的摩擦主要为网衣外表面与物体发生的摩擦，如与网箱等养殖设施结构、海底、网纲等之间的摩擦。网衣中的单纱之间的内部磨损是由于网衣使用中经常处于弯曲应力作用下，单纱移动将导致彼此之间发生摩擦，其结果是使相邻单纱接触处的纤维磨损。此外，养殖网衣在使用时也会因为沙粒进入单纱之间的空隙而引起内部损坏。养殖网衣无论经外表面磨损或内部磨损都会使网衣强力降低，缩短寿命和使用期限。关于养殖网衣耐磨性的测定，可在水产养殖过程中，对网衣作跟踪调查和检验，这种实际磨损试验最有说服力，但试验周期很长，而且作业环境条件的变化导致养殖网衣耐磨性检验结果的无可比性。在实验室进行模拟性耐磨试验，只能对几种网衣的耐磨性作相对比较，有时因检验方法不同，还会得出有矛盾的检验结果。因为网衣的耐磨性在很大程度上取决于检验方法，尤其取决于磨损材料和摩擦时在试样上所加的载荷。迄今为止，对养殖网衣磨损试验没有国际标准、国家标准或行业标准。耐磨试验机检验设备种类很多（图 1-34）。磨损试验前后网片及磨损试验中的网片如图 1-35 所示。

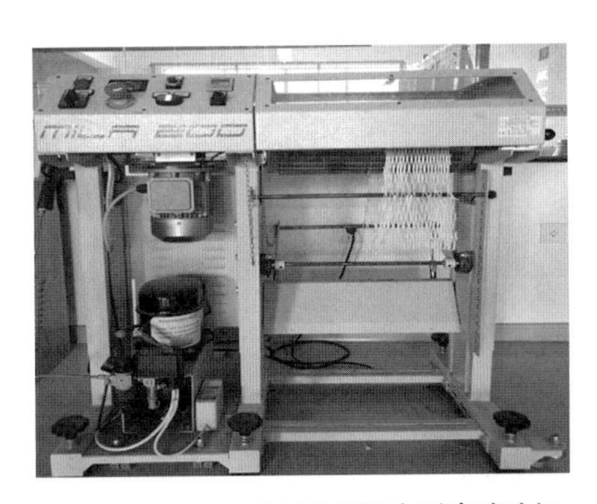

图 1-34 BURASCHI 型网衣耐磨试验机

(a) 磨损试验前的网片

(b) 磨损试验后的网片

(c) 磨损试验中的网片

图 1-35 PE 有结网片磨损过程

为开展网衣的破坏机理及系统试验技术研究，东海所石建高研究员课题组在国家工业和信息化部高技术船舶科研项目（工信部装函〔2019〕360 号）等多个项目的支持下，开展了 PE 单死结网衣、PET 复丝绞捻网、PA 复丝单死结网衣和 UHMWPE 经编网 4 种网衣的耐磨性试验。耐磨检验设备采用 BURASCHI 型网衣耐磨试验机。渔网材料耐磨性能检验时，每种网片取 10 个样品，在 BURASCHI 型网衣耐磨试验机上进行耐磨试验，其中，转速 25 r/min，载荷 10.2 kg，摩擦次数 5 000 转。试验过程中应仔细观察网衣的形变及断裂情况，未断的网衣再采用 INSTRON-4466 型万能试验机进行拉伸处理，根据公式（1-8）计算网片磨损后的强力保持率（η），耐磨试验结果如表 1-9 所示。

$$\eta=\frac{F_1}{F_2}\times 100\% \tag{1-8}$$

式中：η——网片磨损后的强力保持率；

F_1——网片磨损试验前的断裂强力（N）；

F_2——网片磨损试验后的断裂强力（N）。

表 1-9 几种养殖网衣耐磨性的比较

序号	网衣名称	网片规格	网衣磨损强力保持率 /（%）	网衣表面胶水处理
1	PE 单死结网衣	270 D × 60—40 mm	45	无
2	PET 复丝绞捻网	250 D × 22—34 mm	57	无
3	PA 复丝单死结网衣	210 D × 192—90 mm	77	无
4	UHMWPE 经编网	600 D × 5—50 mm	93	无

从表 1-9 中可以看出，UHMWPE 经编网的耐磨性较好，在同等试验条件下，其磨损强力保持率高达 93%。尽管实验室得出的耐磨性结果会因方法不同而存在

差异，但从实验室及现场两方面获得的网衣耐磨性试验结果，对养殖网衣的耐磨性仍可找到一些规律。UHMWPE 经编网因其无结，表面光滑平整，在磨损条件下所受的影响较小。此外，UHMWPE 经编网的基体纤维材料——UHMWPE 纤维本身的耐磨性就优于试验用其他网衣基体纤维如 PE 单丝、PET 复丝、PA 复丝等。了解养殖网衣的耐磨性，在网箱、围栏等水产养殖设施设计上具有重要意义。以往没有适当的网衣耐磨试验机进行养殖网衣耐磨性的理论研究，所以，我国这方面的相关研究几乎为空白。随着更多新型、高效网衣耐磨试验机的开发及应用，养殖网衣的耐磨性有望得到更多的研发与探讨，这将助力网衣系统安全设计研究的深入。

（6）蠕变性

为开展网衣的破坏机理及系统试验技术研究，东海所石建高研究员课题组在国家工业和信息化部高技术船舶科研项目（工信部装函〔2019〕360 号）的支持下，开展了 3 种 UHMWPE 经编网的蠕变性试验。蠕变性试验检验设备采用 INSTRON5581 型强力试验机。蠕变性试验选择的材料为 UHMWPE 经编网，对其在不同加载作用力下的蠕变率进行检验，检验时间为 30 min，检验的结果如图 1–36 所示。此次检验的作用力选择的是 UHMWPE 经编网断裂强力的 20%、40% 和 60%，在 20% 断裂强力的作用力下，UHMWPE 经编网的蠕变率为 12.85%；在 40% 断裂强力的作用力下，其蠕变率为 14.28%；在 60% 断裂强力的作用力下，其蠕变率为 17.93%。相同规格的 UHMWPE 经编网随着作用力的增加，其蠕变率呈现上升的趋势。由此可见，在养殖网衣设计上，控制养殖网衣的受力非常重要，这可降低其蠕变率，保障养殖网衣系统安全。

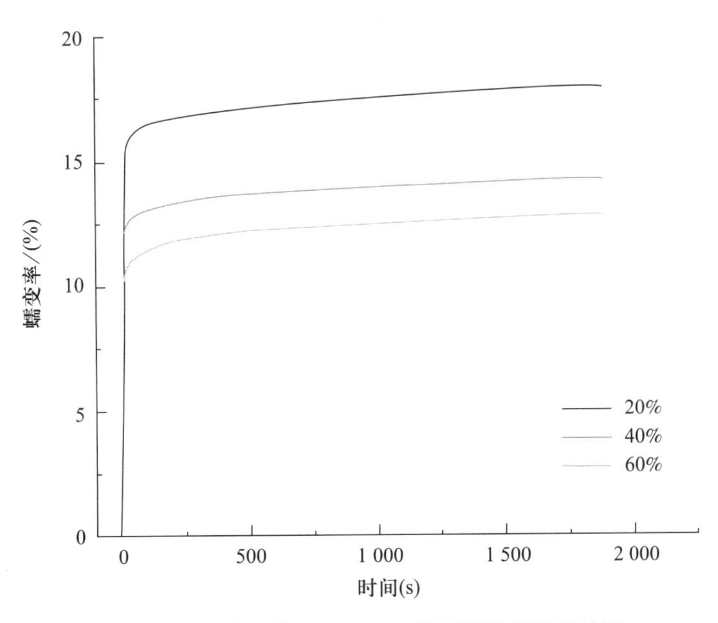

图 1–36　3 种规格 UHMWPE 经编网蠕变试验结果

（7）抗老化性

在国家工业和信息化部高技术船舶科研项目（工信部装函〔2019〕360号）的支持下，东海所石建高研究员课题组开展了养殖网衣的紫外老化试验研究。紫外老化试验检验设备采用ZY–UVA–340型紫外老化试验箱（图1–37）。试验选择的材料为单丝直径3.0 mm的PET单丝龟甲网，对其在不同时间老化条件下的断裂强力进行检验，检验的结果如表1–10所示。此次检验的紫外老化时间为2 000 h。检验结果表明，在紫外老化2 000 h之后，单丝直径3.0 mm的PET单丝龟甲网的横向断裂强力保持率为97.1%，纵向断裂强力保持率为78.0%。PET单丝龟甲网随着老化时间的增加，其网片断裂强力呈缓慢下降趋势。由此可见，PET单丝龟甲网的耐老化性能较好。在养殖网衣实际生产应用上，养殖海区的光照对养殖网衣的老化有一定的影响，进而进一步影响养殖网衣系统及设施的安全。养殖网衣实际生产中，PET单丝龟甲网所处的老化环境温度较低，太阳光等紫外老化对PET单丝龟甲网老化影响在可控范围之内。

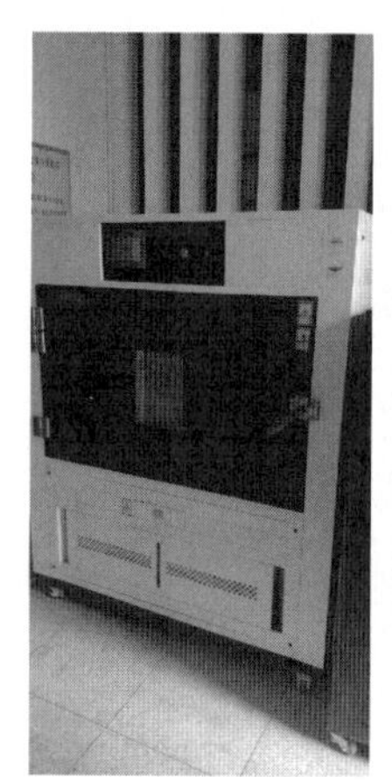

图1–37　紫外老化试验箱及老化试验

表1–10　PET单丝龟甲网紫外老化试验断裂强力

序号	时间	PET单丝龟甲网紫外老化试验断裂强力/N	
		横向断裂强力	纵向断裂强力
1	0 h	7 426.8	10 408.1
2	2 000 h	7 214.6	8 116.7

注：单丝直径3.0 mm。

（8）抗疲劳性

养殖网具上的网衣系统在作业工况下除了受到长时间持续载荷作用，还受到多次反复加载卸载作用。在反复载荷作用下会使网衣伸长值继续增加，网衣在一定次数反复作用下会发生断裂。东海所石建高研究员课题组在国家工业和信息化部高技术船舶科研项目（工信部装函〔2019〕360号）的支持下，开展了不同养殖网衣的抗疲劳性试验。抗疲劳性试验检验设备采用INSTRON8801型动态疲劳试验机，试验选择的材料为PE有结网、UHMWPE经编网、PA经编网等网衣，对其在不同加载作用力下的抗疲劳性进行检验，检验时的频率范围1 ~ 10 Hz，PE有结网检验过程及疲劳曲线分别如图1–38和图1–39所示。3种养殖网衣的疲劳试验检验结果如表1–11所示。该疲劳试验中首先选定不同规格样品的统一百分比（如50%）的断裂强力，然后在规定相同的拉伸次数（10万次）内观察断裂情况，未断的网片再采用INSTRON–4466型万能试验机进行拉伸处理，然后计算网片的强力保持率。同一样品可以选定不同百分比的断裂强力作一系列对比。由表1–11可见，PE有结网在第1 378次疲劳拉伸时断裂，而UHMWPE经编网、PA经编网在10万次疲劳拉伸后仍未断裂。在50%的自身网片断裂强力作用下，规格为PE–270D × 60—40 mm SJ的单死结聚乙烯有结网片在反复拉伸1 378次后即发生了断裂；而在50%的自身网片断裂强力作用下，规格为PA—210 D × 192—90 mm JB的聚酰胺经编网在反复拉伸10万次后仍未断裂，其疲劳拉伸10万次以后的剩余强力为3 426 N；在50%的自身网片断裂强力作用下，规格为UHMWPE—1 600 D × 7—40 mm的超高分子量聚乙烯经编网在反复拉伸10万次后仍未断裂，其疲劳拉伸10万次以后的剩余强力为4 467 N。网衣基体材料弹性越大，网衣反复作用次数越多；网衣基体材料蠕变越大，网衣越易出现疲劳。综上所述，PE有结网蠕变最大，其次为PA经编网，再次为UHMWPE经编网。上述养殖网衣中，PE有结网越容易出现疲劳。

（a）试验前的网片

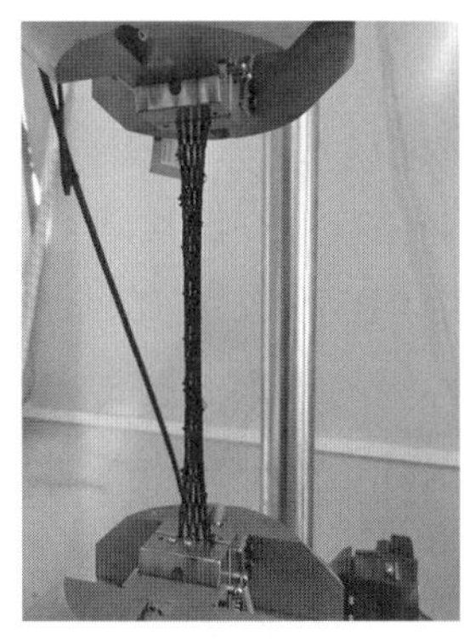
（b）试验中的网片

（c）试验后的网片

图1–38　PE有结网疲劳试验

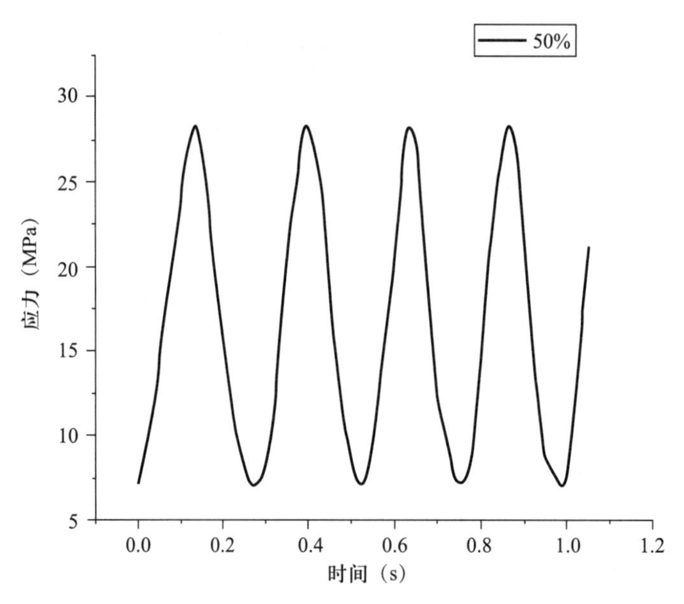

图 1–39 PE 有结网疲劳试验曲线

表 1–11 不同养殖网衣疲劳试验后的剩余强力

序号	网片规格	网结类型	疲劳拉伸次数 / 次	剩余强力 /N
1	PE—270 D × 60—40 mm	有结网	1 378	/
2	PA—210 D × 192—90 mm	经编网	100 000	3 426
3	UHMWPE—1 600 D × 7—40 mm	经编网	100 000	4 467

注：1. 疲劳拉伸次数是指在 50% 自身网片断裂强力作用下的疲劳试验次数，以 10 万次为限；2. 剩余强力是指网片经疲劳拉伸 10 万次以后的剩余网片强力。

（9）抗冲击性

为开展网衣的破坏机理及系统试验技术研究，东海所石建高研究员课题组在国家工业和信息化部高技术船舶科研项目（工信部装函〔2019〕360 号）的支持下，开展了 UHMWPE 有结网的抗冲击性试验。抗冲击性试验检验设备采用安全网冲击试验架（见图 1–40），试验选择的材料为 UHMWPE 有结网，按《安全网》（GB 5725—2009）标准对其抗冲击性进行检验，检验的结果如图 1–41 所示。此次检验，铁球的跌落高度为 5 m，从图 1–41 中可以看出，在铁球跌落冲击作用力下，UHMWPE 有结网完好无损。而对同规格的普通 PE 有结网进行相同检验，普通 PE 有结网出现了破损。由此可见，在养殖网衣设计上，养殖网衣的抗冲击性非常重要，可提供其作业工况下对风浪流的抗冲击能力，保障养殖网衣系统及养殖设施安全。

图 1-40　安全网冲击试验架

图 1-41　UHMWPE 有结网抗冲击试验过程

第二节　渔网工艺学

养殖网具在装配过程中一般需要用网线将大小不同、形状各异的网片连接成特定形状网片，这种网片间相互连接的工艺称为“缝合”。养殖网衣配纲长度确定后，必须采用适当的纲索装配形式与方法，把网衣均匀地缩缝到纲索上，并保证网衣预期的缩结，这个工艺过程称为“装纲”。经编网衣为无结网衣，它在水产养殖领域的网衣中用量最多。深远海养殖网衣工艺是一门重要技术，由捕捞渔具及渔具材料、普通网箱或深水网箱等工艺发展而来，但又有别于捕捞网衣工艺，这需要开展系统研究、检验验证、示范应用、产业化推广、标准或技术规范制修订等工作。在现有阶段，编者基于相关文献理论与实践经验对其作一个阶段性的总结。本节主要介绍网衣缝合工艺、网衣装纲工艺、经编网加工工艺等深远海养殖网衣工艺学内容，供读者参考。

一、深远海养殖网衣缝合工艺

缝合是深远海养殖网衣装配 / 安装技术的基础，网衣按设计要求经剪裁、缝合、装纲等工艺程序后组装成养殖网具。为便于叙述，深远海养殖网衣、深远海养殖网具以下分别简称为“养殖网衣”“养殖网具”。养殖网具在水产养殖领域简称“网具”。根据网具部位的不同和工艺要求，养殖网衣缝合常采用绕缝、编缝和活络缝等工艺方法。

（一）绕缝

绕缝是指用缠绕方法把两块网片连接在一起的装配工艺方法。在网片缝合时，按绕缝方向分类，可分为横向绕缝、纵向绕缝和剪裁边绕缝 3 种。

1. 横向绕缝

横向绕缝是指沿着网片宽度方向的缝合。在捕捞渔具网片绕缝时，作结不太严格，一般每隔几目作一个半结，开头与结尾作一个双死结即可。但在网箱等养殖设施网衣的网片绕缝时，作结非常严格，一般每隔 1 ~ 2 目作一个死结、每隔 5 ~ 10 目作一个双死结，开头与结尾必须作一个双死结。如果有网片缝合用特种工业缝纫机，可以先用特种工业缝纫机绕缝，然后，每隔 5 ~ 10 目手工制作一个双死结（图 1–42 和图 1–43）。

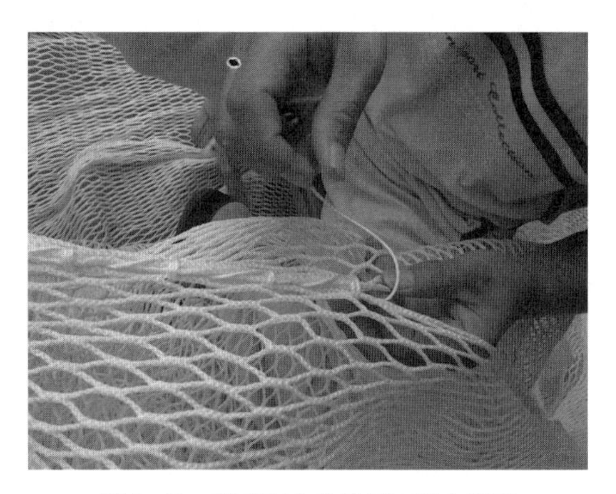

图 1–42　养殖网衣传统手工缝合装配

图 1–43　网片缝合用特种工业缝纫机

横向绕缝分吃目绕缝和一目对一目绕缝两种（图 1–44）。吃目绕缝如图 1–44（a）所示，亦称“减目绕缝”。一目对一目绕缝如图 1–44（b）所示，亦称“等目绕缝”。高强度膜裂纤维养殖网衣间一目对一目横向绕缝如图 1–45 所示。

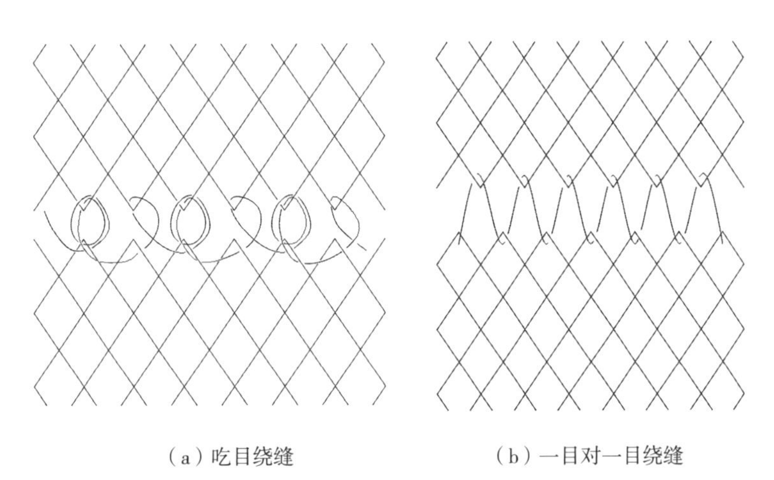

（a）吃目绕缝　　（b）一目对一目绕缝

图 1–44　横向绕缝

图 1–45　高强度膜裂纤维养殖网衣间一目对一目横向绕缝

2. 纵向绕缝

纵向绕缝是指沿着网片高度方向的缝合。纵向绕缝分多目绕缝、一目绕缝和半目绕缝 3 种（见图 1–46）。多目绕缝、一目绕缝、半目绕缝分别如图 1–46（a）、图 1–46（b）和图 1–46（c）所示。在缝合捕捞渔具时，上述纵向绕缝技术均可采用，但在缝合养殖设施网衣时，必须采用多目绕缝技术，不可采用半目绕缝和一目绕缝，以确保养殖设施网衣安全。在现有养殖生产中，在采用多目绕缝时，还增加一根线绳以提高缝合处的网衣强度。高强度膜裂纤维养殖网衣剪裁及其绕缝如图 1-47 所示。

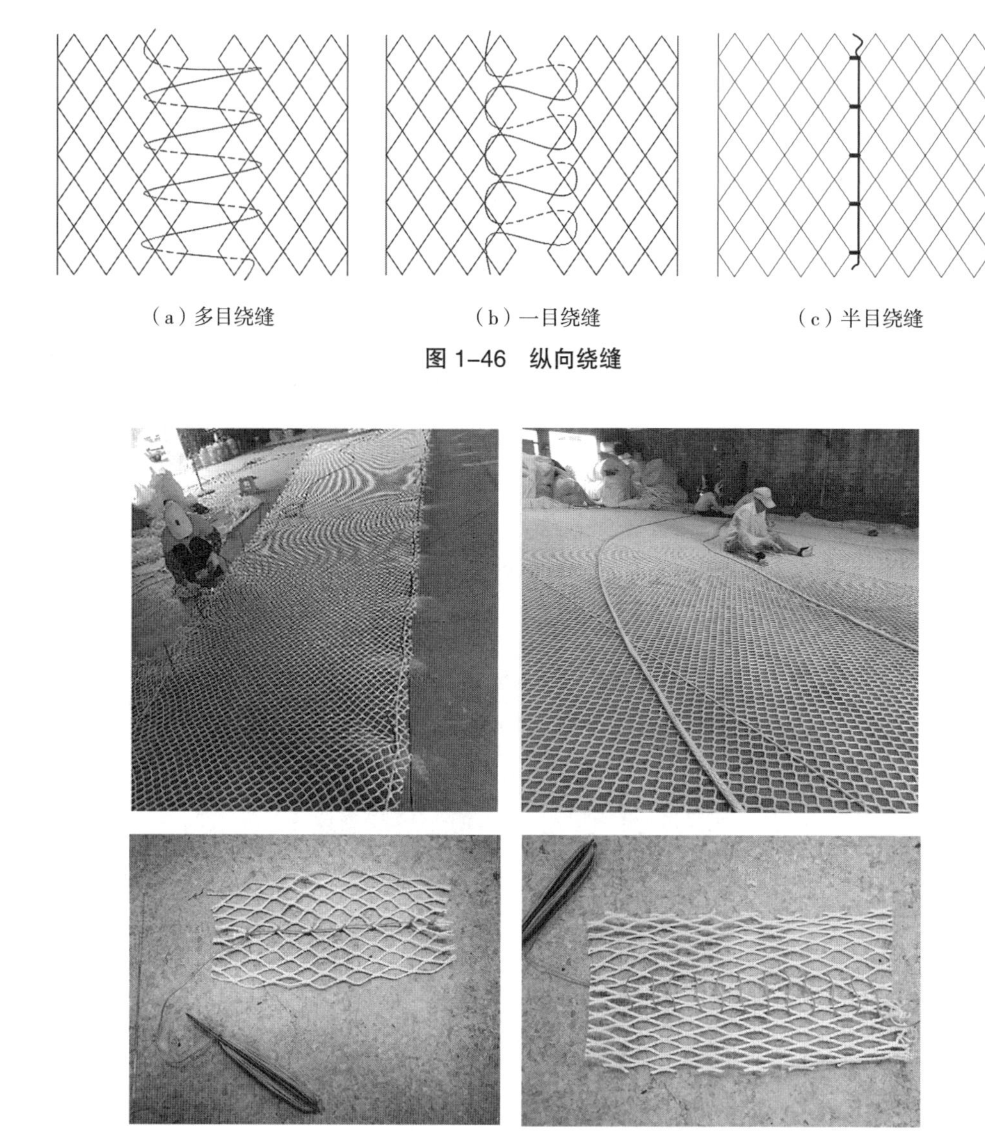

（a）多目绕缝　（b）一目绕缝　（c）半目绕缝

图 1-46　纵向绕缝

图 1-47　高强度膜裂纤维养殖网衣剪裁及其绕缝

3. 剪裁边绕缝

剪裁边绕缝是指用缠绕形式把两块网衣剪裁边缝合在一起的工艺。在拖网装配过程中使用最多的缝合工艺为剪裁边绕缝工艺。在网衣缝合中，通常要求缝合后的网衣形式与原来剪裁边的形式相一致（图 1–48）。在缝合捕捞渔具时可采用图 1–48 所示的技术，但对于养殖设施网衣，网片剪裁边绕缝时作结非常严格，一般每隔 1 ~ 2 目作一个死结、每隔 5 ~ 10 目作一个双死结，开头与结尾必须作一个双死结。如果有网片缝合用特种工业缝纫机，可以先用特种工业缝纫机绕缝，然后，每隔 5 ~ 10 目用手工作一个双死结，以确保养殖网衣系统安全。高强度膜裂纤维养殖网衣剪裁边绕缝如图 1–49 所示。

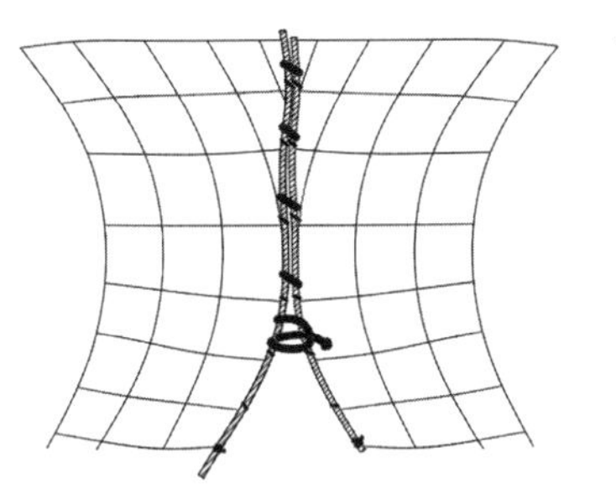
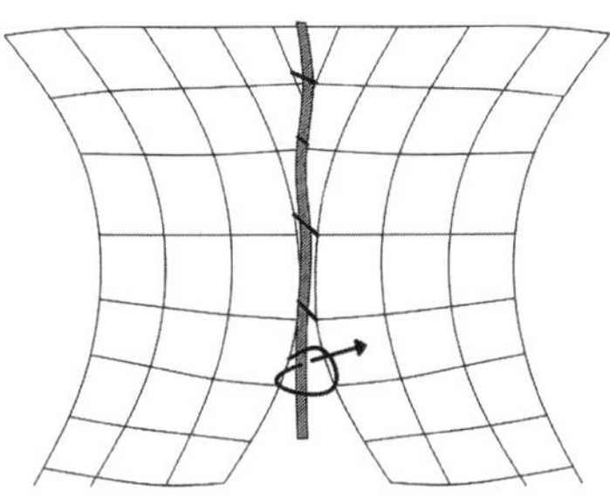
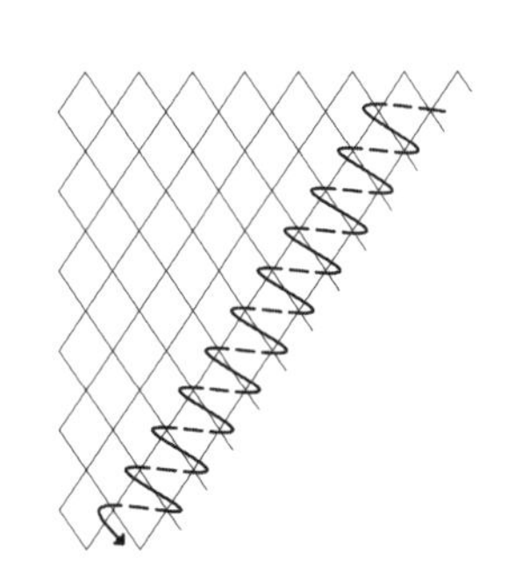

图 1–48　剪裁边绕缝

图 1–49　高强度膜裂纤维养殖网衣剪裁边绕缝

（二）编缝

编缝是指用编结方法把两块网片连接在一起的工艺。网衣编缝主要分为横向编缝和纵向编缝两种。

1. 横向编缝

横向编缝时，开头与结尾都分别作一个双死结，中间部分网结作上、下宕眼结（见图 1–50）。编缝捕捞渔具可采用图 1–50 所示的技术，但对于养殖设施网衣，横向编缝时的上宕眼结和下宕眼结均应采用双死结，以确保养殖网衣系统安全。高强度膜裂纤维养殖网衣横向编缝如图 1–51 所示。

图 1–50 横向编缝

图 1–51 高强度膜裂纤维养殖网衣横向编缝

2. 纵向编缝

纵向编缝时，开头与结尾都分别作一个双死结，中间部分网结作左边旁结、右边旁结（如图 1–52）。编缝捕捞渔具可采用图 1–52 所示的工艺技术，但对于养殖设施网衣，纵向编缝时的左边旁结和右边旁结均应采用双死结，以确保养殖网衣系统安全。高强度膜裂纤维养殖网衣纵向编缝如图 1–53 所示。

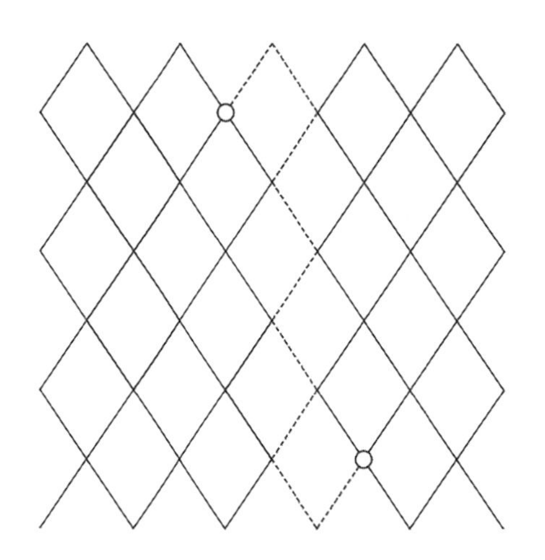

图 1–52 纵向编缝

图 1–53 高强度膜裂纤维养殖网衣纵向编缝

（三）活络缝

活络缝是指用活络结把两块网片连接在一起的工艺。拖网网囊取鱼口的缝合一般采用活络缝工艺形式。活络缝的特点是方便拆卸、可提高生产效率。活络结的形式如图 1–54 所示。捕捞拖网网囊取鱼口可采用图 1–54 所示的活络缝工艺，但对于承载养殖设施网衣，不建议采用活络缝工艺。诚然，在养殖设施的潜水员通道、水下机器人通道等通道口如果坚持使用活络缝工艺，则必须在应用活络缝的同时配套额外的承载保护系统。上述承载保护系统应委托东海所石建高研究员课题组等养殖网衣专业团队设计开发，以确保养殖网衣系统的安全。高强度膜裂纤维养殖网衣活络缝如图 1–55 所示。

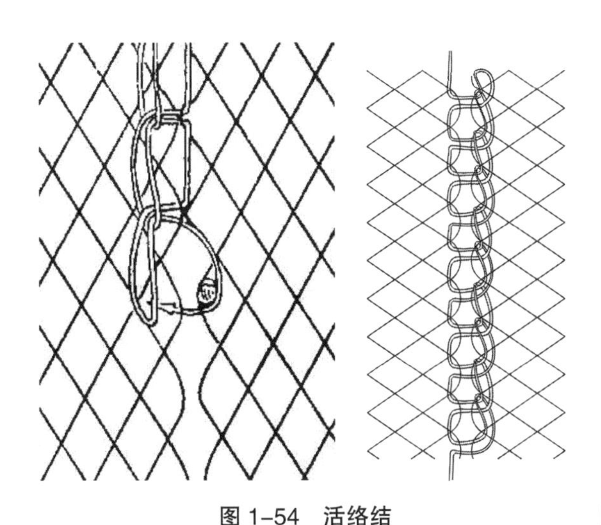

图 1–54　活络结

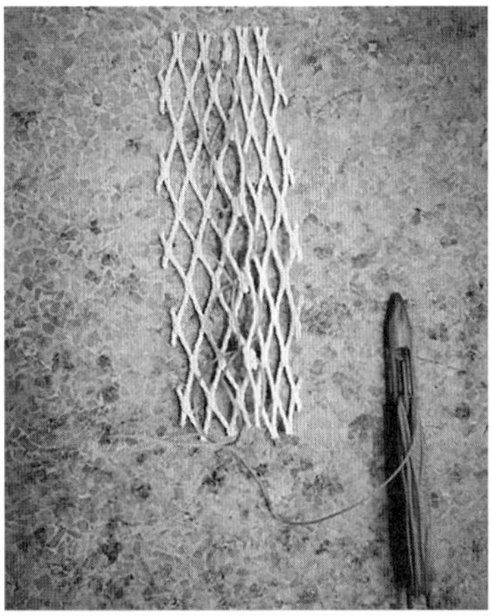

图 1–55　高强度膜裂纤维养殖网衣活络缝

（四）网片补强

网片边缘（特别是剪裁后的网片边缘）、网片与网片的连接部分在受到外力作用时，最容易产生破损。为了弥补上述剪裁、装配等工艺上的缺陷，增加网片边缘强度，一般需要对网片边缘进行特殊加工处理，这种特殊加工处理措施称为“网片边缘补强”（以下简称“网片补强”）。网片补强方式主要包括扎边、缘边和镶边 3 种方式，现简介如下。

1. 扎边

扎边是指用网线将网片边缘若干个目脚并缚在一起，以增加网片边缘的强度。扎边工艺多用于网片剪裁边，并要求扎边后的形式与原剪裁边的形式相一致（见图 1–56）。当需要扎边网片边缘为直边时，可以采用特种工业缝纫机进行扎边，以提高工作效率、节省工作时间。

2. 缘边

缘边是指用与网片基体纤维材料相同的网线（单线、双线或者较粗的网线）采用手工编结的方法在网片边缘编结若干目网片。目前，少数先进的织网机具有机器缘边功能，这大大提高了工作效率。网片缘边时要求编结的网目尺寸不得小于原网

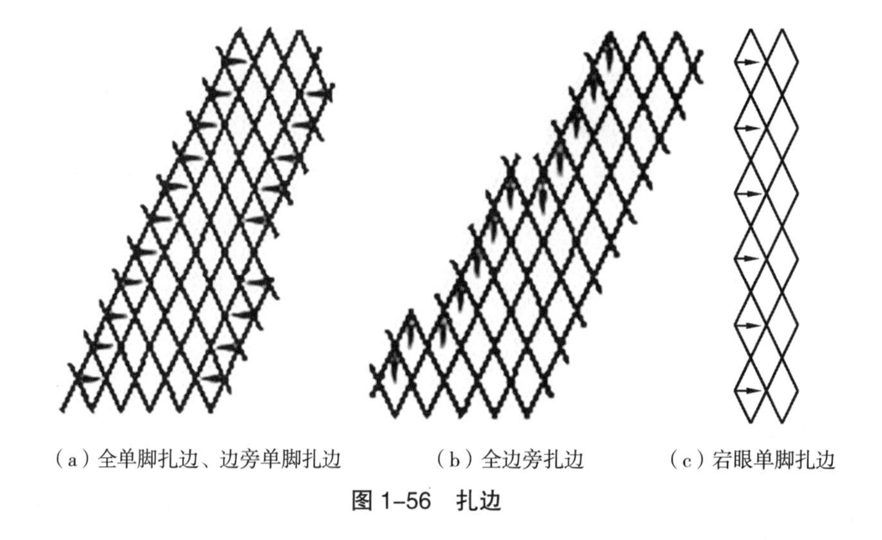

（a）全单脚扎边、边旁单脚扎边　　（b）全边旁扎边　　（c）宕眼单脚扎边

图 1–56　扎边

片的网目尺寸（图 1–57）。基于手工操作的缘边作业效率很低，但有特殊装配工艺等需求时，该工艺仍必须采用。

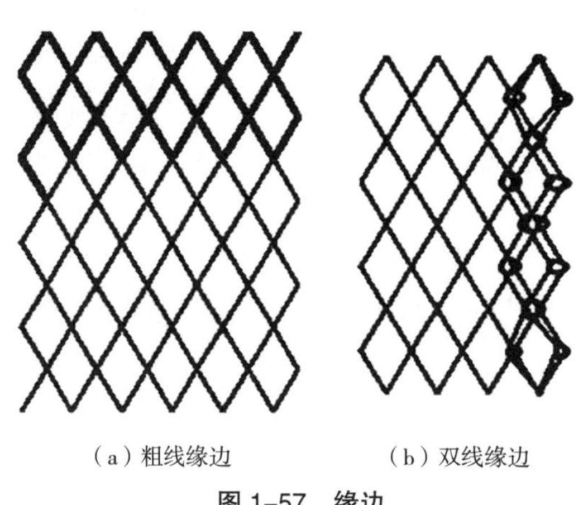

（a）粗线缘边　　（b）双线缘边

图 1–57　缘边

3. 镶边

镶边是指用与渔网材料相同的网线作为镶线，直接接缚于网片边缘的工艺。网片镶边时，可以先把镶线穿过网片边缘的网目，然后再用网线进行逐目绕扎（绕扎时一般每隔 20 ~ 30 cm 作一半结）；或者直接将镶线绕缚于网片的边缘，然后每隔 1 ~ 2 目作一半结（镶线长度应与目脚长度相等，以保持网衣受力均匀；见图 1–58）。手工镶边对增强网片边缘强度效果较好，但缺点是作业效率较低。目前，已经有镶边用机器，这大大提高了工作效率。

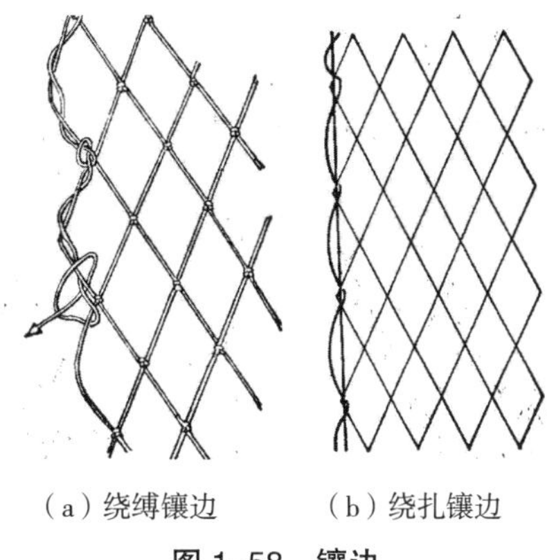

（a）绕缚镶边　　（b）绕扎镶边

图 1–58　镶边

（五）网片修补

在捕捞作业或网箱养殖等渔业生产中，网片破损是一种不可避免的现象。网片破损有局部范围的破损、边缘破损和大面积破损等。熟练地掌握网片修补技术，对于保证渔业生产的顺利进行有着重要意义。特别是在水产养殖过程中，一旦发生网片系统破损，需立即采用高效修补技术进行网片修补，以确保养殖鱼类安全。

1. *嵌补法*

嵌补是用另外一块网片把网衣破洞修补起来的工艺。对于嵌补网片的要求是：网片材料、网片规格、网片使用方向和网片重量必须与原网片相一致。这对于养殖网衣尤其重要，以确保网箱养殖鱼类安全与网片系统内外水体交换符合前期设计要求。

（1）剪裁边部分的嵌补

当对网衣进行嵌补时，开头与结尾在相同的位置作结，其余的部分均作边旁结（左边旁结、右边旁结）或宕眼结（上宕眼结、下宕眼结）。网片嵌补好之后，在剪裁边部分的网片，必须按照网片上原来的剪裁形式进行剪裁（见图 1–59）。捕捞渔具可采用图 1–59（a）所示的工艺嵌补，但在养殖设施网衣嵌补时，边旁结（左边旁结、右边旁结）或宕眼结（上宕眼结、下宕眼结）均应采用双死结，以确保养殖网衣系统安全。

（2）网片中间部分的嵌补

当对网衣进行嵌补时，开头与结尾在相同的位置作结；其余的部分均作边旁结（左边旁结、右边旁结）或宕眼结（上宕眼结、下宕眼结）。捕捞渔具可采用图 1–59 所示的嵌补工艺，但在养殖设施网衣嵌补时，边旁结（左边旁结、右边旁结）或宕眼结（上宕眼结、下宕眼结）均应采用双死结，以确保养殖网衣系统安全。高强度膜裂纤维养殖网衣，其网片中间部分的嵌补如图 1–59（b）所示。高强度膜裂纤维养殖网衣中间部分的嵌补工艺如图 1-60 所示。

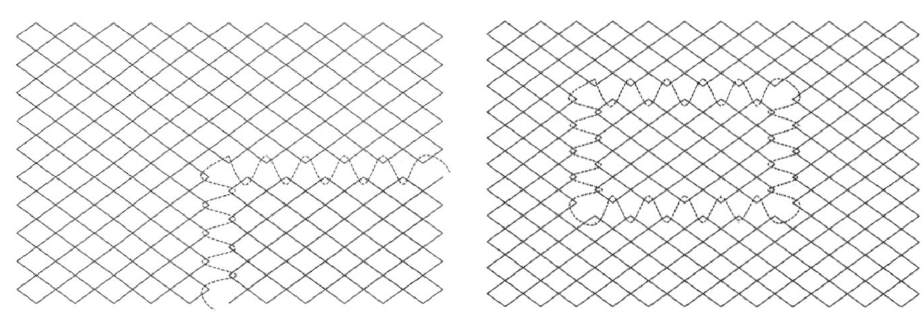

（a）剪裁边部分网片的嵌补　　（b）网片中间部分的嵌补

图 1-59 嵌补法

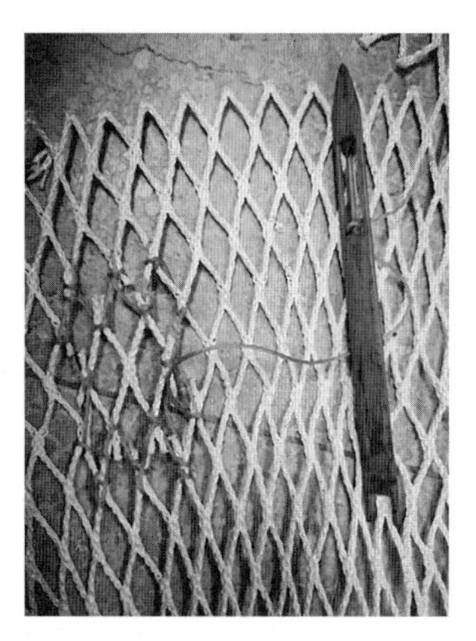

图 1-60 高强度膜裂纤维养殖网衣中间部分的嵌补工艺

2. 编补法

（1）网片中间部分的编补

当对网片中间部分进行编补时，开头与结尾部分作单脚结；破洞的左边、右边作边旁结；上边、下边作宕眼结；其余编补部分的修补工艺与网片原先的编结方法相同。如果原先网片的编结方法为单死结，我们在进行编补时，所用网结也采用单死结。

（2）剪裁边部分的编补

剪裁边部分的编补方法与上述网片中间部分的编补方法基本相同，不同之处在于剪裁边的编补。剪裁边部分必须按照网片上原来的剪裁形式进行编补，以保留原有的缩结形式（见图 1-61）。高强度膜裂纤维养殖网衣中间部分的编补工艺如图 1-62 所示。

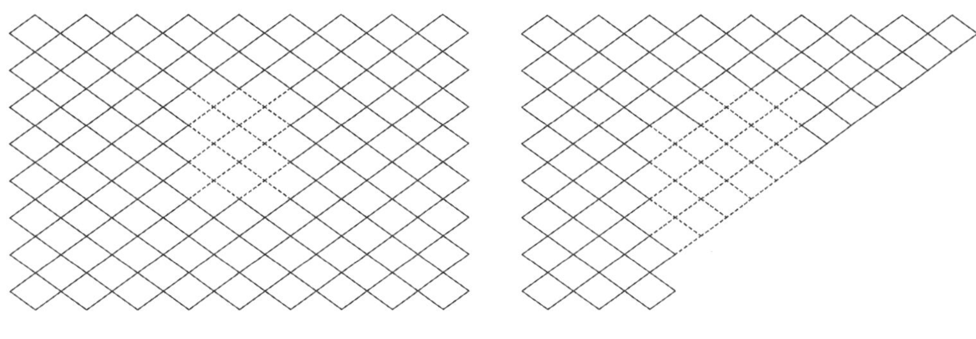

（a）网片中间部分的编补　　（b）剪裁边部分的编补

图 1-61　编补法

图 1-62　高强度膜裂纤维养殖网衣中间部分的编补工艺

3. 修补用结

网衣修补时一般用边旁结、宕眼结和单脚结（见图 1-63、图 1-64 和图 1-65）。

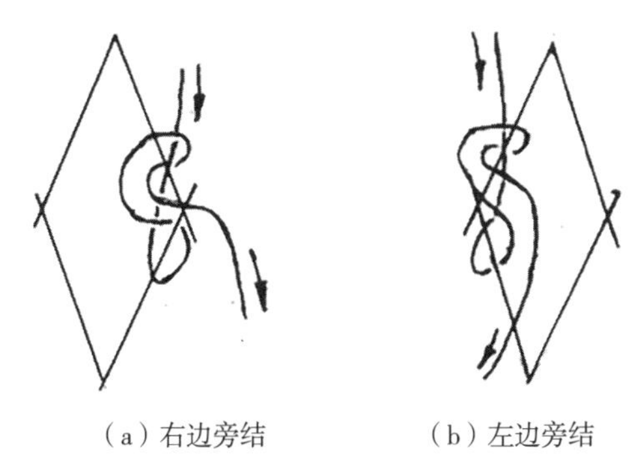

（a）右边旁结　　（b）左边旁结

图 1-63　边旁结

（a）自左至右编结时上宕眼结、下宕眼结的连接

（b）自右至左编结时上宕眼结、下宕眼结的连接

图 1-64 宕眼结

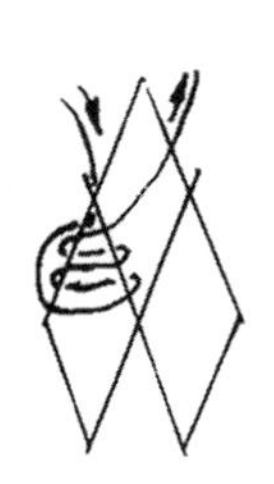

（a）左上单脚结

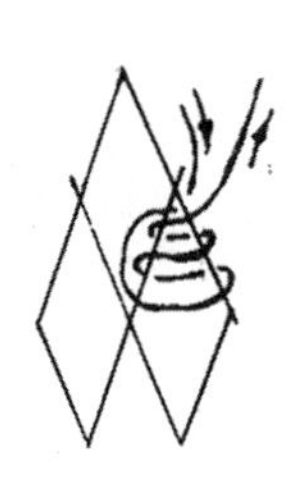

（b）右上单脚结

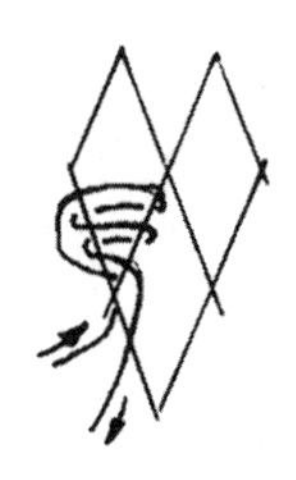

（c）左下单脚结

（d）右下单脚结

图 1-65 单脚结

4. 网片撕裂时的修补

在渔业生产中，对于撕裂的小网片或大网片的修补，一般采用边修剪、边编补的方式。为节省修补时间、提高工作效率，修补一张网片时，几个人可同时进行。但每个人的修补位置必须事先观察清楚，以免修补时人员之间相互干扰。

二、深远海养殖网衣装纲工艺

在深远海养殖领域，网衣装纲用绳索简称“网纲”“纲索”“网绳”或“绳索”等。深远海养殖网箱的箱体亦称“深远海养殖网具”或“网具”等。装纲直接关系到深远海养殖网衣的安全性，开展装纲工艺系统研究与示范应用非常重要和必要。深远海养殖网衣装纲工艺应综合考虑网具设计要求、网箱结构、网具材料、养殖海况、网箱作业姿态、换网要求等因素，以确保养殖网具系统安全。本节主要对深远海养殖网衣装纲工艺进行简要介绍，为深远海养殖业提供参考。

（一）装纲工序及工艺

为了避免实际装纲工作中可能产生的误差，在实际渔业生产中必须遵守装纲工序。装纲前应首先根据网具设计要求，对网衣和网纲进行预处理，以减少网具变形量等；其次，检查核对网衣设计尺寸和实际丈量的尺寸，当二者出入较大时，应按照网衣设计尺寸调整后再进行装配；最后，网纲装配应在其预处理一天之后进行使用，网纲测长时先在自然伸直状态下量取，并根据经验系数对其使用中可能发生的伸缩量进行修正。

深远海养殖网衣装纲工艺形式多样，下面仅介绍常用的装纲工艺。先把网衣和网纲同时分成数量相等的等分段（等分段俗称“档”，上述工艺过程简称“网衣分档”和“网纲分档”），然后根据设计要求（如缩结系数等）逐段进行缩缝，这样每段网衣在网纲上即能获得相同的缩结，以实现均匀装配的目的（即网衣均匀装纲）。网衣分档的方法很多，读者可结合当地渔业的风俗习惯等灵活应用，现简要说明如下。

网衣分档既可根据网衣边缘的网目数确定档数和每档的网目数，又可根据网衣边缘的拉紧尺寸确定档数和每档的长度。网衣分档后，各按相等的档数，确定每档网纲相应的长度。此外，在实际渔业生产中，还可以采用其他网衣分档方法。如先按网纲长度确定网纲的每档长度和档数，再求每档网衣相应的网目数或长度。在实际生产中，无论采用何种做法，每档网衣和相应的纲长间都必须保持规定的缩结系数，以确保网衣均匀装纲、保障网衣安全。在网衣和网纲按网目或长度分档后，需在网衣和网纲的各等分点处标记醒目记号（标记工具可采用记号笔、胶带、线绳、标牌、线股等），或者将网衣边缘的各等分点暂时结缚于相应的等分点上，然后再逐段进行装配（图 1-66）。

图 1-66　网箱网衣装纲

（二）水扣式装纲工艺

深远海养殖网衣装纲方式很多，有水扣式装纲工艺、直接式装纲工艺和过渡连接式装纲工艺等。网衣在网纲上装配时，有时将绳索、网线等做成适当的弧形，这种工艺在渔业生产中俗称“水扣”。水扣式装纲工艺是指将网衣结缚在水扣绳 / 水扣线上，通过水扣绳 / 水扣线再与网纲连接的装配形式（见图 1-67）。

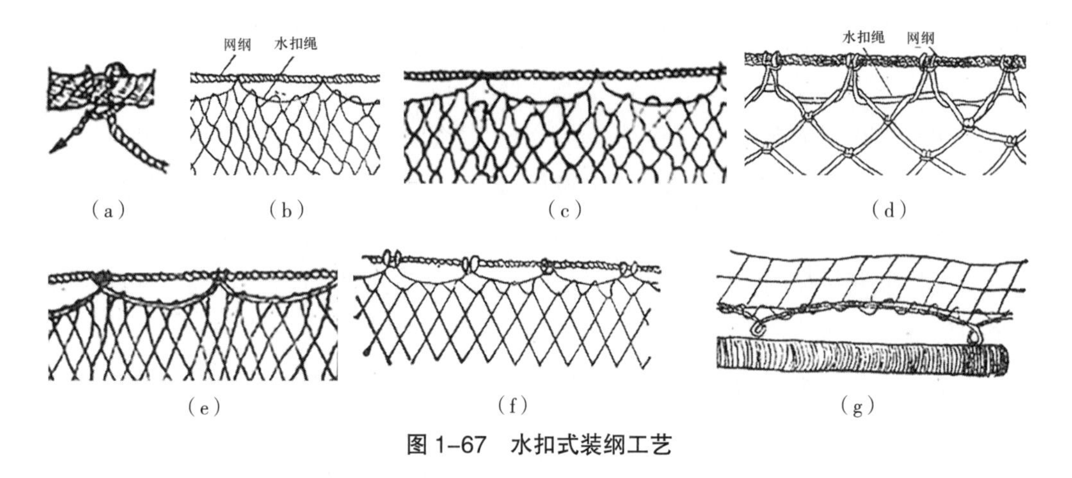

图 1–67 水扣式装纲工艺

水扣式的装纲形式比直接式复杂，但它能利用水扣绳 / 水扣线增加网衣边缘的强度。由于每档水扣绳 / 水扣线都做成适当的弧形，使网衣和网纲间形成一定的空隙，这在拖网、装配等场合还有滤过泥沙或便于线绳或网梭等物体从中穿过的特殊作用。为了使网衣均匀缩结和便于施工，水扣式装纲一般可按网衣边缘的网目数进行分档，以求出每档水扣绳 / 水扣线上应分配的网目数。水扣绳 / 水扣线结缚网衣的方法与直接式装纲方式相似，水扣绳 / 水扣线既可以穿过网目，又可以用网线将网目结缚在水扣绳 / 水扣线上。

在不经常拆装的情况下采用网目穿在水扣绳 / 水扣线上的方式，因为水扣绳 / 水扣线穿过每档网目后，必须在网纲每个等分点一次作一个双套结［见图 1–67（a）］，上述网衣装纲方式牢固可靠，但费时较多、效率低。由图 1–67（b）可见，采用水扣式装纲工艺时，等分点两端相邻的网目容易处于张紧状态，有可能因此造成网衣在该处受力破损。为了克服上述缺点。在采用水扣式装配工艺时可在每个等分点处留出 1 目，以便实现等分点处网衣松弛［见图 1–67（c）］。在捕捞渔具中，穿在水扣绳 / 水扣线上的网目一般不作结固定，其中的网目能够在每档水扣绳 / 水扣线的弧线上自由滑动，从而可增加网衣的松弛性，避免个别网目集中受力，但部分网目过大的滑动将会使网衣缩结发生变化，并且增加了网线与水扣绳 / 水扣线间的相互磨损。为此可采用图 1–67（d）的方法，即在各等分点处用结节或水扣绳 / 水扣线扣住一个网目，使每档最后一个网目均张挂在相邻的两个水扣里，以减少网目在水扣绳 / 水扣线上的滑动。水扣绳 / 水扣线不穿过网目的方式，可以按分档的要求，先把水扣绳 / 水扣线用双套结固缚在网纲上（较粗的水扣绳 / 水扣线作结不便时，也可做成绳环，再用线绳固缚在纲索上），作成适当的弧形，然后将每档网目分别结缚在相应的水扣绳 / 水扣线上［见图 1–67（f）、图 1–67（g）］，这种方式装拆较为方便。深远海养殖网衣装纲方式较捕捞渔具要求高，必须以“养殖鱼类安全、网衣耐磨抗撕裂”为原则。

（三）直接式装纲工艺

直接式装纲工艺是深远海养殖网衣装纲方式中的另一种重要形式。所谓直接式装纲工艺，是指将网衣直接结缚在网纲上的装纲形式。

与水扣式装纲工艺相比，直接式装纲工艺较为简单，因此，在深远海网箱养殖业等产业广泛应用。网衣以直接式装纲工艺装配时，网纲可采用穿过网目或不穿过网目两种方式。如果采用穿过网目方式装纲，那么将网纲穿过网衣边缘一列（或一行）网目后，再将各等分点处将两根网纲扎缚［图 1–68（a）］。如果采用不穿过网目方式装纲，那么网纲不穿过网目，仅用线绳将网目结缚或缠绕在网纲上［图 1–68（b）］。除上述穿过网目或不穿过网目两种装纲方式外，直接式装纲还可以在网衣的边缘通过加编半目来完成装纲［图 1–68（c）］，装纲时不必每目作结，这样装拆比较方便（当养殖网衣采用该方式装纲时，每目都需要作死结，以确保水产养殖安全）。在网衣斜边的边缘上装纲时，为了保证装纲后网衣边缘的强度，在装纲时网线绕进网衣边缘 1 ~ 3 目［图 1–68（d）、图 1–68（e）］。养殖网衣的斜边边缘上装纲可根据合同要求进行。有时在网衣的中间，沿网衣的直目装配力纲（图 1–69）。在养殖网衣上，进行力纲直目装配时可根据需要添加一根辅助线绳（用于定位和增加强度）。

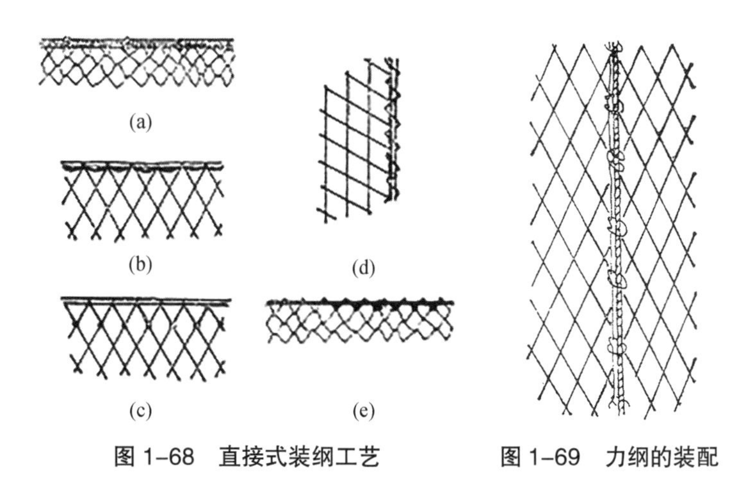

图 1–68　直接式装纲工艺　　图 1–69　力纲的装配

三、养殖用经编网片加工工艺

经编网片因其表面平整、结构紧凑且网目尺寸稳定等特性，在深远海养殖中广泛应用。开展养殖用经编网片加工工艺分析研究，有助于提高养殖网衣质量，设计开发出适合产业需要的产品。本节参考相关文献资料，主要介绍经编机产量、网目尺寸与密度间的关系、组成一个网目的纱（或丝）长度等加工工艺知识，为水产养殖业提供参考。

（一）经编机产量

经编机产量是通过测量单位时间生产的网片数量，并考虑运转效率，以8小时一班的生产重量（N）来表示。经编机产量可按公式（1–9）进行推算：

$$G_s=4\ 708.8\eta \times \frac{G}{s} \tag{1–9}$$

式中：G_s——8小时一班的生产重量（N）；

η——运转效率（%）；

G——生产重量（N）；

s——单位时间（min）。

经编机理论产量根据经编机主轴运转速度、门幅宽度及网片理论重量，结合运转效率推算出来，以每班（8小时）的理论生产重量（N）表示。经编机理论产量可按公式（1–10）进行推算：

$$G_L=0.470\ 88\eta \times G_W \times \frac{Z_B \times u}{X} \tag{1–10}$$

式中：G_L——8小时一班的理论生产重量（N）；

η——运转效率（%）；

G_W——万目重量（N）；

Z_B——门幅宽度（目）；

u——经编机主轴运转速度（r/min）；

X——一目编织的横列数。

在实际网片生产中，根据网片股数、网目大小、经轴直径、经轴宽度、经编机运转性能以及操作工的操作技能和操作工之间的互助关系等因素来确定运转效率。渔网厂的运转效率差异很大，有的渔网厂的运转效率可高达90%；有的渔网厂运转效率仅为40% ~ 50%。因此，为了获得较高的运转效率，就必须充分考虑上述各种因素，以减低生产成本。

（二）网目尺寸与密度间的关系

网目尺寸通过网目组织的线圈（横列）数和编织密度（即编链线圈的密度）进行控制，网目尺寸与线圈（横列）数、密度的关系可以按公式（1–11）进行推算：

$$W=m \times D=m \times \frac{10}{n} \tag{1–11}$$

式中：W——网目尺寸（mm）；

m——一个完全的网目组织的线圈（横列）数；

D——编织密度（10 mm/ 横列数）;

n 为横列数。

［示例 1–19］

编织某种材料网片，一个网目循环由 15 个线圈组成，编织密度是 3 个横列 10 mm，该网片的网目编织尺寸可根据公式（1–11）进行推算如下：

$$W=m\times D=m\times\frac{10}{n}=15\times\frac{10}{3}=50\text{（mm）}$$

在实际渔网生产中，一个完全的网目组织横列数通过编排工艺设计确定，这奠定了网目尺寸基础。编织密度通过经编机的密度齿轮来调控线圈大小（密度齿轮调控线圈大小应随机应变，线圈大小随基体材料和单纱规格、经纱张力等因素进行调整，确保网目尺寸符合设计或贸易合同等要求）。

（三）组成一个网目的纱（或丝）长度

一个菱形网目由 2 个经编股组成，而经编股中每个线圈由 1 个编链线圈和 2 个衬纬组织、2 组经平组织结构、衬纬构成，组成一个网目的纱（或丝）长度 L_m 可按公式（1–12）进行推算：

$$L_m=2\left(l_{xianquan}X+2l_{chenwei}X\right)=2\left[\left(5h+10.67d\right)X+2\left(K_z+L_z\right)\right] \tag{1–12}$$

式中：L_m——组成一个网目的纱（或丝）长度（mm）;

$l_{xianquan}$——编链线圈长度（mm）;

X—— 编成一个网目的横列数；

$l_{chenwei}$——衬纬组织纱的长度（mm）;

h——线圈名义高度（mm）;

d——衬纬用纱（或丝）直径（mm）;

K_z——梳栉加在一个网目的所有节点经平组织衬纬横移数（菱形网目采用 4 个梳栉时，K_z 取 8；采用 1 个梳栉时，K_z 取 4）;

L_z——当网目节点采用经平组织时，衬纬横移到另一股目脚线圈时增加的纱（或丝）长度（数值上等于针距）。

结合公式（1–8），组成一个网目的纱（或丝）长度 L_m 可按公式（1–13）进行推算：

$$L_m=2\left[\left(5\frac{W}{n}+10.67d\right)\frac{W}{D}+2\left(K_z+L_z\right)\right] \tag{1–13}$$

式中：L_m——组成一个网目的纱（或丝）长度（mm）;

W——网目尺寸（mm）;

n——一个完全的网目组织的线圈（横列）数；

d——衬纬用纱（或丝）直径（mm）;

D——编织密度（10 mm/ 横列数）;

K_z——梳栉加在一个网目的所有节点经平组织衬纬横移数（菱形网目采用 4 个梳栉时，K_z 取 8；采用 1 个梳栉时，K_z 取 4）;

L_z——当网目节点采用经平组织时，衬纬横移到另一股目脚线圈时增加的纱（或丝）长度（数值上等于针距）。

一万目的纱（或丝）长度 L_w（m）可按公式（1–14）进行推算：

$$L_w=10L_m=20\left[\left(5\frac{W}{n}+10.67d\right)\frac{W}{D}+2\left(K_z+L_z\right)\right] \tag{1–14}$$

式中：L_w——一万目的纱（或丝）长度（m）;

L_m——组成一个网目的纱（或丝）长度（mm）;

W——网目尺寸（mm）;

n——一个完全的网目组织的线圈（横列）数;

d——衬纬用纱（或丝）直径（mm）;

D——编织密度（10 mm/ 横列数）;

K_z——梳栉加在一个网目的所有节点经平组织衬纬横移数（菱形网目采用 4 个梳栉时，K_z 取 8；采用 1 个梳栉时，K_z 取 4）;

L_z——当网目节点采用经平组织时，衬纬横移到另一股目脚线圈时增加的纱（或丝）长度（数值上等于针距）。

一万目的横列组织纱（或丝）万目重量 G_w（N）可按公式（1–15）进行推算：

$$G_w=0.000\,196\,2\left[\left(5\frac{W}{n}+10.67d\right)\frac{W}{D}+2\left(K_z+L_z\right)\right]\times\rho_x \tag{1–15}$$

式中：G_w——万目重量（N）;

W——网目尺寸（mm）;

n——一个完全的网目组织的线圈（横列）数;

d——衬纬用纱（或丝）直径（mm）;

D——编织密度（10 mm/ 横列数）;

K_z——梳栉加在一个网目的所有节点经平组织衬纬横移数（菱形网目采用 4 个梳栉时，K_z 取 8；采用 1 个梳栉时，K_z 取 4）;

L_z——当网目节点采用经平组织时，衬纬横移到另一股目脚线圈时增加的纱（或丝）长度（数值上等于针距）;

ρ_x——纱（或丝）的线密度（tex）。

由公式（1–15）可见，影响经编网片的重量因素主要包括环境湿度、网目大小、编织密度、织网用纱（或丝）的线密度等。如果梳栉上的导纱针内穿多根纱（或丝），那么公式（1–15）推算出的万目重量 G_w 需按纱（或丝）的数量进行修正。此外，通过公式（1–15）获得的网片万目重量计算值与网片实际万目重量之间会存在一定差异，这需要根据实践经验与实际生产情况不断进行修正。

［示例 1–20］

如果以直径 ϕ0.20（线密度 36 tex）的 PE 单丝编织规格为 5 股、网目大小为 15 mm 的经编网片（横列数为 6、采用的针距为 8/25.4 mm），则根据公式（1–15），可计算出该网片的万目重量为 0.72 N［当网目节点采用经平组织时，衬纬横移到另一股目脚线圈时增加的纱（或丝）长度（L_z）为 3.175 mm（在数值上等于针距）。经编网片规格为 5 股，梳栉加在一个网目的所有节点经平组织衬纬横移数（K_z）取 4］。

表 1–12 列出了同样网目大小、不同编织密度下的聚乙烯经编网片万目重量。

表 1–12　聚乙烯经编网片万目重量

股数	目大 mm	4 横列		6 横列		8 横列		10 横列	
		线圈数	万目重量（N）	线圈数	万目重量（N）	线圈数	万目重量（N）	线圈数	万目重量（N）
5	10	4	0.56	6	0.60	8	0.63	10	0.67
5	15	6	0.79	8	0.83	12	0.90	16	0.97
5	20	8	1.03	12	1.10	16	1.17	20	1.24
5	25	10	1.26	14	1.33	20	1.43	26	1.54
5	30	12	1.49	18	1.59	24	1.70	30	1.80
5	35	14	1.72	20	1.82	28	1.97	36	2.11

注：1. 织网用单丝丝径为 ϕ0.21 mm、线密度为 40 tex；2. 数据源自某渔网厂，仅供读者参考。

（四）编链线圈长度与纬衬长度间的比例关系

在渔网生产中，不容许产生大量纤维原料浪费，这就需要研究生产工艺，以控制产品消耗与生产成本。为此，首先研究线圈在一个完整网目中的长度，再研究衬纬在一个完整网目中的长度，然后确定编链线圈长度与衬纬长度间的比例关系，最后计算衬纬与编链线圈的整经长度。一个编链线圈组织的结构如图 1–70 所示，让所有线条处于同一平面上。线圈长度分成 5 个部分：左圈柱线 AB、针编弧 BC、右圈柱线 CD、沉降弧 DE、延展线 EF。假设线圈用纱（或丝）直径为 l_d、线圈名义

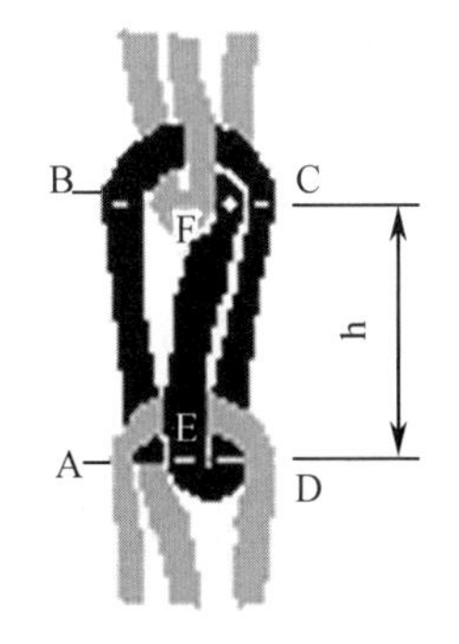

图 1–70　线圈

高度为 h。图 1-70 中左圈柱线 AB、右圈柱线 CD、延展线 EF 为直线；针编弧 BC、沉降弧 DE 为近似半圆弧，它们之间的相互关系可以按公式（1-16）至公式（1-19）进行推算：

$$l_{AB}=l_{EF}=l_{CD}=h \tag{1-16}$$

式中：l_{AB}——线圈中左圈柱线长度（mm）；

l_{EF}——线圈中延展线长度（mm）；

l_{CD}——线圈中右圈柱线长度（mm）；

h——线圈名义高度（mm）。

$$l_{BC}=4.71l_d \tag{1-17}$$

式中：l_{BC}——线圈中针编弧长度（mm）；

l_d——线圈用纱（或丝）的直径（mm）。

$$l_{DE}=3.14l_d \tag{1-18}$$

式中：l_{DE}——线圈中沉降弧长度（mm）；

l_d——线圈用纱（或丝）的直径（mm）。

整个线圈直线长度 $l_{xianquan}$ 按公式（1-19）进行推算：

$$l_{xianquan}=l_{AB}+l_{BC}+l_{CD}+l_{DE}+l_{DF}=7.85l_d+3h \tag{1-19}$$

式中：$l_{xianquan}$——编链线圈长度（mm）；

l_{AB}——线圈中左圈柱线长度（mm）；

l_{BC}——线圈中针编弧长度（mm）；

l_{CE}——线圈中右圈柱线长度（mm）；

l_{DE}——线圈中沉降弧长度（mm）；

l_{DF}——线圈中延展线长度（mm）；

l_d——线圈用纱（或丝）的直径（mm）；

h——线圈名义高度（mm）。

一个衬纬线圈组织结构如图 1-71 所示。该线圈由一段长度为线圈名义高度（h）的直线 AB 和一段线横越圈至另一侧的斜线 BC 构成，当编链线圈纱与衬纬纱抱合十分紧密时，横越线 BC 对应纵向、横向越过的距离均为 1 根纱（或丝）的直径（d），则整个衬纬组织纱的长度可按公式（1-20）进行推算：

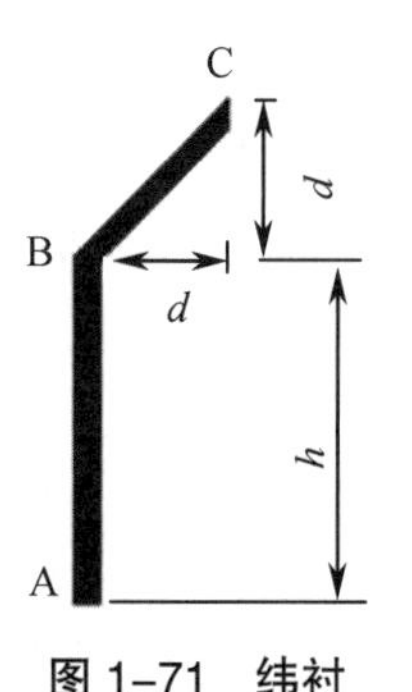

图 1-71 纬衬

$$l_{chenwei}=l_{AB''}+l_{BC''}=h+1.41ld \tag{1-20}$$

式中：$l_{chenwei}$——衬纬组织纱的长度（mm）；

$l_{AB''}$——衬纬下端柱线长度（mm）；

$l_{BC''}$——衬纬上端斜线（一段线横越线圈至另一侧）长度（mm）；

h——线圈名义高度（mm）；

d——衬纬用纱（或丝）直径（mm）。

编链线圈长度与纬衬组织长度的比可按公式（1-21）进行推算：

$$K=\frac{l_{\text{xianquan}}X}{l_{\text{chenwei}}+K_z+L_z}=\frac{(3h+7.85d)X}{(h+1.41d)+K_z+L_z} \tag{1-21}$$

式中：K——编链线圈长度与纬衬组织长度的比系数；

l_{xianquan}——编链线圈长度（mm）；

X——编成一个网目的横列数；

l_{chenwei}——衬纬组织纱的长度（mm）；

K_z——梳栉加在一个网目的所有节点经平组织衬纬横移数（菱形网目采用4个梳栉时，K_z取8；采用1个梳栉时，K_z取4）；

L_z——当网目节点采用经平组织时，衬纬横移到另一股目脚线圈时增加的纱（或丝）长度（数值上等于针距）。

（五）股数

经编网片的股数由用户或贸易合同等确定。当用户或贸易合同给出股数后，可以计算或设计出经编网片成圈用纱（或丝）根数以及衬纬用纱（或丝）根数。根据经编网片截面分析，一个成圈是3根纱（或丝）；一个衬纬只有1根纱（或丝）。经编网片目脚股数可按公式（1-22）进行推算：

$$M=\frac{3}{2}\times i\times n+\frac{1}{2}\times j\times m \tag{1-22}$$

式中：M——经编网片目脚股数；

i——成圈梭栉数；

n——成圈梭栉上每个导纱针穿纱（或丝）根数；

j——衬纬梭栉数；

m——衬纬梭栉上每个导纱针穿纱（或丝）根数。

［示例1-21］

经编机使用PE单丝编织经编网片，设定4把成圈梭栉，成圈梭栉上导纱针均穿5根单丝；4把衬纬梭栉，衬纬梭栉上导纱针均穿5根单丝；则该经编网片名义股数为40股。

［示例1-22］

使用6梭栉经编机编织聚乙烯名义股数45股的单丝网片，则成圈、衬纬导纱针均穿9根单丝。

（六）经轴卷绕纱（或丝）根数

每只经轴卷绕纱（或丝）根数一方面与经编网片目数有关，另一方面与经编网片目脚股数相关，还受一次能用经轴数量限制。

1. 成圈经轴绕纱（或丝）根数计算

经编织网是一把梳栉对多只经轴。使用多只经轴的组合尺寸要与梭栉使用尺寸基本相同。实践经验表明：多只经轴的组合尺寸既不能大于梭栉使用尺寸加 1/2 个经轴尺寸，又不能小于梭栉使用尺寸减 1/2 个经轴尺寸。常用经轴尺寸有 420 mm、470 mm、520 mm、570 mm、620mm，等等。成圈经轴使用只数可按公式（1–23）进行推算：

$$c=T_b \div T_j \tag{1–23}$$

式中：c——经轴只数；

T_{b}——梭栉使用尺寸（mm）；

T_{j}——经轴尺寸（mm）。

［示例 1–23］

如果生产 PE—ϕ0.20 mm × 45—50 mm（200 T × 200 N）JB 的菱形网目经编网片［采用六梳栉（针距 6 针 /in），经轴尺寸 420 mm］，则成圈经轴使用只数可根据公式（1–23）进行推算如下：

$$c=T_{\mathrm{b}} \div T_{\mathrm{j}}=3\,048 \div 420=7.26\text{（只）}$$

根据上述计算，成圈经轴使用只数理论计算值为 7.26 只，实际生产中使用 7 只。

在计算成圈经轴使用只数后，就可以按公式（1–24）推算每只成圈经轴绕纱（或丝）根数：

$$\sum M_{\mathrm{j}}= \sum M_{\mathrm{i}} \div c \tag{1–24}$$

式中：$\sum M_{\mathrm{j}}$——成圈经轴绕纱（或丝）根数；

$\sum M_{\mathrm{i}}$——每把成圈梭栉用纱（或丝）根数；

c——经轴只数。

［示例 1–24］

如果生产 PE—ϕ0.20 mm × 45—50 mm（200 T × 200 N）JB 的菱形网目经编网片［采用六梳栉（针距 6 针 /in），经轴尺寸 420 mm］，则成圈经轴绕纱（或丝）根数可根据公式（1–24）进行推算如下：

$$\sum M_{\mathrm{j}}= \sum M_{\mathrm{i}} \div c=1\,800 \div 7 \approx 257\text{（根）}$$

成圈经轴绕纱（或丝）根数按理论计算为 257 根，但考虑做边用纱（或丝），所以，其中一只经轴绕纱（或丝）根数为 258 根。衬纬组织的有关计算与成圈组织计算基本相同，有兴趣的读者可参考相关文献，这里不再重复。

2. 每把成圈梭栉用纱（或丝）根数、针块使用数量和梭栉使用尺寸计算

类似二梭栉、三梭栉织网分配一把梭栉成圈，四梭栉、六梭栉织网分配二把梭栉成圈，八梭栉分配四把梭栉成圈的分配原则，成圈总用纱（或丝）根数也要根据成圈梭栉数量分配。

每把成圈梭栉用纱（或丝）根数可按公式（1–25）进行推算：

$$\sum M_i = \sum M_0 \div i \qquad (1\text{–}25)$$

式中：$\sum M_i$——每把成圈梭栉用纱（或丝）根数；

i——成圈梭栉数（三梭栉是 1，四梭栉、六梭栉是 2，八梭栉是 4）.

成圈梭栉上针块使用数量可以按公式（1–26）进行推算：

$$k = \sum M_i \div n \div (E_b \div 2) \qquad (1\text{–}26)$$

式中：k——成圈梭栉上针块使用数量；

$\sum M_i$——每把成圈梭栉用纱（或丝）根数；

n——成圈梭栉上每个导纱针穿纱（或丝）根数；

E_b——梭栉针距。

梭栉使用尺寸可按公式（1–27）进行推算：

$$T_b = 25.4 \times k \qquad (1\text{–}27)$$

式中：T_b——梭栉使用尺寸（mm）。

［示例 1–25］

如果生产 PE—ϕ0.20 mm × 45—50 mm（200 T × 200 N）JB 的菱形网目经编网片［采用六梳栉（针距 6 针 /in）］，则每把成圈梭栉用纱（或丝）根数、每把成圈梭栉用针块块数、梭栉使用尺寸可根据公式（1–25）至公式（1–27）进行推算如下：

$$\sum M_i = \sum M_0 \div i = 3\,600 \div 2 = 1\,800\text{（根）}$$

$$k = \sum M_i \div n \div (M_b \div 2) = 1\,800 \div 5 \div (6 \div 2) = 120\text{（块）}$$

$$T_b = 25.4 \times k = 25.4 \times 120 = 3\,048\text{（mm）}$$

3. 成圈总用纱（或丝）根数计算

经编网片成圈总用纱（或丝）根数可按公式（1–28）进行推算：

$$\sum M_0 = T \times 2 \times n \qquad (1\text{–}28)$$

式中：$\sum M_0$——成圈总用纱（或丝）根数；

T—— 横向目数；

n——成圈梭栉上每个导纱针穿纱（或丝）根数。

［示例 1–26］

如果生产 PE—ϕ0.20 mm × 45—50 mm（200 T × 200 N）JB 的菱形网目经编网片［采用六梳栉（针距 6 针 /in）］，则成圈总用纱（或丝）根数为 3 600 根。

第三节 渔网质量安全及技术标准体系表

从中国古代的“车同轨、书同文”，到现代工业的规模化生产，都是标准化的生动实践。标准是人类文明进步的成果，是经济活动和社会发展的技术支撑。伴随着经济全球化深入发展，标准化在便利经贸往来、支撑产业发展、促进科技进步、规范社会治理中的作用日益凸显。当深远海养殖渔网材料研发并产业化应用后会形成相关标准，而标准的制定、修订及其标准体系表的构建又助推渔网材料的技术熟化与产业化应用。渔网质量安全及标准均直接关系到产品的质量，开展相关研究非常重要和必要。本节主要介绍渔网质量安全及技术标准体系表，供读者参考。

一、渔网质量安全

为保障网衣质量安全，深远海养殖用网衣材料至少需达到合格品要求。达不到合格品要求的渔网材料为渔网次品。分析研究渔网次品对保障渔网质量安全意义重大。

（一）经编网质量安全

在深远海养殖生产中，人们将经编网片或经编网衣简称为“经编网”。经编网在深远海网箱养殖业应用广泛，主要用于箱体网衣、分隔网、盖网、防逃网和防护网等。经编网生产中因纤维材料次品、经编机故障、人员操作不当或织网机部件磨损等原因，会生产出次品，从而影响经编网产品整体质量、企业效益以及生产安全。分析渔网材料次品的成因非常重要，以减少经编网次品、保障经编网质量安全。

1. 基体纤维材料次品

我国部分经编网材料相关国家标准或行业标准如表1-13所示。不符合相关国际标准、国家标准、行业标准、企业标准等标准指标的经编网材料均视为次品，除挡流网场合外，在其他场合均不适合在深远海养殖业应用。

表1-13 经编网材料相关国家标准或行业标准

序号	标准名称	标准编号	备 注
1	浮绳式网箱	SC/T 4024—2011	现行标准
2	渔用聚酯经编网通用技术要求	SC/T 4043—2018	现行标准
3	深水网箱通用技术要求 第2部分：网衣	SC/T 4048.2—2020	现行标准
4	拖网渔具通用技术要求 第1部分：网衣	SC/T 4050.1—2019	现行标准
5	渔具材料基本术语	SC/T 5001—2014	现行标准
6	聚乙烯网片 经编型	SC/T 5021—2017	现行标准
7	超高分子量聚乙烯网片 经编型	SC/T 5022—2017	现行标准

续表

序号	标准名称	标准编号	备 注
8	淡水网箱技术条件	SC/T 5027—2006	现行标准
9	合成纤维渔网片试验方法 网片重量	GB/T 19599.1—2004	现行标准
10	合成纤维渔网片试验方法 网片尺寸	GB/T 19599.2—2004	现行标准
11	渔用机织网片	GB/T 18673—2008	现行标准（目前正在修订）

经编网由超高分子量聚乙烯纤维等基体纤维材料编织而成。渔网企业一般从化工纤维企业购置织网用基体纤维材料。基于供应商的产品质量、产品运输、渔网企业存贮等多种因素的影响，会导致织网用基体纤维材料质量良莠不齐、差异很大。织网用基体纤维材料有时也会出现次品问题。基体纤维材料出现次品的原因很多，主要由于纤维的色差、油污、结头数、拉伸力学性能、耐磨性等不达标。如果织网用基体纤维材料质量达不到标准指标要求，那么就会造成经编网出现次品。综上所述，控制织网用基体纤维材料质量非常重要和必要。

2. 断针

经编网加工时会出现断针现象。造成断针的原因很多，主要由于机器发生机械故障或纱线张力极高等因素引起。此外，织网用基体纤维的强度很高也会导致断针现象发生。避免断针的方法包括提高操作技工技能、减小纱线张力等。

3. 漏针

经编网加工时会出现漏针现象。造成漏针的原因很多，主要包括导纱针未正确安装、梳栉过高或经纱张力较小等。避免漏针的方法包括调整导纱针位置、放低梳栉、控制张力等。

4. 缺垫

经编网加工时会出现缺垫现象。造成缺垫的原因很多，主要包括衬纬纱的长度不够（即纱线张力过高、梳栉位置不当）。排除缺垫的方法包括减小经纱张力、调整梳栉位置等。

5. 断头

经编网加工时会出现断头现象。造成断头的原因很多，在纱线方面包括有扭结、粗细不匀等；经编机械方面，主要包括经纱张力过大、梳栉摆幅过小、梳栉横移时间不准确、梳栉返回力太小、导纱针和舌针产生擦针或导纱针调得过低等。在经编机械上排除断头的方法，包括调整针的位置、减小纱线张力、增大梳栉摆幅、改变链块上升下降的斜面以及调整梳栉压簧拉钩等。

6. 集圈

经编网加工时会出现集圈现象。造成集圈的原因大致包括纱线张力调整不当、编链张力过小、衬纬及毛绒纱线张力过高等。集圈排除方法包括调整适当的纱线张力。此外，沉降片位置过高也是引起集圈的主要原因之一。可降低沉降片高度，以使沉降片压住衬纬纱，阻止沉降片上浮。

7. 停机横条

经编网加工时会出现停机横条现象。造成停机横条的原因，主要包括织造速度突变等。在经编织网过程中，除发生断纱等情况非停车不可外，应尽量避免人为停机，以降低停机横条事故发生率。

8. 不规则线圈

经编网加工时会产生不规则线圈。产生不规则线圈的原因主要为梳栉针背垫纱时，横移时间太早，使少数纱垫进舌针针钩内，形成不规则线圈。不规则线圈排除方法包括调整织针或梳栉的位置等。

除上述列出的部分原因外，还有其他造成深远海养殖渔网材料出现次品的原因（如将其他规格或品种的纤维混入本批次织网用纤维中等），这就需要渔网厂制定并实施严格标准或技术规范。在经编网生产中，首先在保证原料质量、经编机运转正常、机件无损坏的情况下多进行分析，针对渔网材料生产中出现的具体情况，提出渔网材料次品解决方案，减少或消除渔网材料次品发生率，提高深远海养殖渔网材料的生产率。

（二）有结网质量安全

有结网在深远海网箱养殖业有少量的应用，用于箱体有结网、防磨网等。有结网生产中因织网机故障、操作不当或部件磨损等原因，会产出次品，从而影响有结网产品整体质量、企业效益以及渔业生产安全。有结网生产中会因各种原因出现油污、混纱、漏打结、纵向大小行、横向大小行、滑结、漏梭等问题，产生次品。开展有结网材料次品处理技术分析研究非常重要和必要，有利于深远海网箱网衣质量的提高。我国部分有机网材料相关国家标准或行业标准如表 1–14 所示。不符合相关国际标准、国家标准、行业标准、企业标准等标准指标的经编网材料均视为次品，除挡流网场合外，在其他场合均不适合在深远海养殖业应用。

表 1–14　有结网材料相关国家标准或行业标准

序号	标准名称	标准编号	备　注
1	浮绳式网箱	SC/T 4024—2011	现行标准
2	渔网 有结网片的特征和标示	SC/T 4020—2007	现行标准
3	深水网箱通用技术要求　第 2 部分：网衣	SC/T 4048.2—2020	现行标准
4	拖网渔具通用技术要求　第 1 部分：网衣	SC/T 4050.1—2019	现行标准

续表

序号	标准名称	标准编号	备　注
5	渔具材料基本术语	SC/T 5001—2014	现行标准
6	淡水网箱技术条件	SC/T 5027—2006	现行标准
7	渔网网目尺寸测量方法	GB 6964—2010	现行标准
8	合成纤维渔网片试验方法 网片重量	GB/T 19599.1—2004	现行标准
9	合成纤维渔网片试验方法 网片尺寸	GB/T 19599.2—2004	现行标准
10	渔用机织网片	GB/T 18673—2008	现行标准（目前正在修订）
11	渔网 有结网片的类型和标示	GB/T 30892—2014	现行标准

1. 漏打结

有结网加工时会出现漏打结问题。漏打结是指生产的有结网上未打结［图 1-72（a）］。漏打结是上钩没有勾上经线，导致无法形成第一个圈。漏打结处理技术为：调整上钩与孔板的位置或调整上钩钩尖位置，以便让上钩勾住上经线。

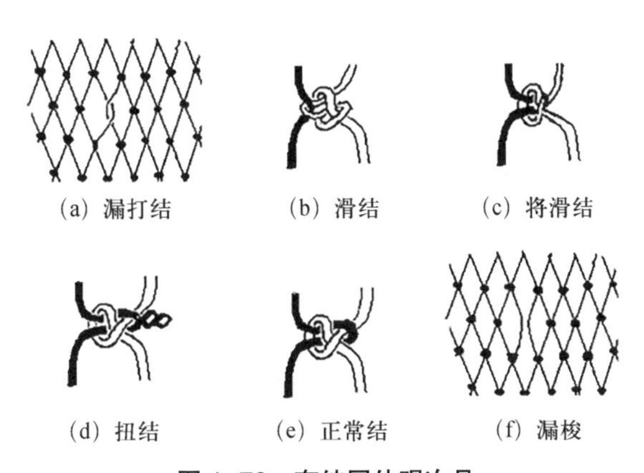

图 1-72　有结网外观次品

2. 纵向大小行

有结网加工时会出现纵向大小行问题。纵向大小行是指生产的有结网出现纵向（按有结网方向）大小行（有结网纵向有一行网目偏小或偏大）现象。有结网生产中允许有结网有一点纵向大小行，但不允许有严重纵向大小行问题。若有结网出现纵向大小行，按下文中的 K 型目处理技术进行处理。

3. 横向大小行

有结网加工时会出现横向大小行问题。横向大小行是指生产的有结网出现横向（按有结网方向）大小行（有结网横向有一行网目偏小或偏大）现象。发生横向大小行的原因主要包括卷网出问题、送经辊刹车打滑等。如果送经辊刹车打滑，那么也可造成网目偏大。如果网目偏大，说明在卷网停机时电动机制动失灵或织网机卷网倒退制动失灵，织网机倒退，再开织网机造成二次卷网，以致卷网量过大；如果网目偏小，说明在卷网凸轮处有异物或卷网离合器失灵，以致不能卷足卷网量。有结网出现横向大小行后的处理技术为：及时清除卷网凸轮处异物、修理卷网离合器、修理电动机制动装置、修理织网机倒退制动装置、修理送经辊刹车装置等。

4. 滑结

有结网加工时会出现滑结问题。滑结是指生产的有结网上出现滑动的或将要滑动的网结［见图 1-72（b）］。滑结表明织网时纬线没有过结圈。如果有结网中整行出现滑结，那么是因为纬线供线量不足、紧结凸轮压力不够等原因引起；如果有结网中出现个别滑结，是梭子线盘变形、纬线在梭子线盘内被压住等原因引起。有结网滑结处理技术为：如果是因为紧结凸轮压力不够，那么需提前紧结或增加紧结凸轮压力，以把纬线压出结圈；如果是因为梭子线盘变形引起，那么需调整梭箱动程，以增加纬线供线量。深远海养殖网衣中不能出现滑结，以确保鱼类养殖安全。海洋捕捞网衣中，个别用户允许购置网片产品中存在少量滑结，但滑结数量需控制在双方购买合同规定的范围内。

5. 漏梭

有结网加工时会出现漏梭问题。漏梭是指生产的有结网上出现未打结的眼［见图 1-72（f）］。有结网中的漏梭一般是因为下钩钩经线成第 2 个圈套梭子时线圈未进入梭尾所引起，漏梭时没有将纬线连上。产生漏梭的原因包括：下钩没有钩到经线，没有形成第 2 个圈，导致漏梭（相关处理技术为：调整下钩与孔板的位置）；下钩钩经线成第 2 个圈套梭子时，下钩距离梭尾偏大，加上网线硬度大或收线力小，导致第 2 个圈套梭子时反跳逃离，导致漏梭［相关处理技术为：调整下钩运动距离，使下钩贴近梭尾套梭子或适当增加储线紧结辊（罗拉）的配重，加大套梭子后的收线力］；下钩与梭尾位置没有正确对准，导致漏梭（相关处理技术为：调整下钩或梭尾的形状，使下钩与梭尾位置对准，确保第 2 个圈套梭子时能够套住）。

6. 次品网线混入网片

有结网加工时会出现次品网线混入网片的问题。有结网中不容许有次品网线混入，但是实际织网生产中，上一道网线工序中仍然会出现少量次品网线，如缺股（纱）线、擦伤线、背股线、油污线、异于合同要求的混合线等次品网线。上述次品网线一旦流入下一道工序，则会形成次品网片。在实际织网生产中，一定要加强检查，一旦发现次品网线，应立即停机剪下次品网线。如果发现次品网线已经编织到有结网中，那么需做好标记，并安排人员进行修补处理。在织网过程中，织网机零件损坏（如上钩、下钩、孔板磨损损坏后）也会造成网线擦伤、勾断，进一步形成次品网线、磨损网。此时，网机操作工应及时更换损坏零件，将织成的磨损网做标记，并安排人员进行修补处理或剪裁处理等。次品网在深远海养殖领域可用于挡流网等。

7. 出现 K 型目

有结网加工时会出现 K 型目问题。K 型目是指生产的有结网上出现“目脚长短不同的网目”。有结网机织网时，当网目偏小或网线偏粗时，经线与纬线对应目脚如果结成一样长度，横拉网目就会出现 K 型目（图 1–73，亦称“K 型网目”）。当纬线目脚长度小于经线目脚长度时，K 型目会更加严重。究其原因，是因为织网结节的方向不同（结节既有正面与背面区别，又有顺向与倒向的区别，图 1–74）。当以手工编织有结网时，有结网中的结节为顺向排列（仅有结节的正面与背面区别）；当以机器编织有结网时，有结网中的结节为一排顺向排列、一排倒向排列（图 1–74）。

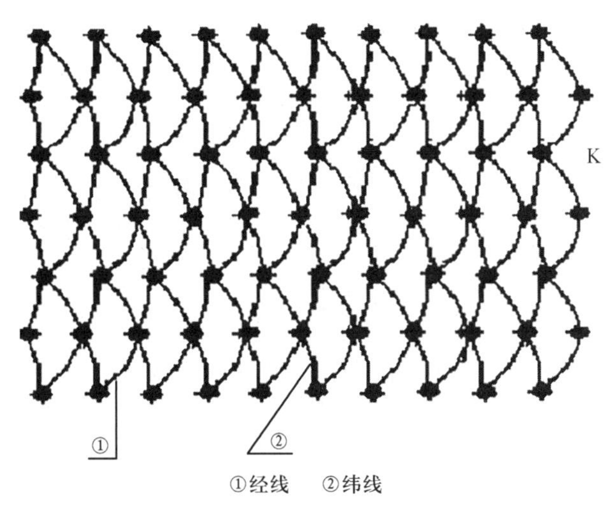

①经线　②纬线

图 1–73　K 型目示意

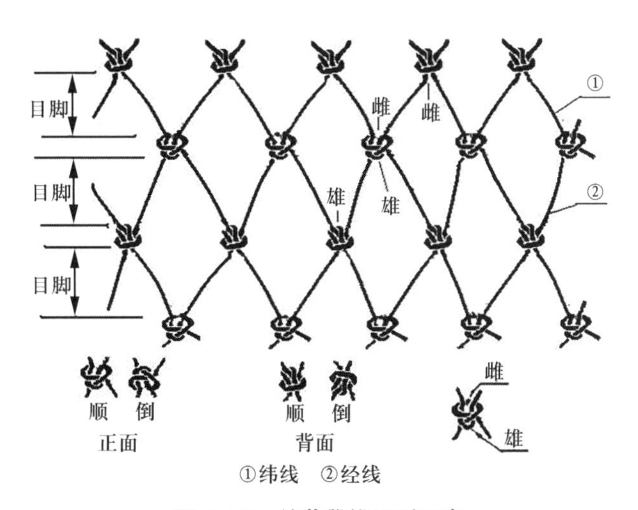

①纬线　②经线

图 1–74　结节雌雄区别示意

将有结网中的一个结节横向拉开，会发现结节上下张开后出现雌雄区别（见图1–74）。当第一排网结以雌方向对第二排网结雌方向张开的行，要比第二排网结另一边以雄方向对第三排网结雄方向排列的行少一根线的距离，同样的目脚长度，雌行要比雄行长度短，这就会产生K型目。雄方向排列的行是经线；雌方向排列的行是纬线。有结网上反映雄方向对雄方向长度要大于雌方向对雌方向的长度，这是产生K型目的根本原因。值得提醒的是：因纬线供应量不足而产生的K型目，称为正K型目（亦称“K型目”）；因纬线供应量过多产生的K型目，称为“倒K型目”。正K型目处理技术为：调整梭箱运动量、增加纬线供应量、放大纬线目脚长度（放大纬线目脚长度后要调整网目尺寸，防止网目尺寸超过容许的最大偏差）等。倒K型目处理技术为：减少梭箱运动量、减少纬线供应量、缩小纬线目脚长度等。

8. 出现局部K型目

有结网加工时会出现局部K型目问题。局部K型目是指生产的有结网中局部少量出现目脚长短不同的网目。局部K型目产生的原因，是少量梭子线盘变形（线盘卡梭子造成纬线张力大，影响了纬线供应量）、梭子里的重锤重量偏小或者过大（影响了纬线供应量）等。对有结网中局部K型目的处理技术为：替换变形线盘、调整重锤大小等。

9. 扭结

有结网加工时会出现扭结问题。扭结是指纬线在网结中留得较长且扭起来［如图1–72（d）］。扭结表明纬线过长，过结圈后无法收紧。对有结网中扭结的处理技术为：调整梭箱动程，以减少纬线供线量等。

二、深远海养殖渔网材料标准体系表

深远海养殖渔网材料标准体系表隶属于渔具及渔具材料标准体系表。按照《标准体系表编制原则和要求》（GB/T 13016—2009）的规定，东海所石建高研究员课题组开展了深远海养殖渔网材料标准体系表的初步分析研究，现阶段的主要成果简介如下。

（一）深远海养殖用渔网材料专业通用标准

深远海网箱结构形式多样，决定了深远海养殖用网衣的多样性与复杂性，无法采用统一的网衣及标准，如大型现代化海洋牧场综合体“耕海1号”就采用了龟甲网、超高分子量聚乙烯网衣等不同种类网衣（见图1–75）。深远海养殖用渔网材料专业通用标准如表1–15所示。

图 1-75 采用不同种类网衣的大型现代化海洋牧场综合体“耕海 1 号”

表 1-15 基础性标准 304-05-01

序号	标准名称	标准编号	宜定级别	采用国际、国外标准的程度	采用的或相应的国际、国外标准号	备 注（原标准名称 / 号）
1	渔具、渔具材料量、单位及符号	GB/T 6963—2006	推荐性			GB/T 6963—1986
2	渔具材料试验基本条件 预加张力	GB/T 6965—2004	推荐性			GB 6965—1986
3	渔具基本术语	SC/T 4001—1995	推荐性			SC 4001—1995（修订标准已报批）
4	渔具材料基本术语	SC/T 5001—2014	推荐性			SC 5001—1995
5	渔具材料试验基本条件 标准大气	SC/T 5014—2002	推荐性			

（二）深远海养殖用渔网材料产品门类通用标准

深远海养殖用渔网材料产品门类通用标准如表 1-16 所示。

表 1-16 渔用网片 404-05-01

序号	标准名称	标准编号	宜定级别	采用国际、国外标准的程度	采用的或相应的国际、国外标准号	备 注（原标准号）
1	主要渔具材料命名标记 网片	GB/T 3939.2—2004	推荐性			

续表

序号	标准名称	标准编号	宜定级别	采用国际、国外标准的程度	采用的或相应的国际、国外标准号	备 注（原标准号）
2	渔网 合成纤维网片断裂强力与断裂伸长率试验方法	GB/T 4925—2008	推荐性			
3	渔网网目尺寸测量方法	GB/T 6964—2010	推荐性			
4	渔用机织网片	GB/T 18673—2002	推荐性			
5	合成纤维网片试验方法 网片重量	GB/T 19599.1—2004	推荐性			
6	合成纤维网片试验方法 网片尺寸	GB/T 19599.2—2004	推荐性			
7	渔网 网目断裂强力的测定	GB/T 21292—2007	推荐性			
8	渔网 有结网片的特征和标示	SC/T 4020—2007	推荐性			
9	合成纤维渔网 结牢度试验方法	SC/T 5019—1988	推荐性			

（三）深远海养殖用渔网材料产品个性标准

深远海养殖用渔网材料产品个性标准如表 1–17 所示。

表 1–17 渔用网片 504–05–01

序号	标准名称	标准编号	宜定级别	采用国际、国外标准的程度	采用的或相应的国际、国外标准号	备 注（原标准号）
1	聚乙烯网片 经编型	SC/T 5021—2017	推荐性			SC/T 5021—2002
2	超高分子量聚乙烯网片 经编型	SC/T 5022—2017	推荐性			
3	聚酰胺单丝机织网片 单线双死结型	SC/T 5026—2006	推荐性			
4	聚酰胺复丝机织网片 单线单死结型	SC/T 5028—2006	推荐性			

续表

序号	标准名称	标准编号	宜定级别	采用国际、国外标准的程度	采用的或相应的国际、国外标准号	备 注（原标准号）
5	聚乙烯网片 绞捻型	SC/T 5031—2014	推荐性			SC/T 5031—2006
6	渔用聚酰胺经编网片通用技术要求	SC/T 4066—2017	推荐性			
7	渔用聚酯经编网片通用技术要求	SC/T 4043—2018	推荐性			
8	超高分子量聚乙烯网片 绞捻型	SC/T 4049—2018	推荐性			
9	聚乙烯网片 平织型*	SC/T ××××	推荐性			
10	聚乙烯网片 插捻型*	SC/T ××××	推荐性			
11	聚酰胺网片 绞捻型*	SC/T ××××	推荐性			
12	聚酯网片 单线单死结型*	SC/T ××××	推荐性			
13	聚酯网片 绞捻型*	SC/T ××××	推荐性			
14	超高分子量聚乙烯网片 单线单死结型*	SC/T ××××	推荐性			
15	超高分子量聚乙烯网片 双死结型*	SC/T ××××	推荐性			
16	聚乙烯网片 双线单死结型*	SC/T ××××	推荐性			
17	低压聚乙烯双向牵伸网片*	SC/T ××××	推荐性			

注：带*的标准均为潜在标准，目前尚无正式标准编号。

上述深远海养殖渔网材料标准体系表仅是迄今为止的研究成果，它有一个动态演变的过程，成熟的深远海养殖渔网材料标准体系表有待今后立项专题研究。国家及省市相关管理部门应尽快立项开展深远海养殖渔网材料标准体系专题研究，助力深远海养殖业的高质量发展。

第二章　深远海养殖用渔网防污损处理技术

我国是水产养殖大国，增养殖设施模式主要包括网箱、围栏、池塘、筏式、吊笼、底播、工厂化、半潜式养殖平台等。在上述应用网衣的增养殖设施模式中，防污技术问题尤为突出。养殖网衣上的附着物既阻碍了网衣内外水体交换，增加了相关设施荷载，又容易造成设施网衣破损与水质恶化，从而影响养殖鱼类生长与设施安全。由于污损生物种类繁多、养殖网衣结构复杂、养殖海况千变万化、网衣防污又要求安全高效等，导致网衣防污技术难度较大，这已成为养殖领域公认的世界性难题。本章主要论述防污涂料法、金属网衣防污法等水产半潜式养殖平台所涉深远海养殖用渔网防污损处理技术，为进一步分析、研究、应用高效防污技术提供借鉴。

第一节　牧场化围栏等渔业装备防污涂料技术

渔用防污方法有很多，如防污涂料法、机械清除法等，其中，防污涂料法是一种方便、有效、经济的方法。本节主要介绍防污技术的研究背景、海洋污损生物的种类、污损生物的危害性分析、防污涂料的防污机理、防污涂料的种类、新型渔网防污涂料的开发及应用等内容，为进一步研究水产养殖装备防污技术提供参考。

一、防污技术的研究背景

放在海水中的水产养殖装备及网衣表面很快就被一层聚合物基质所覆盖，通常称为“调节膜”。调节膜是由蛋白质占主要成分的大分子沉淀或吸附而形成的。随着调节膜的形成，污损生物的菌体开始附着并形成基体膜。细菌表面与调节膜大多是阴离子型的。阳离子附着在负电荷表面，而阴离子被排斥，阳离子靠近表面形成一个扩散层，即双电子层。随着电解质浓度、价位的增加，双电子层的厚度将减小，负电荷的细菌靠近阳离子双电子层分别交叠的表面，将发生排斥。在一定的临界距离内，这最初的排斥可由各自表面分子中偶极的摆动所产生的伦敦－范德华力来克服。正如细菌表面的疏水分子允许细菌靠近负电荷的表面，表面疏水分子间小范围的分子间作用力有助于细菌靠近表面（疏水分子间相互作用）。开始的细菌附着是可逆的，细菌可被水流冲掉。而不可逆吸附是一个较长期现象，细菌在菌体与基材间架桥形成牢固的黏着，从而产生细胞外的聚合物，这种聚合物拥有配位体和受体，能形成特定的立体黏接。配位体和受体的作用（小范围内）将大大有助于细菌和表面、细菌体与基材之间的黏附。随着不可逆吸附的紧密层的形成，细菌开始繁殖，并由另外的细胞附着进而形成小菌落，产生大量细胞外聚合物（黏液）。这些聚合物本质上大多是多聚糖或糖蛋白。随着基膜、生物膜的形成，后续在养殖网衣上逐步附着小型污损生物（硅藻孢子等）及大型污损生物（藤壶、贻贝、牡蛎等，见图 2–1）。刘坤等人发表的《平潭岛东北部近岸海域大型污损生物群落结构特征》论文表明，污损生物主要优势种的附着季节差异很大，这决定了水产养殖装备防污的复杂性（图 2–2）。防止污损生物污损水产养殖装备及网衣的技术即水产养殖装备及网衣防污技术。传统增养殖业通常采用人工防污法清除水产养殖装备及网衣上附着的污损生物，但其劳动强度高、工作效率低；为此，人们开发了机械清除法、生物防污法、金属网衣防污法和防污涂料法等防污方法，以解决水产养殖装备及网衣防污技术难题。

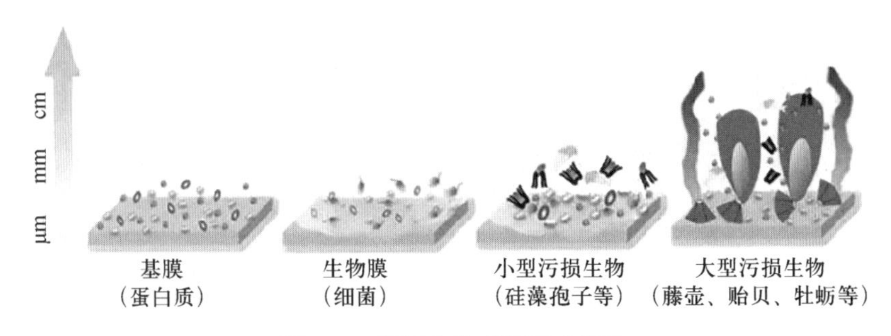

图 2–1　污损生物成因形成示意

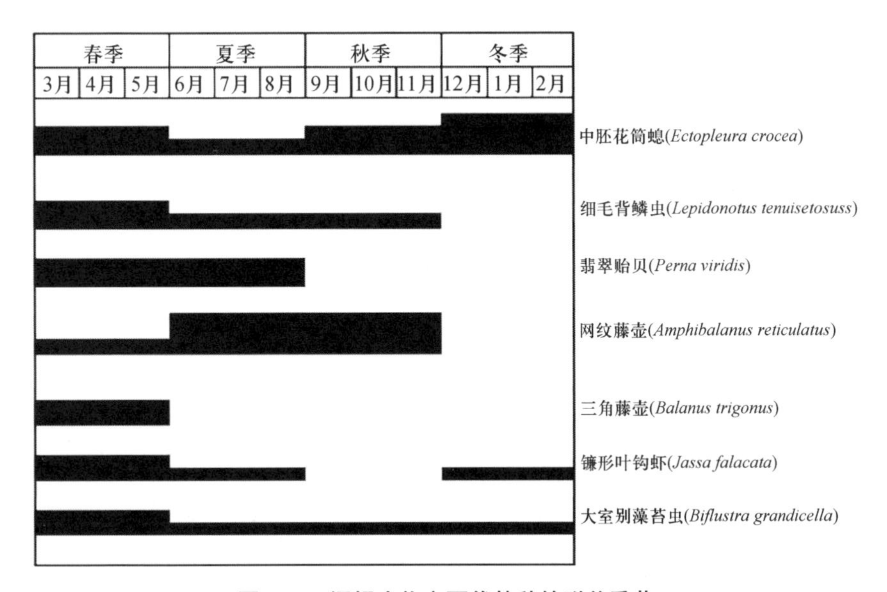

图 2–2　污损生物主要优势种的附着季节

二、海洋污损生物的种类

海洋中大量海洋生物及微生物的幼虫和孢子能够漂浮游动，发展到一定阶段后就附着在浮标、桥墩、码头、船体、网箱、（养殖）围栏等海洋设施或装备上，称为“海洋生物污损”，防止这种生物污损称为“防污”。我国近海有614种污损生物，网箱及围栏等网衣上的污损生物有藻类、藤壶、水螅、海鞘和双壳类等。据相关文献资料记载，海洋中有4 000余种污损生物，多数生活在海岸和海湾等近海海域。附着在设施或装备上的海洋污损生物简称“附着物”（图2–3）。海洋污损生物大量繁衍后如不及时清理会造成很大的危害，如危害水产养殖、增加船舶阻力、堵塞管道、加速金属腐蚀、使海中仪表及转动机件失灵等。全世界每年因为生物污损所造成的损失难以估算。在特定条件下，网衣上的污损生物代谢产物（如氨基硫化氢）可滞留有害微生物并毒化养殖环境，导致养殖对象易于发病、养殖户频繁换网以及网具内外水体交换不畅，从而给水产养殖业造成损失、增加运维成本。

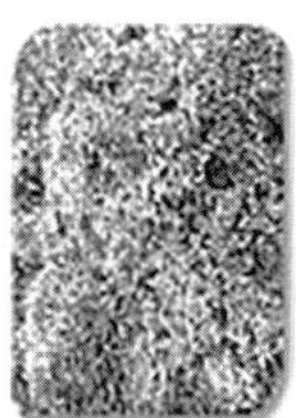

图2–3　海洋污损生物

海洋中存在的污损生物都有可能附着在网箱、围栏和养殖工船等水产养殖装备上。中国沿海水产养殖装备及网衣上的附着物主要有藻类、软体类、甲壳类、海绵类、多毛类、被囊类、腔肠类、苔藓类等。污损生物附着盛期主要在高温季节，但具体到特定海区、海况条件、设施种类、养殖种类和绳网种类等，水产养殖装备及网衣上的附着情况也会有所改变。水产养殖装备及网衣上附着的污损生物种类和数量会因不同的养殖条件而异。如中国开展了海水养殖设施生物污损影响评价、智能检测与防控关键技术项目研究，发明了减小附着基面积法、增大网目防污法、网衣本征防污法等多种养殖网衣防污技术。就特定海域和特定的养殖条件而言，网衣上污损生物的附着种类与数量也是一个动态过程，如在厦门港的实验网片上，春季附着薮枝虫、中胚花筒螅和管钩虾等，夏秋季则附着笔螅和网纹藤壶等；而在大亚湾的养殖网衣上，春季以海鞘为主要污损生物，夏季以海鞘和各种软体动物为主，秋季除海鞘外，苔藓虫也较多，冬季则是苔藓虫占绝对优势。此外，养殖设施上污损生物的附着种类与数量还有较大的年变化。水产养殖装备及网衣上的附着物会增加养殖成本与设施荷载、减少设施寿命与内外水体交换，分析研究附着物种类、分布规律和抑制机理等具有重要意义。

三、污损生物的危害性分析

水产养殖装备及网衣长期在水中浸泡后吸附了生物排泄物及水中污物，网衣上会附着水绵、双星藻、转板藻等大量的丝状藻类（图 2–4）。这些附着物的增多不但阻碍了养殖设施网衣内外水流畅通和水体交换，而且容易造成养殖设施网衣内水质恶化、缺氧，影响养殖设施内鱼类生长（图 2–5）。网衣中附着的贝类和杂藻，增加了养殖设施重量和荷载，这将大大减少养殖设施的安全性和抗风浪性能；水产养殖装备及网衣上着生的大量藻类及污物又成为嗜水气单胞菌、海水弧菌等致病菌生长繁殖的场所；水产养殖装备内的鱼苗常会被水绵等丝状藻类缠绕且无法逃出而窒息死亡，出苗率大受影响，同时还会减少鱼苗的活动能力，致使鱼苗摄食量减少，在越冬期会大面积出现弯体病等疾病。

图 2–4　水产养殖装备及网衣上的附着物

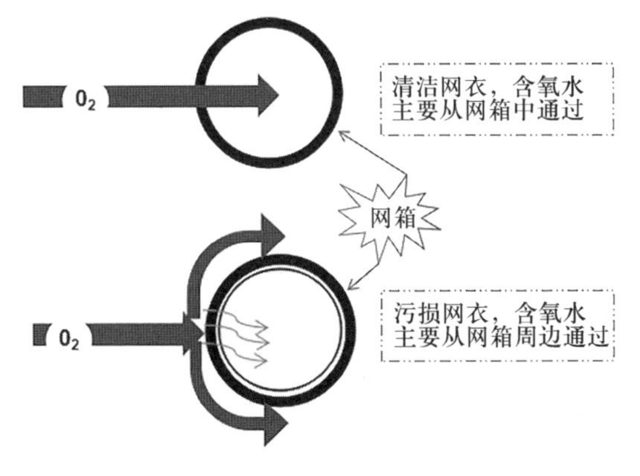

图 2–5　污损生物对养殖网箱溶解氧影响示意

污损生物对水产养殖装备及网衣的危害性很大，主要表现在以下几个方面：

①在养殖收入上，污损生物附着增加劳力投入，从而直接减少了养殖利润；

②对养殖对象本身的危害上，被堵塞网孔的网具，由于与外界水流的交换减少，在水产养殖装备及网衣内部就形成了一个相对封闭的环境，这样有利于有害病原菌的滋生，从而导致疾病的暴发，污损生物的大量附着还会与养殖对象争夺饵料和空间，特别是对一些养殖贝类表现得更加明显；

③对网具养殖容量的影响上，水产养殖设施能够高产的机理就是水产养殖装备处在一个开阔的水域，水产养殖装备内外能够进行充分的水体交换，从而保证水产养殖装备内的养殖对象能够得到充足的溶解氧，有试验表明，被污损生物堵塞网孔的网具，与外界水体交换的频率要下降好几倍，造成网内外溶解氧的差别很大，这就丧失了集约化养殖的优势；

④对网具本身使用周期的影响上，由于污损生物的大量附着会造成网孔堵塞、水流不畅，使得水产养殖装备在自然海区中受到水流的冲击增大，所以，污损生物大大影响水产养殖装备的使用周期；污损生物本身生命活动对网线的侵蚀作用及人们在清理污损生物操作过程中对网具的磨损，也会减少水产养殖装备的使用周期。

四、防污涂料的防污机理

防污剂是防污涂料的重要组成部分，防污涂料作用的发挥是通过防污剂从漆膜中不断渗出，对海洋污损生物起杀灭或趋避作用，从而抑制海洋污损生物的附着。参考前期研究成果与国内外相关论著，著者对自抛光型防污涂料、低表面能防污涂料、接触型防污涂料、释放型防污涂料、具有微相分离结构防污涂料等防污涂料的防污机理进行探讨，为进一步开发新型防污涂料提供参考。

（一）自抛光型防污涂料的防污机理

基于相关文献资料，人类已有 4 000 余年与海洋污损生物斗争的历史。自人类从事海洋活动以来，海洋污损生物给海运业、海洋渔业、石油开采业等带来众多危害。海洋污损生物的防除一直是人类难以解决的重大问题，为此，世界各国纷纷采取各种方法抑制海洋污损生物的附着。防污涂料对环境产生的影响主要来源于两个方面：一是防污涂料中的有毒防污剂；二是防污涂料中的有机挥发物。环保型防污涂料是指不含或只含少量上述有害物质的防污涂料。防污涂料的防污效果主要表现在广谱性和长效性两方面。理想的海洋防污涂料应该对植物、动物性海洋附着生物有防附着作用，并有较长的防污期效。一种防污涂料的好坏主要取决于其绿色环保程度、广谱防污效果与防污周期等因素，其中，决定涂料防污效果的因素主要有以下几方面：

①防污剂的含量多少（一般来说，防污剂的含量越高，有效期就越长）；

②涂层 pH 值（涂膜表层海水与正常海水的 pH 值相差越大，海洋生物越不容易附着）；

③防污涂层的表面自由能高低（低表面自由能的涂层不容易产生附着，即使有了也附着不牢，容易清除或被流动的海水冲刷掉）；

④涂层的光滑程度（涂层表面越光滑，摩擦阻力越小，海洋生物越不容易附着，因此，涂料的光滑性也能延长涂料的寿命和清洁周期）；

⑤涂层的疏水性［疏水性的海洋防污涂料有明显的防污效果，目前已有研究将超疏水性（表面与水的接触角大于 150°）的表面应用于海洋防污］；

⑥涂层的弹性模量大小［污损生物剥离所需的功为表面张力（γ）和弹性模量（E）乘积的 1/2 次方，即 $W=(\gamma \cdot E)^{1/2}$。弹性模量低的涂层上，海洋生物可在较小的外力下被剥除］等。

先进防污涂料技术主要源自欧美和日本等涂料发达国家，我国的渔用防污涂料技术目前相对比较落后。现有商业化 / 市场化的防污涂料主要分为两大类：一是含生物杀灭剂的防污涂料；二是不含生物杀灭剂的防污涂料。含生物杀灭剂的防污涂料是当前市场上最常用的，占据市场的比例高达 90% ~ 95%。自抛光型防污涂料是含生物杀灭剂的防污涂料的重要代表。20 世纪 70 年代初期，三丁基锡化合物具有广谱和高效的防污作用为人们所认识，基于三丁基锡化合物的防污涂料也获得了产业化应用。人们将三丁基锡通过酯键接枝到丙烯酸酯上，制备了丙烯酸锡酯聚合物，然后添加氧化亚铜等防污剂，开发了有机锡（以下简称“$RnSnX_{4-n}$”）自抛光防污涂料。

对于有机锡化合物的限制，欧盟已经先后发布过 89/677/EEC、1999/51/EC 和 2002/62/EC 指令，规定有机锡混合物用作游离缔合的涂料（free association paint）中的生物杀灭剂时，不能在市场上销售。2009 年 5 月 28 日，欧盟通过了 2009/425/EC 指令，进一步限制对有机锡化合物的使用。2009 年 6 月 1 日起，欧盟《关于化学品的注册、评估、许可和限制的法规》（以下简称“REACH 法规”）的附录 XⅦ取代了 76/769EEC 的附录Ⅰ，但两者内容是一致的。因此，虽然 76/796/EEC 指令已经作废，但是其规定的内容还是有效的，只是转到了 REACH 法规限制物质清单中。修订版 2009/425/EC 指令是在原有 76/769/EEC 指令附录Ⅰ第 21 条的基础上，增加了以下内容：

①三取代有机锡化合物。从 2010 年 7 月 1 日起，物品中不得使用锡含量超过 0.1wt% 的三取代有机锡化合物，如三丁基锡（TBT）和三苯基锡（TPT）；

②二丁基（DBT）化合物。从2012年1月1日起，向公众供应的混合物或物品中不得使用锡含量超过0.1wt%的DBT化合物；

③二辛基（DOT）化合物。从2012年1月1日起，向公众供应或由公众使用的下列物品中，不得使用锡含量超过0.1wt%的DOT化合物：设计为与皮肤接触的纺织品；手套；设计为与皮肤接触的鞋或鞋上的相应部位；墙和屋顶覆盖物；儿童护理用品；女性保洁产品；尿布；双组分室温硫化模具（RTV-2模具）。

含有机锡的自抛光材料对海洋污染严重，因此，目前越来越多的试验研究放在对环境友好的无锡自抛光防污涂料上，该涂料主要以丙烯酸硅、铜和锌作为树脂基料。在无锡自抛光防污涂料中，主要在丙烯酸树脂主链接枝含硅、铜或锌侧链基团，形成类似有机锡侧链基团的结构，使含硅、铜或锌侧链基团在海水环境中也可与海水中的钠离子发生离子交换反应而逐渐水解，并溶解至水体中。自抛光型防污涂料主要分为水合型自抛光防污涂料、水解型自抛光防污涂料和混合型自抛光防污涂料3种。

1. 水合型自抛光防污涂料

通过物理作用（受水流冲刷而溶解）抛光，无自平滑涂层表面的功效。防污涂料涂层主要是在均匀地减薄，同时因多孔皂化层的形成而新增微量粗糙度。该涂料用于渔船、养殖作业船或养殖工船等渔业装备时，会增加航行时的阻力、降低船速，逐渐增加能耗。

2. 水解型自抛光防污涂料

水解型自抛光防污涂料是在海水中通过化学反应（离子交换型和纯水解型）达到涂层抛光目的，有较好的自平滑涂层表面的功效。实际应用中可有效降低因涂装技术产生的原始粗糙度。对渔船、养殖作业船或养殖工船等可移动的船型装备而言，若使用能进行纯水解反应（如以丙烯酸硅烷基共聚物或甲基丙烯酸硅烷基共聚物为基料的水解型防污涂料）的防污涂料涂层，则其船体表面在移动过程中，会变得更光滑，可减少航行阻力，进而降低油耗，实现渔业节能减排。目前，市场上水解型自抛光防污涂料主要包括丙烯酸铜共聚物自抛光防污涂料（离子交换型）、丙烯酸锌共聚物自抛光防污涂料（离子交换型）、硅烷化丙烯酸共聚物自抛光防污涂料等（如图2-6至图2-8）。上述技术的主要防污机理均是逆酯化的水解或通过离子交换进行化学分解。聚合物本身是疏水性的，因为它本身是通过一个酯键而被束缚在功能基团上。当聚合物浸入海水时，酯键断裂，留下羧酸盐从而提高聚合物的亲水性。

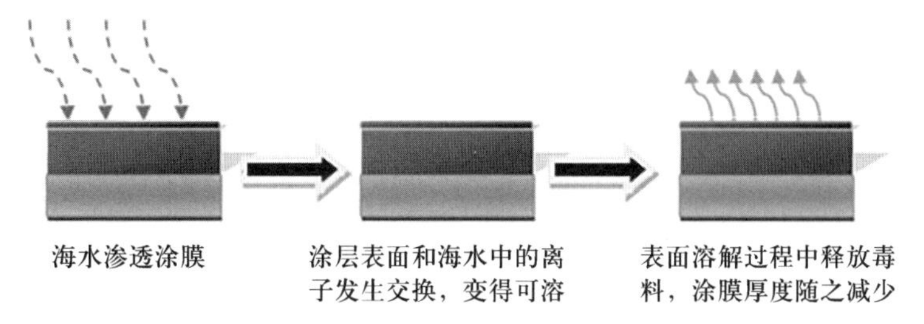

图 2-6　丙烯酸铜共聚物自抛光防污涂料（离子交换型）的防污机理

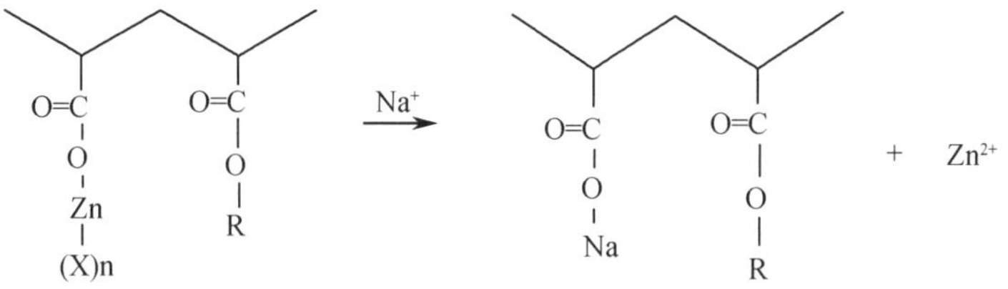

图 2-7　丙烯酸锌共聚物自抛光防污涂料（离子交换型）的防污机理

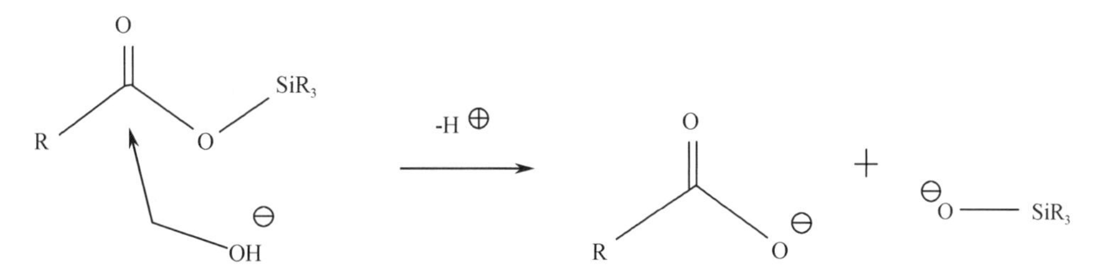

图 2-8　硅烷化丙烯酸共聚物自抛光防污涂料的防污机理

3. 混合型自抛光防污涂料

混合型自抛光防污涂料为水合型自抛光防污涂料与水解型自抛光防污涂料的技术融合，可提供有限的自光滑功效。混合型自抛光防污涂料主要成膜物质为水解（离子交换）型的聚合物树脂如丙烯酸铜、丙烯酸锌等 + 亲水性松香。混合型防污涂料的特点如下：

①防污机理是通过水解与溶解的双重作用将生物杀灭剂释放；

②皂化层水解（离子交换）型的防污涂料厚度高达 60 μm 左右；

③由于松香的存在，其固体分较水解型自抛光防污涂料（离子交换）高；

④自我平整性能低于高性能的水解型自抛光防污涂料（离子交换）等。

自抛光型防污涂料应用时，防污涂料漆膜在海水中溶解的同时释放防污剂材料，从而实现防污。自抛光型防污涂料漆膜在风、浪、流等作用下，水解反应持续进行，从而不断地暴露出新的漆膜表面。因为自抛光型防污涂料类产品的防污剂材料释放会按设计渗出率平稳、持久地进行，所以它们在设计周期内可实现防污性能的持久与有效。在实际应用中，因为自抛光型防污涂料漆膜凸起部位受浪、流等的作用力较大，所以其水解速度较快，而凹陷部位则因受力较小而水解速度较慢。由于上述新型树脂不含有机锡，具有良好的环保性，因此无锡自抛光防污涂料也逐渐成为低毒防污技术的研究热点。迄今为止，基于无锡自抛光防污涂料的申请专利已达几百项。如于雪艳等首先合成了具有自抛光性能的丙烯酸锌树脂，再采用该树脂制备了无锡环保型自抛光防污涂料，该材料的相关防污剂以氧化亚铜为主，并复配吡啶硫酮锌、吡啶硫酮铜等有机防污剂；最后进行了为期36个月的实船涂装海洋航行验证，验证结果表明，无锡环保型自抛光防污涂料具有良好的防污效果。经自抛光防污涂料处理后的养殖工船等在航行时，由于不断经受浪、流等的作用，使得船体外壳的防污涂料表面变得越来越光滑平整。

（二）低表面能防污涂料的防污机理

现有商业化/市场化的防污涂料主要分为两大类：一类是含生物杀灭剂的防污涂料；另一类是不含生物杀灭剂的防污涂料。低表面能防污涂料、污损释放型防污涂料等为不含生物杀灭剂的防污涂料的重要代表。海洋污损生物附着的初期是通过分泌黏液润湿被附着水产养殖装备的表面来实现，黏液对于表面能低的水产养殖装备表面的浸润性差，从而使黏液难以附着或附着不牢。低表面能防污涂料主要依靠自身很低的表面能来抑制海洋污损生物的附着，或者即使海洋污损生物在增养殖材料表面附着，它们也附着不牢固，在风、浪、流或其他外力作用下很容易从水产养殖装备材料表面脱落，从而达到防污目的。可见，低表面能防污涂料的防污机理与含生物杀灭剂的防污涂料的机理完全不同（含生物杀灭剂的防污涂料通常通过毒性物质的释放来实现水产养殖装备材料的防污，但随着毒性物质的消耗，其对水产养殖装备的防污效果会逐渐减低）。低表面能防污涂料是利用较大接触角与低表面自由能，使液体在水产养殖装备材料表面难于铺展且不浸润，从而实现水产养殖装备的防污。Yebra等的相关试验结果表明，当低表面能防污涂料与液体的接触角大于98°，且它的表面能小于2.5×10^{-4} N/m时，低表面能防污涂料在水产养殖装备及网衣上应用才有防污效果。石建高等人的相关研究结果表明，低表面能防污涂料对网箱等养殖设施防污性能造成影响的主要因素包括表面能、涂膜厚度、弹性模量、极性、表面分子流动性和表面光滑性。Dupre等推导的经验公式表明，养殖工船等刚性设施表面的自由能越低，则其对海洋污损生物的附着力越小。

目前，低表面自由能防污涂料主要包括有机硅低表面能防污涂料、有机氟低表面能防污涂料、硅－氟树脂低表面能防污涂料，它们通过不同方式来实现防污。

1. 有机硅低表面能防污涂料

有机硅聚合物防污涂料是通过它们之间界面的剪切致使表面污损物脱落来实现防污效果；降低表面能对有机硅聚合物防污涂料特别重要，表面分子极性流动性及其表面光滑性对其有重要影响。有机硅低表面能防污涂料中的有机硅主要指有机聚硅氧烷。根据有机聚硅氧烷摩尔质量和结构不同，又可分为硅油、硅树脂和硅橡胶等。有机硅低表面能防污涂料包括以硅橡胶为基料的低表面能防污涂料和以有机硅树脂为基料的低表面能防污涂料（有机硅树脂一般由有机硅单体水解缩聚而得，兼有无机材料和无机材料的优点，是非常好的低表面能材料，能在相对低的温度下固化）。

有机硅低表面能防污涂料的特点如下：

①不含生物杀灭剂；

②涂层表面达到分子水平的光滑；

③具有线性、高弹性、流动性的骨架；

④有尽可能低的弹性模量，以利于附着物的脱落；

⑤足够厚的涂层，能确保海洋生物通过较低能量的剥离而非较高能量的剪切方式脱落；

⑥在海洋环境中化学性质相对稳定，对水解有足够的抵抗能力，涂膜强度能阻止表面结构被海水冲刷破坏等。

有机硅低表面能防污涂料的缺点：

①涂层的固化取决于环境温度及湿度；

②漆雾会污染其他设施，相关人员施工时产生的保护费用很高；

③涂层较软，不耐用和易受机械损坏，特别是在海洋设施中的干湿交替部位/飞溅区部位；

④现有技术不能避免细菌型和藻类海洋生物的生长，这些海洋生物的直径可以达到 1 000 μm，为了降低船壳等海洋设施的表面粗糙度，涂层表面必须定期地进行水下清理，否则会增加相关设施的拖力，进而增加油耗。而经常进行水下表面清洗，又会造成涂膜表面破损，增加粗糙度等。

2. 有机氟低表面能防污涂料

有机氟聚合物防污涂料为弹性体涂层，它容易变形，通过剥离机理使海洋污损生物脱落，从而达到防污效果。涂层厚度及弹性模量等因子对有机硅聚合物防污涂料的防污效果有重要影响。聚四氟乙烯具有很低的表面能（与水的接触角为114°），从理论上讲应具有优异的防污性能。许多专家对有机氟树脂的防污性能进行了专业研究，实验结果如下：

①海洋微生物接触涂膜表面时，诱导表层聚合物分子发生重排，使涂膜表面能提高；

②有机氟树脂中特别是涂膜表面绝大部分是 CF_2 基团，与 CF_3 基团相比，其耐沾污性明显较差；

③涂料为热熔成膜，涂膜的致密性较差，海洋微生物深入涂膜内部，牢固黏附在涂膜的微孔内等。

3. 硅 – 氟树脂低表面能防污涂料

有关研究发现，造成表面能防污涂料防污性能不佳的一个很大的原因是：涂料中存在大量不具有低表面能性质的成分。为了降低这些成分在树脂中的比例，将有机硅、有机氟复合应用，获得一种新型的低表面能防污涂料（该涂料是以氟代聚硅氧烷为基料的防污涂料）。硅 – 氟树脂低表面能防污涂料基本作用原理：以硅氧链为主链，在侧链中引入一定浓度的 CF_3 基团。该基团由于其极大的表面活性将严格趋向于表面，整个大分子既保持了线型聚硅氧烷的高弹性及高流动性，又吸收了 CF_3 基团的超低表面能特性。硅 – 氟树脂低表面能防污涂料的性能在一定程度上比有机硅低表面能防污涂料有所提高，特别是机械强度有所提高，同时使细菌型和藻类海洋生物的黏附有所减少，但不能完全消除。硅 – 氟树脂低表面能防污涂料还需要定期进行水下清洗，以确保其防污效果。

4. 其他树脂低表面能防污涂料

除上述有机硅低表面能防污涂料、有机氟低表面能防污涂料、硅 – 氟树脂低表面能防污涂料外，人们还开发了其他树脂低表面能防污涂料。如根据相关文献报道，Brunel Enviromarine 开发了一种无溶剂环氧树脂低表面能防污涂料，其特征如下：

①唯一的固体分为 100% 的低表面能防污涂料；

②双组分，固定的混合比，使用常规喷涂设备；

③不需要防锈底漆，整个系统干膜厚度为 2 μm × 150 μm；

④不含毒素和生物杀灭剂，不含影响身体健康的有害物质（绿色环保）；

⑤无溶剂环氧树脂低表面能防污涂料的防污机理为涂层表面没有有利于海洋微生物依附的溶剂孔，设施应用后其表面光洁、表面能低。

低表面能防污涂料反映出高硬度、出色的热稳定性以及优良的防污性能。田军等人选用环氧树脂、聚二甲基硅氧烷等材料为基料，以液状石蜡和聚四氟乙烯为填料、二氧化碳和氧化镁为颜料，并以聚酸胺为固化剂，研制出一种无毒防污涂料。该涂料可在室温下固化、牢固地附着在防锈涂料上且表现出良好的防污性能；此外，相关安全性试验结果表明，该材料安全环保，可在水产养殖装备及网衣上示范应用。王磊磊等人利用自由基聚合法合成了具有低表面性能的氟改性苯丙树脂，并探讨了氟单体用量和软硬单体比例对树脂性能的影响，发现含氟单体含量为 17.3%、软硬单体比值为 0.46 时树脂性能较好，此时涂料涂膜与水的接触角为 145.5° ，相应涂层的防污效果与防污性能较好。

（三）释放型防污涂料的防污机理

释放型防污涂料亦称“溶解型防污涂料”。释放型防污涂料是采用松香及其衍生物作为主体基料树脂，以氧化亚铜为防污剂，加上其他填料研磨制备而成。松香是天然的树脂酸，当松香微溶于弱碱性的海水时，填充在涂膜中的氧化亚铜随之溶解，释放出来的铜离子起到了防污作用。国内外学者发明了多种释放型防污涂料，推动了防污技术进步。王科等制备了一种以有机硅树脂为基体树脂的污损释放型涂料，并对其防污性能、减阻性能等综合性能进行了系统研究。试验研究结果表明，硅油能够渗出到涂层的表面，随着硅油渗出量的增加，涂层表现出的“结构表面能”越大，这有利于提高防污效果。释放型涂料在水产养殖装备及网衣上具有较好防污效果。

（四）接触型防污涂料的防污机理

接触型防污涂料通常以不溶性树脂等为基料，以氧化亚铜等防污剂为基料，外加少量的其他生物灭杀剂或防污剂。当以氧化亚铜为接触型防污涂料基料时，当涂膜表面接触海水时，表面的氧化亚铜先溶解释放出铜离子，铜离子扩散到海水中起到防污作用，然后海水沿着已溶解防污剂留下的孔隙渗入涂膜内部，并不断溶解内部的氧化亚铜，形成蜂窝状的树脂骨架。高添加量的防污剂可确保防污剂溶解后所形成的通道通畅，涂层内部的防污剂可以沿着通道不断渗出，这类涂料称为“接触型防污涂料”。接触型防污涂料使用一段时间后，会在防污涂层中留下海绵状多孔“骨架”的皂化层，皂化层经过浪、流等外界冲洗后，皂化层厚度达到某种临界程度，将不能继续释放出毒素，这样皂化层就失去防污效果。这时人们需要重新涂装防污涂料以使它维持防污效果，但在重新涂装防污涂料前必须对皂化层进行封闭。对渔船、养殖作业船、养殖工船等渔业设施而言，在经历几次坞修涂装以后，各个阶段的防污涂料和封闭漆组成了像“三明治”一样的涂层体系；当新旧涂层体系的涂层干膜总厚度累计达到 1 000 ~ 1 200 μm 时，这个“三明治”涂层体系的内应力将变得很大，从而引起涂层开裂，设施水下部分的材料表面也会因此形成较高的粗糙度。接触型防污涂料的防污寿命可以达到 24 ~ 36 个月。聚苯胺在接触杀菌型表面中的应用主要依靠其阳离子的吸附作用。王纪孝等利用聚苯胺阳离子吸附效应，对聚苯胺进行季铵化处理，创新开发出一种新型季铵盐抗菌剂；此外，先对苯胺单体作季铵化处理，再将相关单体进行聚合，最终创制出聚苯胺季铵盐。郑时国等人的相关试验研究表明，季铵盐型的高聚物双分子层具有很好的杀菌效果，能有效抑制细菌在设施材料表面的附着，其防污效果非常显著，产品的产业化应用前景广阔，值得我们继续深入研究。

（五）具有微相分离结构防污涂料的防污机理

多组分聚合物是由两种或两种以上不同性质的单体链段所组成。当多组分聚合物中的单体链段之间不相容时，它们有时会发生相分离。诚然，因为不同单体链段之间通过化学键进行连接，所以，多组分聚合物不可能形成通常意义上的宏观相分离，而只能形成相区，这种相分离人们称为“微相分离”。而由不同相区所形成的结构被称为“微相分离结构”。海洋生物污损过程中的最初累积（即有机物在网箱等设施材料的表面附着形成条件膜，条件膜带有负电荷），可牢固附着在网箱等设施材料表面。条件膜因含有氮、碳等而能为微生物提供营养物质，从而为后续的微生物膜与污损生物膜的形成提供便利条件；此外，条件膜还可以改变物体表面的化学官能团、亲疏水性及电荷密度等理化性质。海洋污损生物在水产养殖装备及网衣表面的附着通常从蛋白质、多糖等的附着开始，这与人工脏器的污损过程有点类似。具有微相分离结构防污涂料可以应用到水产养殖装备防污领域，使海洋生物在初始阶段就不易在水产养殖装备表面上附着，从而实现防污。具有微相分离结构防污涂料的技术难点包括：

①如何将渔用防污涂料的微相分离结构控制在一定的尺寸范围内；

②如何在多变的条件下形成相分离结构等。

这不仅能通过共混等物理方法达到，而且能通过合成接枝共聚、嵌段共聚等化学方法达到。Gudipati 等合成了由聚乙二醇交联的超支化含氟聚合物，因该类聚合物表现出的微相分离形态，导致它们比聚二甲硅氧烷在防脂多糖、蛋白质和游动孢子黏附等方面有着更优异的抵抗力，其防污性能更好、产业应用前景更广。

五、防污涂料的种类

防污涂料种类很多。除了上文所述的自抛光型防污涂料、低表面能防污涂料、释放型防污涂料、接触型防污涂料、具有微相分离结构防污涂料等主要防污涂料，还有其他防污涂料。本部分主要对上文未涉及的可溶性硅酸盐防污涂料、扩散型防污涂料、导电防污涂料、含植物提取物的防污涂料、溶解型防污涂料、生物防污剂与仿生防污涂料等防污材料作简单介绍。对于其他防污涂料技术，读者可参考相关文献资料。

（一）可溶性硅酸盐防污涂料

可溶性硅酸盐防污涂料既便宜又无毒，具有优良的防污性能且耐海水及耐候性都很好。一般认为海洋生物适宜的生长环境是pH值为7.5 ~ 8.0的微碱性海水，强碱性或强酸性环境下均不易生存。其他硅酸盐（如沸石，即含结晶水的硅铝酸盐）也可以作为防污剂，其防污机理可解释为一种离子交换或分子筛作用。硅酸盐在海水中与氢离子等进行离子交换，释放出防污离子起到防污作用。类似的组合物是在基料中加入硅铝酸盐、锌粉、铝粉、氧化锌和硫酸钡等制成水溶性涂料，据说上述防污涂料的防污期可达1年。

此外，还有添加其他防污剂与硅酸盐协同作用的实例。用碱性硅酸盐作为成膜物的防污涂料，在海水中可形成长期稳定的高碱性表面，从而获得较好的防污效果。诚然，普通硅酸盐防污涂料的颜基比较高，漆膜柔韧性和附着力差，漆膜理化性能差成为制约硅酸盐防污涂料的一个因素；其次，主要使用硅酸盐作为主防污涂料的防污剂，其有效防污期不长、理化性能差，很难实现产业化应用。为此，人们在成膜物的选择及协同防污剂的筛选等方面进行优化研究，以开发综合性能更好的可溶性硅酸盐防污涂料。

（二）扩散型防污涂料

扩散型防污涂料以乙烯基树脂或氯化橡胶作基料，配以防污剂等生物杀灭剂。树脂与生物杀灭剂形成固溶体，使得生物杀灭剂以分子状态均匀分布于涂膜中，并通过表面的生物杀灭剂分子与海水接触，溶入海水后，涂膜内部的高浓度生物杀灭剂分子向表面低浓度区域扩散迁移，保证表面有足够的生物杀灭剂分子来维持其渗出率。扩散型防污涂料的特点是防污剂主要使用和基料相容的材料。涂料和作为基料的树脂间形成固体溶液，涂料均匀分布在漆膜中；当扩散型防污涂料形成的漆膜表面和海水接触时，表层的生物杀灭剂浓度下降，内层的生物杀灭剂浓度高，于是内层的生物杀灭剂可通过扩散补充到表层中。由于涂料以分子形式扩散，不会留下孔穴，因此，表面不致粗糙，这样可减少渔船等可移动性设施的拖行阻力。为了提高防污效果，在扩散型防污涂料中需加入一定量的防污剂（如氧化亚铜）与辅助涂料。扩散型防污涂料因此属于复合型涂料，具有广谱性特点，它不但可以防除大型污损生物，又可以防除微型污损生物。需要注意的是，扩散型防污涂料中的生物杀灭剂不可以危害海洋环境或海洋生物，如有机锡等毒料已经被禁止在涂料中使用。

（三）导电防污涂料

20世纪90年代，日本三菱重工株式会社研发了一种导电防污涂料。该涂料中掺有导电剂，在漆膜表面通过微弱的电流使海水电解产生次氯酸根，以达到防污效果的涂料。导电防污涂料主要有两种：

①在漆膜表面通过微弱电流，使海水电解产生次氯酸离子达到防污目的。在船底先涂一层绝缘层涂膜，再涂一层导电性涂料，以此为阳极，使船底其他与海水接触的部分为阴极，在两极之间施加弱电流即产生次氯酸根。由于产生的离子膜仅10 μm厚，在海水中的浓度低于自来水中的浓度，这种方法不污染环境。日本三菱重工株式会社于1990年开展100 m^2的交通船船底涂装，3个月后无任何海洋生物附着；

②不通弱电流方法，该方法以主链上有共轭双键的电导率为10^{-9} S/cm以上的导电高分子材料为有效成分，配制防污涂料涂覆在不锈钢板上，在日本鹤崎港水域已有1年不附着海洋生物的实海挂板实验纪录。第七二五三研究所从1992年起，开展了以导电聚苯胺为主剂的无毒防污涂料的研究，在不通弱电流的情况下，直接涂在裸碳钢板（或环氧富锌底漆）上，并在厦门海域进行实海挂板实验，9个月基本无海洋生物附着。聚苯胺作为一种应用前景乐观的导电高分子材料，其防污机理的研究还有待深入。目前，可溶性本征导电聚合物的制备进展很快，这为未来导电防污涂料的产业化应用提供了条件。导电防污涂料不会对环境造成危害，并且防污效果长久，但是技术难度很大，需要施加额外的电流，这就限制了导电涂料的大规模应用。

（四）含植物提取物的防污涂料

含植物提取物的防污涂料（如含有辣素的防污涂料）为一种环保型防污涂料。中国拥有丰富的辣素资源，辣素作为一种天然植物提取物，可广泛地应用于医学、药物、日用、军事等诸多领域，有着良好的应用前景。

辣素防污剂的防污涂料属于一种环保型的防污涂料。辣素最早由Thres从辣椒果实中分离出来并命名，分子式为$C_{18}H_{27}NO_3$（化学名称为8–甲基–6–癸烯香草基胺），是辣椒中产生辛辣味的主要物质（一种稳定的生物碱，是香草基胺的酰胺衍生物）。天然辣椒碱由一系列同类物族组成，按其含量高低依次为辣椒碱族、二氢辣椒碱族、对甲基辣椒碱族、对甲基辣椒碱烯烃族、对甲基辣椒碱烷烃族和对苯甲基辣椒碱族，各族中又有若干成分，但是彼此结构性质非常相似，因此，人们在研究、生产中通常不作区别。天然辣椒碱统称为“辣素”或“辣椒碱”。东海所研究人员以辣素为防污涂料添加剂，成功开发了几种用于海水养殖网衣的防污涂料，并在东海区某水产养殖基地进行了挂网试验与养殖网衣防污实验。实验结果表明，辣素防污涂料网衣上的防污效果较好。

在防污涂料中，辣素作为防污剂，既可以是均匀分散的辣椒素、含油树脂辣椒素液态溶液，又可以是结晶的辣素。辣素作为一种稳定的生物碱，不受温度的影响，并具有抗菌、驱除海洋污损生物的功能。添加化学类防污剂的防污涂料以防污剂释放型防污为主要技术途径，在使用过程中对海洋环境污染严重；若作为围栏网衣防污涂料，则会对鱼虾贝藻等养殖对象具有毒副作用。例如，有机锡类防污剂虽然有较好的防污效果，但是海水中仅含有 $1/10^{10}$ 的有机锡化合物就足以使某些海洋生物发生畸变，并能抑制海洋生物的繁殖（含有有机锡化合物的海洋生物也不适合食用）。使用含有氧化亚铜类的防污剂时，当海水中氧化亚铜的浓度为 0.68 mg/L 时，则可以抑制各种藻类生长；当海水中氧化亚铜的浓度为 25 ~ 50 mg/L 时，则可以毒死硅藻，并进一步对以硅藻为食物的鱼类等生物带来危害。与添加化学类防污剂的防污涂料相比，辣素类防污涂料既不会毒害污损生物（导致生物变异），又不会破坏海洋食物链或造成海水水体污染；从环保的角度看，辣素类防污涂料具有广阔的发展前景。在今后辣素类防污涂料研究中，人们还应关注辣素与其他防污剂的协同防污作用，通过协同防污技术来提高养殖设施的防污效果。

（五）溶解型防污涂料

溶解型防污涂料是依靠海水对防污剂和部分基料的溶解来实现防污。溶解型防污涂料的基料由可溶性松香和不溶性树脂（如油、沥青等）组成，后者可增加漆膜强度、调节渗透率。氧化亚铜类防污涂料可和海水作用生成可溶性的氯化铜。可溶性铜离子在漆膜表面形成有毒溶液的薄层，它可杀死或排斥企图在漆面上停留的海洋生物。松香的溶解主要是因为含有松香酸，海水的 pH 值通常为 7.5 ~ 8.4，因此，可使松香酸不断溶解。前期研究结果表明：一方面，因为松香酸也可以和有机锡化合物反应生成不溶物，所以松香不宜和有机锡化合物防污剂配合，防污涂料不断地溶解，漆膜厚度会越来越薄。另一方面，防污涂料和海水的反应比较复杂，既可使基料和氧化亚铜溶解，也有一些反应可导致不溶物的生成，这些不溶物沉淀在漆膜表面，加上残留的不溶性基料覆盖在漆膜表面，又越来越厚，最终可导致溶解过程慢到失去防污作用。20 世纪 80 年代末，各国纷纷立法，禁用或限用有机锡防污涂料。国际海事组织（IMO）决定到 2008 年，有机锡化合物全面禁止使用。

（六）生物防污涂料

理想的海洋防污剂应具备以下特点：一是经济；二是无污染；三是具有广谱性；四是低浓度下具有防污活性；五是具有生物可降解性；六是对人体及其他有机体无害。传统防污涂料通过防污剂的渗出，对污损生物进行毒杀以达到防污目的，而海洋生物成分也能通过非常“友好”的方法达到防污目的。科学研究表明，已发现海洋生物中有 60 余种具有生物防污活性物质，这些物质结构复杂，防污机理尚不清楚，它们可以防止海洋污损生物附着，且自身无毒性。因此，发展生物防污剂和仿生防污涂料是未来的方向。

生物防污法是采用生物活性物质作为防污剂来抑制生物的附着、繁殖及破坏生物膜，从而达到防污目标的方法。具有防污作用的生物活性物质包括酶类、有机酸、无机酸、内酯、酚类、萜类、甾醇类和吲哚类等天然化合物。目前，研究人员从海洋生物（如红藻、海绵、珊瑚）及辣椒、白坚木、刺云实等生物中提取出生物活性物质，直接加入树脂或者进行改性，取得了较好的防污效果。

公开发表的文献或报道资料表明，人们能够从动植物体内提取具有生物活性的物质作为防污剂。这种防污活性物质天然无毒性，对环境无危害，完全满足绿色防污剂的要求，并且材料来源广泛。目前已从桉树、辣椒碱或者海洋动植物，尤其是从海洋无脊椎动物和海洋微生物等天然生物中提取出具有防污活性的产物。萜类、含氮化合物、酚类、甾族和其他化合物是目前发现的天然生物防污剂的典型代表，这些活性物质通过麻醉、抗菌、抑制生长、杀虫等作用达到表面防污目的。从陆生植物中可以提取很多能作为防污剂的活性物质，如从胡椒、辣椒或洋葱等生物中提取出的辣椒素，可以有效抑制细菌生长。许多体表布满特殊分泌物的海洋生物，如海绵、珊瑚、藻类等的代谢产物中具有防污活性组分。海绵是最原始的多细胞动物，它的粗提物通过干扰附着生物触须的运动，使其在附着初期就被抑制。除海绵外，珊瑚也是重要的天然防污活性物质来源。微生物能够普遍抑制无脊椎动物幼虫的污损附着。与以上天然防污剂来源相比，微生物培养易具规模，而且其快速生长模式促进防污活性物质的多产化，其自身也可以直接作为防污剂加到涂料中。但是，由于大多数生物种的活性物质含量低、提取难度大、成本高，外部环境对活性物质（如酶类）的活性影响较大，导致活性寿命短，因而生物防污法在实际中没有得到广泛应用，有待进一步研究与改进。此外，研究人员也通过研究天然防污剂的防污机理，化学合成复制具有防污功能的官能团，设计低毒或无毒的防污剂。

（七）仿生防污涂料

海洋生物的防污本领远超出人们的想象，海豚等大型海洋动物的表皮或大型贝类的外壳非常光滑，一般不附着污损生物。此外，很多海洋生物都能够分泌防污活性物质，达到友好抵制附着的目的。基于该原理，从海洋细菌和真菌中分离提炼出了多种防污活性物质，并将其作为活性成分添加到涂料中去，实现了“生物对抗生物”的技术。比如，鲨鱼表皮并不是完全光滑的，而是由许多细小的鳞片构成，称为“盾鳞微沟槽结构”，在防止污损生物附着的同时，还能够有效降低与海水的摩擦阻力。海豚的表皮能够分泌出特殊的黏液，螃蟹能够分泌出多种生物酶，通过各种不同的途径来达到防污的目的。目前，科研人员通过模仿这些海洋生物的“本领”，来制造仿生防污材料。一是研究开发具有特定表面性能的高分子材料，对大型海洋动物的表皮状态进行模仿；二是从海洋生物中提取天然的防污活性产物，在不污染海洋环境的前提下达到防污目的。目前，依托海洋化工研究院建立的海洋涂料国家重点实验室正是基于这一原理，率先在仿生防污涂料研究方面取得了重大进展。

生物防污剂是设计仿生低毒防污剂的先导化合物。现在防污涂料的可控释放技术日趋成熟，如果能与高效生物防污剂相配合，那么应该可以制备出高效、无污染的仿生防污涂料。我国防污技术仍较落后，生物防污剂与仿生防污涂料真正实现其产业化应用任重道远。

由于环境污染问题，传统的防污涂料正受到越来越多的限制，开发安全、高效的防污涂料已迫在眉睫。仿生防污作为一种全新的防污方法，没有传统防污涂料的环境污染问题，各国学者对此做了大量的研究工作，不断开发出具有潜在应用价值的防污剂和防污涂料。仿生防污涂料目前还存在一些问题，但伴随着环保要求的不断提高，涂料技术的不断发展，必会逐渐替代传统的防污涂料。

六、新型渔网防污涂料的开发及应用

近年来，国内有关单位开展了新型渔网防污涂料的开发及应用。现简介如下，供读者进一步深入研究参考。

（一）功能性海洋防污材料新技术的开发与应用

针对养殖网衣污损生物附着问题，海南科维功能材料有限公司（以下简称“海南科维”）许爱蔡团队联合江苏燎原环保科技股份有限公司（以下简称“燎原公司”）冯启明团队、东海所石建高研究员团队等开展了环保型防污涂料、特种防污技术研究及其产业化应用，开发了低铜、无铜和水性等多种系列功能性海洋防污新材料，并实现产业化示范应用。现简介如下。

1. 低铜体系功能性海洋防污新材料

组成：由氧化亚铜为主要防污剂，以先进的主链可降解型改性树脂为载体。

优点：具有极强的低表面张力，可渗透网衣并包裹住网线从而产生较好的附着力。有一定的荷叶效应，在自我降解过程中实现一定的自清洁功能。

2. 无铜体系功能性海洋防污新材料

组成：以生物提取物作为主要无铜防污剂，以先进的自抛光树脂为载体，无铜防污剂从海洋植物类蛋白酶中提取。

优点：有效抑制植物类菌膜及微生物黏膜的生成，使污损物无合适温床作为附着点。

3. 水性体系功能性海洋防污新材料

组成：以低铜、无铜防污剂为基础，配以先进的水性半抛光型树脂组成。

优点：在施工或干燥过程中几乎无挥发性气体产生，符合全球工业化环保趋势要求，有效解决涂层在目标物上的附着力以及耐水性难题。

4. 功能性海洋防污材料新技术应用案例

海南科维在海南陵水新村南湾猴岛海域开展了低铜体系功能性海洋防污新材料网箱应用试验。该海区石灰虫生长速度极快且藻类旺盛，港内 15 ~ 20 天换洗一次网衣，港外 30 ~ 45 天换洗一次网衣。本次试验采用了低铜体系功能性海洋防污新材料，试验网箱 4 ~ 6 个月内无须换洗网衣（图 2-9）。

（a）外海低铜涂装网使用 4 个月

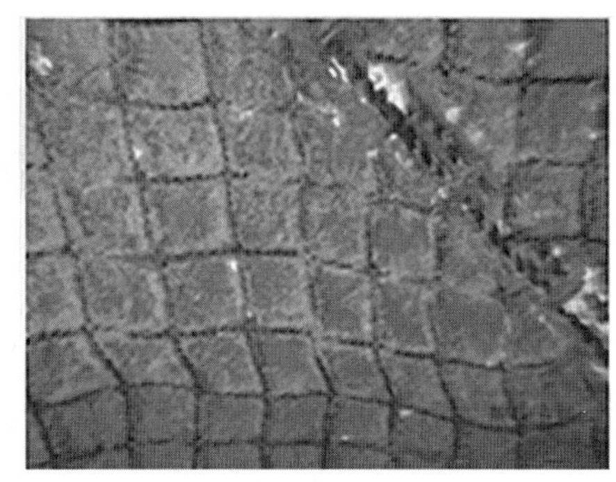

（b）外海未涂装网使用 35 天

图 2-9　海南陵水新村南湾猴岛海域网箱防污试验

海南科维在海南陵水新村南湾猴岛海域开展了水性防污无铜型材料的挂板试验。采用网片形式进行挂板，涂装方式与实物网相同，涂装后网片为白色。防污试验效果较好（图 2-10）。

图 2-10　海南陵水新村南湾猴岛海域海上挂片试验，右侧为水性防污无铜型材料网片

海南科维在“长鲸一号”等网箱上开展了功能性海洋防污材料的应用，取得了较好的防污效果（图 2–11）。

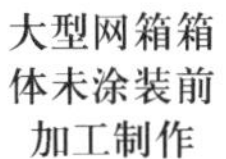

大型网箱箱体未涂装前加工制作

大型网箱防污涂料处理—涂装过程

大型网箱箱体防污涂料处理完成—收网过程

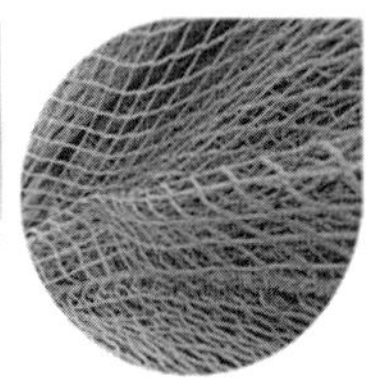

防污涂料处理后的大型网箱箱体网衣表面

图 2–11　功能性海洋防污材料在大型网箱上的应用

（二）新型渔网防污涂料的研发及试验

燎原公司从 20 世纪 90 年代开始对新型渔网防污涂料进行研发及试验，2007 年起正式成立课题组，之后与东海所石建高研究员课题组合作，实施了“环保型防污功能材料的开发与应用”“渔网防藻剂试验开发研究项目”等多个防污项目，取得了较好的试验效果（为便于叙述，著者将上述燎原公司领衔的新型渔网防污涂料课题组及其合作课题组简称“渔网防污项目组”）。参考渔网防污项目组前期试验研究报告、专著和论文等文献资料，本部分对水产养殖网衣防污涂料试验情况进行介绍，供读者参考。

防污剂一般由防污药物与成膜剂两部分组成。成膜剂属于高分子聚合物，涂布在网衣等海洋设施表面，经干燥后具有极强的黏附性能，能牢固地黏附在其表面，不易脱落。防污药物无黏附性能，放入水中很快被水冲走，起不到防污功效。利用成膜剂的黏附特性，人们将防污药物均匀分散于成膜剂中，再涂布于网衣等海洋设施的表面，就能将防污药物均匀地黏附在网衣等海洋设施上，在较长时间内不脱落，起到防污的功效。成膜剂的好坏是网衣防污成败的关键之一。成膜剂的种类很多，性能各异，价格不一，必须进行合理的选择。涂布在网衣等海洋设施上的成膜剂与涂布在陆上物体表面的成膜剂，在性能和要求上是有显著不同的。用于网衣等海洋设施涂布的成膜剂，要有一定的柔软度、耐水性能良好、黏附性强、与防污药物要有良好的配伍性、使用安全、价格适中等。根据要求，渔网防污项目组共收集了乳化沥青、氯丁橡胶、氯偏乳液、聚氨酯树脂、纯丙树脂、聚乙烯树脂、苯丙树脂等十多个成膜剂样品，经多次试验和综合性能评价，筛选出具有成膜优良、结膜致密、耐磨性好、耐水性好、有一定柔软度、能与防污药物配伍等特点的成膜剂。

同时，成膜剂无挥发性气味、不刺激皮肤。经过筛选实验，渔网防污项目组认为聚氨酯、纯丙乳液 A+ 纯丙乳液 B、纯丙乳液 C 三种成膜剂综合性能较好，并得到了海上挂片试验、实物网箱试验验证。试验结果表明，上述成膜剂在网衣试验中未发现有脱膜情况，证明产业化应用可行。

渔网防污剂与其他防污剂有很大区别，因为水产养殖装备及网衣中的养成生物均要被食用，因此，相关防污涂料必须做到绝对安全。目前，船舶等应用的大部分是缓释型防污剂，有一定毒性。网衣上使用防污剂不能参照使用缓释型防污剂，必须另辟新径。据此，选择封闭性防污剂（防污药物必须不溶于水），与成膜剂结合在一起后，能较长时间保留在网衣表面，使海水中的污损生物不能在网衣上附着，以保持网衣清洁、海水流通，有利于养殖生物的健康成长。渔网防污项目组根据国内外资料及对药物性能的了解，共收集了拟除虫菊酯类、甲腈类、咪唑噻唑类、噁嗪类、吡啶硫酮盐类、异噻唑啉酮类等几十种防生物附着药物来进行试验。首先在实验室进行抑菌试验，测试药物对细菌和霉菌的抑杀能力，评估其广谱性能，再选择其中低毒高效和广谱性好的药物，并将在今后渔网防污剂复配试验中测试、筛选与产业化应用。

在防污剂配方探索性试验阶段，渔网防污项目组共设计了 20 个配方，在黄海、渤海、东海、南海等海域作实地挂网衣及养殖贝类和鱼类的网具试验。试验结果表明：吡啶硫酮盐类的防藻性能良好，并对海水中其他污损生物均有较好的防治作用，比传统的使用氧化亚铜作为主要防污剂的防污涂料的防污效果要好很多。并且吡啶硫酮盐类性质稳定，不溶于水，可长期保存在成膜剂中，发挥长效的防污功效，其价格适中，货源充沛，可作为渔网防污剂的基础防污药物。但海洋生物种类繁多，各海域中海洋生物品种和数量也不一样，光靠一种药物不能全部满足防污需求，所以要再添加其他药物进行复配，实现多元防污，这样才能更好地发挥各种防污剂的防污功能。通过防污剂配方探索性试验，渔网防污项目组探明了防污药物的研究方向，为后期的配方试验奠定了基础。渔网防污项目组依据防污剂配方探索性试验阶段取得的试验结果，首先设计了表 2–1 所示的复配配方，然后同成膜剂等其他添加物一起加工成特种渔网防污剂，再对生产的特种渔网防污剂进行安全性评估，最后在黄海海域进行了实地海上挂片试验和评定。为测试特种渔网防污剂的安全性，渔网防污项目组委托上海市预防医学研究院对其生产的特种渔网防污剂进行了急性经口 LD_{50} 毒性试验和急性皮肤刺激试验，试验结果表明，特种渔网防污剂属实际无毒级、无刺激性。黄海区海上挂片试验结果如表 2–2 所示。该试验结果表明：涂布特种渔网防污剂后，养殖网衣防污效果明显。

表 2–1　探索性试验药物配方

序号	药物配方	备注
0	吡啶硫酮 A+ 硫氰酸盐	比例不同
1	吡啶硫酮 A+ 硫氰酸盐	比例不同
2	吡啶硫酮 A+ 硫氰酸盐	比例不同
3	吡啶硫酮 A+ 硫氰酸盐	成膜剂不同
4	吡啶硫酮 A+ 硫氰酸盐	成膜剂不同
5	吡啶硫酮 A+ 吡啶硫酮 B+ 噁嗪类 + 甲腈类	成膜剂不同
6	吡啶硫酮 A+ 吡啶硫酮 B+ 噁嗪类 + 甲腈类	成膜剂不同
7	吡啶硫酮 A+ 硫氰酸盐	成膜剂不同
8	吡啶硫酮 A+ 硫氰酸盐	成膜剂不同
9	吡啶硫酮 A+ 硫氰酸盐	成膜剂不同
10	吡啶硫酮 A+ 硫氰酸盐 + 噁嗪类 + 甲腈类	
11	吡啶硫酮 A+ 硫氰酸盐	比例不同
12	吡啶硫酮 A+ 硫氰酸盐	比例不同
13	吡啶硫酮 A+ 吡啶硫酮 B	

表 2–2　黄海区海上挂片试验结果

序号	配方编号	是否涂涂料及网衣颜色	一段时间后污损生物在网衣上的附着情况							
			1 个月	2 个月	3 个月	5 个月	6 个月	7 个月	8 个月	9 个月
1	空白	未涂、白色	少量	10%	50%	60%	65%	70%	70%	70%
2	空白	未涂、黑色	少量	5%	40%	50%	55%	45%	45%	45%
3	0 号	染涂	少量	25%	60%	70%	75%	78%	40%	40%
4	1 号	染涂	▽	PA 微	▼	▼	2%	2%	▽	▽
		染涂	▽	PE 0	▼	▼	2%	2%	▽	▽
5	2 号	染涂	▽	PA 5%	▼	▼	2%	2%	▽	▽
		染涂	▽	PE 0	▼	▼	2%	2%	▽	▽
6	3 号	染涂	▽	▽	▼	▼	2%	2%	2%	2%
7	4 号	染涂	▽	▽	▽	▽	2%	2%	2%	2%
8	5 号	染涂	▽	▽	▽	▽	▽	▽	▽	▽
9	6 号	染涂	▽	▽	▼	▼	2%	2%	▽	▽
10	7 号	染涂	▽	▽	▽	▽	▽	▽	▽	▽
11	8 号	染涂	▽	▽	PA ▼ PE 0	▼	2%	2%	▽	▽

续表

序号	配方编号	是否涂涂料及网衣颜色	一段时间后污损生物在网衣上的附着情况							
			1个月	2个月	3个月	5个月	6个月	7个月	8个月	9个月
12	9号	染涂	▽	▽	▽	▽	2%	2%	▽	▽
13	10号	染涂	▽	▽	▼	▼	▼	—	—	—
14	11号	染涂	▽	▽	▼	▼	2%	2%	▽	▽
15	12号	#涂料旧网	▽	▽	▼	10%	50%	55%	5%	5%
16	13号	#涂料新网	▽	▽	▼	8%	10%	5%	▽	▽

注：1. 网衣4月下海试验，试验期间涂料均未发生脱落；2. 数据源自“渔网防藻剂试验开发研究项目”研究报告；3. ▽为无附着物生长，▼为有很少附着物生长；%为附着物污染面积与整块网衣的比例；4. 序号3和序号4等是用市场上销售的某种涂料产品（表中用“号涂料”标识）所作的对比试验；序号1和序号2为空白对照试验。

在网衣海上挂片试验的同时，渔网防污项目组还开展了特种渔网防污剂网箱养殖试验。将表2-2中的3种特种渔网防污剂进行网箱养殖试验。试验地点位于威海海域，网箱规格为50 m（周长）×8 m（该深水网箱箱体网衣分成3个部分，每部分分别涂布一个配方的特种渔网防污剂作对比试验）。网箱养殖鱼类为黑鲪。试验结果表明：该深水网箱养殖黑鲪800条，养殖到冬季收获时未出现黑鲪死亡，黑鲪生长良好；经过权威检测部门检测，所养黑鲪未受污染，使用特种渔网防污剂的深水网箱养殖的黑鲪中的甲基汞、无机砷、铬、铅的检测结果符合《鲜、冻动物性水产品卫生标准》(GB2733—2005)，养殖黑鲪符合食用标准。特种渔网防污剂网箱防污试验污损生物附着面积比例见表2-3。

表2-3 特种渔网防污剂在网箱上的防污试验结果

配方号	试验网箱在海中放置一段时间后的生物附着面积与初始面积比例					
	3个月	5个月	6个月	7个月	8个月	9个月
1号	3%	10%	20%	15%	3%	3%
2号	2%	5%	15%	10%	2%	2%
3号	3%	3%	12%	8%	2%	2%
空白	35%	60%	80%	75%	70%	70%

注：1. 试验网箱在海中放置，试验人员未见网衣上有涂料脱落；2. 试验网箱在海中放置8个月后，天气进入冬季。

为进一步验证防污涂料的广谱性，渔网防污项目组在东海区也进行了挂片试验与网箱实验。东海海域特种渔网防污剂药物配方如表2-4所示、防污试验结果如

表 2–5 所示。从表 2–5 可见，经特种渔网防污剂处理后，网衣防污效果较好。

表 2–4　东海区特种渔网防污剂药物配方

序号	药物配方	备注
0	吡啶硫酮 A + 吡啶硫酮 B + 硝基咪唑烷类 + 苄基马来酰亚胺类	
1	吡啶硫酮 A + 硫氰酸盐 + 拟除虫菊酯 B	
2	吡啶硫酮 A + 吡啶硫酮 B + 拟除虫菊酯 B	
3	吡啶硫酮 A + 吡啶硫酮 B + 苄基马来酰亚胺类	比例不同
4	吡啶硫酮 A + 吡啶硫酮 B + 苄基马来酰亚胺类	比例不同
5	吡啶硫酮 A + 吡啶硫酮 B + 苄基马来酰亚胺类 + 拟除虫菊酯 B	
6	吡啶硫酮 A + 吡啶硫酮 B + 拟除虫菊酯 C	
7	吡啶硫酮 A + 吡啶硫酮 B + 硝基咪唑烷类	
8	吡啶硫酮 A + 吡啶硫酮 B + 硝基咪唑烷类 + 拟除虫菊酯 B	
9	吡啶硫酮 A + 吡啶硫酮 B + 甲基脲类化合物	比例不同
10	吡啶硫酮 A + 吡啶硫酮 B + 甲基脲类化合物	比例不同
11	吡啶硫酮 A + 吡啶硫酮 B + 甲基脲类化合物 + 拟除虫菊酯 B	
12	吡啶硫酮 A + 吡啶硫酮 B + 异噻唑啉酮 B	
13	吡啶硫酮 A + 吡啶硫酮 B + 异噻唑啉酮 B + 拟除虫菊酯 B	
14	吡啶硫酮 A + 吡啶硫酮 B + 硝基咪唑烷类 + 甲基脲类化合物 + 拟除虫菊酯 B	
15	吡啶硫酮 A + 吡啶硫酮 B + 苄基酰亚胺类 + 甲基脲类化合物 + 拟除虫菊酯 B	
16	吡啶硫酮 A + 苄基酰亚胺类 + 硝基咪唑烷类 + 甲基脲类化合物 + 拟除虫菊酯 B	
17	吡啶硫酮 A + 硫氰酸盐 + 硝基咪唑烷类 + 苄基马来酰亚胺类	
18	吡啶硫酮类 + 苄基酰亚胺类 + 硝基咪唑烷类 + 甲基脲类化合物 + 拟除虫菊酯 B	比例不同
19	吡啶硫酮 A + 苄基酰亚胺类 + 硝基咪唑烷类 + 甲基脲类化合物 + 拟除虫菊酯 B	比例不同
20	吡啶硫酮 A + 苄基酰亚胺类 + 异噻唑啉酮 B + 拟除虫菊酯 B	比例不同
21	吡啶硫酮 A + 硫氰酸盐 + 吡啶硫酮 B	比例不同
22	吡啶硫酮 A + 硫氰酸盐 + 吡啶硫酮 B	成膜剂不同
23	吡啶硫酮 A + 吡啶硫酮 B	

表 2–5 试验网衣在东海区海上挂片试验结果

配方编号	9 月附着面积 %		11 月附着面积 %	
	渔网材料种类		渔网材料种类	
	PA 网衣	PE 网衣	PA 网衣	PE 网衣
空白	80	86	100	100
0	12	10	4	4
1	13	15	6	8
2	13	8	6	5
3	7	5	5	5
4	7	5	4	4
5	7	8	3	4
6	6	5	4	5
7	5	10	6	5
8	5	5	5	6
9	4	3	5	5
10	4	3	4	4
11	7	5	6	7
12	8	6	8	6
13	12	10	4	5
14	18	10	6	8
15	15	25	13	7
16	18	15	8	11
17	23	18	11	12
18	22	20	6	4
19	15	18	1	0
20	20	20	3	5
21	5	5	6	8
22	8	6	5	6
23	8	6	—	4

注：1. 试验网衣于 7 月初下海，每隔两个月观察一次；2. 进入 11 月后，东海区天气变冷，导致试验网衣上的污损生物附着面积减少。

作为渔用防污涂料，其安全性非常重要，为此需要对开发的防污涂料进行安全性评估。项目实施期间，渔网防污项目组分别对网衣防污涂料的毒性、使用和未使用渔网防污剂处理的网箱养殖鱼类、使用和未使用渔网防污剂处理的养殖扇贝、用防污网衣浸泡的海水水质与对照海水等均送样到第三方检测机构进行检测，相关安全性评估结果简述如下，供读者参考。

1. 防污涂料的毒性评估

项目实施过程中，燎原公司领衔开发的LY渔网防藻剂样品由上海市预防医学研究院进行了毒性和急性皮肤刺激性检测。LY渔网防藻剂样品的急性经口毒性试验结果显示，LY渔网防藻剂样品对小白鼠的急性经口LD_{50}雄性为9 260 mg/kg、雌性为9 260 mg/kg，依据《急性毒性试验》（GB15193.3—2003）标准，LY渔网防藻剂样品属实际无毒级；此外，LY渔网防藻剂样品急性皮肤刺激性试验结果为“无刺激性”。

2. 养殖黑鲷安全性评估

国家轻工业食品质量监督检测上海站对使用和未使用渔网防污剂处理网箱养殖的黑鲷依据《鲜、冻动物性水产品卫生标准》进行了安全检测。试验结果显示，使用渔网防污剂处理网箱养殖的黑鲷与未使用渔网防污剂处理网箱养殖的黑鲷相比，两者之间的检测项目（如甲基汞、无机砷、铬和铅）差异很小，且检测结果均合格。本次养成黑鲷符合国家安全标准。

3. 养殖扇贝的安全性评估

经第三方检测机构检测，使用和未使用渔网防污剂处理扇贝笼养殖的扇贝相比较，两者之间的主要重金属元素含量无变化。本次养成扇贝符合国家安全标准。

4. 用防污网衣浸泡后的海水安全性评估

经第三方检测机构检测，用防污网衣浸泡后的海水与对照海水相比较，其主要重金属元素含量无变化。

综上所述，经多个检测评估，本次试验用渔用防污剂安全可靠。

第二节　金属渔网材料、构成结构及防污防腐技术

特种金属合金材料具有抑菌性和抑制水生生物的作用，因此被用来研制成防污网衣，并在水产养殖领域试验或应用。通过使用具有防污功能的金属合金网衣来防止或抑制网衣附着物的方法，称为“金属合金网衣防污法”。迄今为止和金属合金网衣及其防污法已在日本、智利、挪威、美国、韩国、中国、比利时和澳大利亚等国水产养殖业中试验或应用。因材质、网目形状等形式不同，导致金属网衣的构成复杂多变、综合性能差异较大。本节主要对金属渔网材料、构成结构及防污防腐技术作简要介绍，供读者参考。

一、金属渔网材料、结构及防腐机理

参考《海水养殖设施金属网箱的构造及其应用》等文献、研究报告及媒体报道，本节对水产养殖装备用金属渔网材料、结构及防腐机理进行说明。

1. 金属渔网材料及物理机械性能

金属渔网材料在牧场化围栏、养殖网箱等水产养殖装备领域有少量应用。为方便叙述，水产养殖装备用金属网衣简称“金属网衣”。金属渔网材料主要包括热镀锌铁丝、热镀锌钢丝、铜丝、钛丝、不锈钢丝等（表 2–6）。

表 2–6　金属网衣线材的种类和密度

材料	材质	密度 /（g/m^3）
热镀锌铁丝	软钢	7.85
热镀锌钢丝	硬钢	7.85
铜丝	纯铜（Cu）	8.89
白铜丝	铜镍合金（90Cu–10Ni）	8.89
黄铜丝	高纯铜锌合金（65Cu–35–Zn）	8.50
钛丝	钛（Ti）	4.50
不锈钢丝	18Cr–12Ni–2.5Mn–0.06C	7.89
不锈钢丝	18Cr–8Ni–0.06C	7.93

金属网衣镀锌线材分为镀锌铁丝和镀锌钢丝两大类，其中，镀锌铁丝比例较大。通常可用于水产养殖网衣的镀锌铁丝直径为 2.6 ~ 5.0 mm，镀锌钢丝直径为 1.6 ~ 2.6 mm。这些材质的种类和成分直接关系到网衣强度。铁丝及钢丝的材质构成如表 2–7 所示。镀锌前的铁丝盘条是软钢在常温下被拉丝成普通铁丝后，再经 900℃以下温度退火（金属热处理工艺）而成。镀锌前的钢丝盘条是硬钢经拉丝工序后，再在 900℃ ~ 1 000℃的高温环境下经热处理（铅淬火）改变其内部的晶体结构后，最后在常温下拉丝而成的线材。镀锌后的钢丝线材（以下简称“钢丝”）在渔业生产中被广泛应用于拖网曳纲、定置网纲索、金枪鱼延钓纲索和深远海网箱提网绳等，如在拖网曳纲上，人们会采用镀锌钢丝绳（见图 2–12）。

表 2–7　织网用线材的化学成分

线材		化学成分（%，残留铁）					执行标准号
名称	型号	锰	碳	硅	磷	硫	
软钢线材	SWRM 10K	0.30 ~ 0.60	0.08 ~ 0.13	0.35 以下	0.04 以下	0.040 以下	日本标准（JIS G—3505）
	SWRM 8K	0.60 以下	0.10 以下	0.35 以下	0.04 以下	0.040 以下	

续表

线材		化学成分（%，残留铁）					执行标准号
名称	型号	锰	碳	硅	磷	硫	
硬钢线材	SWRM 57A	0.30 ~ 0.60	0.54 ~ 0.61	0.15 ~ 0.35	0.03 以下	0.03 以下	日本标准（JIS G—3506）
	SWRM 42A	0.30 ~ 0.60	0.39 ~ 0.46	0.15 ~ 0.35	0.03 以下	0.03 以下	
	SWRM 37	0.30 ~ 0.60	0.34 ~ 0.41	0.15 ~ 0.35	0.03 以下	0.03 以下	

注：型号中的 K 指镇定钢（完全脱氧的钢）。

图 2-12　镀锌钢丝在渔业上的应用

金属网衣用代表性镀锌线材如表 2-8 所示。表 2-8 同时列出了镀锌线材的实测值，因材料表面附锌量不同，各实测值与其标准值之间会略有偏差。线材的镀锌量（亦称“附锌量”）用单位面积内线材表面的含锌量（g/m^2）来表示。根据镀锌量的公称值大小，人们将镀锌线材分为以下几种：公称值在 200 g/m^2 以下的为 3 号镀锌线材，公称值范围在 200 ~ 400 g/m^2 的为 4 号镀锌线材，公称值范围在 400 ~ 500 g/m^2 的为厚镀锌线材，公称值在 500 g/m^2 以上的为超厚镀锌线材。早期日本养殖网箱使用的是 3 号镀锌线材，但由于其耐腐蚀性较差，现在通常改用 4 号以上镀锌线材。

表 2-8　金属网衣用镀锌线材

序号	材料种类	线径 /mm		镀锌值 /（g/m^2）	
		标准值	实测值	公称值	实测值
1	厚镀锌铁丝：K	3.7	3.68 ± 0.01	400	401.1 ± 12.7
2	4 号镀锌铁丝：K	2.6	2.62 ± 0.01	350	339.4 ± 12.8
3	超厚镀锌铁丝：K	2.6	2.59 ± 0.02	550	535.8 ± 10.7
4	3 号镀锌铁丝	3.2	3.15 ± 0.01	150	153.7 ± 3.1
5	厚镀锌铁丝：K	3.2	3.20 ± 0.01	450	413.1 ± 11.7

续表

序号	材料种类	线径 /mm		镀锌值 /（g/m²）	
		标准值	实测值	公称值	实测值
6	超厚镀锌铁丝：K	3.2	3.17 ± 0.02	500	478.7 ± 17.5
7	4 号镀锌钢丝	2.6	2.61 ± 0.01	350	327.8 ± 25.0
8	超厚镀锌钢丝	2.6	2.61 ± 0.01	500	499.6 ± 29.4

注：1. 型号中的 K 指镇定钢；2. 实测值按日本标准（JIS H—0401）进行测试。

钢丝在线材的物理机械性能方面优于铁丝线材（以下简称“铁丝”，表 2–9），例如，比较线径 ϕ2.6 mm 的铁丝（样品 2）和钢丝（样品 8），钢丝的抗拉强度为铁丝的 2.74 倍。在同等抗拉强度条件下，钢丝的线径更细，因而能减轻金属网衣及设施的重量。钢丝的强度与其碳含量成正比。因为强度大的线材编制成金属网衣后，容易发生回弹现象（弹性复原现象），所以，金属网衣通常采用硬钢线材。硬钢线材是指含碳量小于 0.6% 的“半钢丝”线材，其线径一定小于铁丝。线材的含碳量对其耐腐性无影响，细线径的金属网衣无法预留腐蚀裕度，所以出于现场加工的考虑，钢丝网箱的连接材料如固定网衣或连接用的绑扎线，通常采用铁丝。因此，在海水养殖领域，钢丝网箱的强度及耐用性不一定优于铁丝网箱，铁丝网箱适配性更好。

表 2–9　镀锌线材的物理机械性能

样品编号	材料种类	线径 /mm	抗拉强度 /（kgf/mm²）	延伸率 /（%/200mm）	耐曲折强度 /（次 /200 mm）
1	厚镀锌铁丝：K	3.7	43.8 ± 0.7	30.3 ± 0.7	40.4 ± 1.1
2	4 号镀锌铁丝：K	2.6	42.8 ± 0.4	23.7 ± 1.6	58.8 ± 2.4
3	超厚镀锌铁丝：K	2.6	42.2 ± 0.8	17.5 ± 0.7	49.8 ± 2.4
4	3 号镀锌铁丝	3.2	43.2 ± 0.8	23.5 ± 1.1	50.2 ± 1.7
5	厚镀锌铁丝：K	3.2	45.0 ± 0.8	19.8 ± 0.8	42.6 ± 1.6
6	超厚镀锌铁丝：K	3.2	41.8 ± 2.0	24.6 ± 2.3	未测定
7	4 号镀锌钢丝	2.6	127.2 ± 1.1	未测定	24.1 ± 4.2
8	超厚镀锌钢丝	2.6	117.2 ± 1.8	5.1 ± 0.5	32.7 ± 0.9

注：1. 型号中的 K 指镇定钢；2. 抗拉强度和延伸率按日本标准（JIS Z 2241）进行测定；3. 耐曲折强度根据日本标准（JIS G 3532）进行测定。

铁丝线材等线材镀锌的目的主要是为了使线材具有耐腐性，线材的镀锌量及镀层的结构决定着金属网衣的耐腐性。线材的镀锌方法分为热镀锌法和电镀锌法。金属网衣的线材通常采用被称为“热浸”的热镀锌法。热镀锌法的主要工序如下。

铁丝经拉丝退火或钢丝经拉丝脱脂后，再通过水冷—酸洗—水洗—浸助镀溶剂处理—烘干预热—热镀锌—擦拭—冷却—卷线（图 2-13）等工序完成。通常每次可同时对 20 ~ 40 根铁丝进行镀锌作业。上述工序用熔融锌液槽亦称“镀锌炉”。

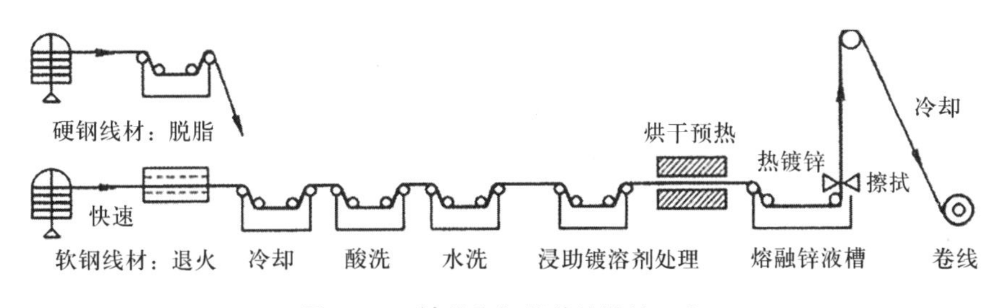

图 2-13 铁丝和钢丝的热镀锌工序

线材热镀锌法的主要工艺如下：

①退火：铁丝经拉丝后会发生硬化，故通过退火使其软化，退火温度为700℃ ~ 800℃（钢丝无须退火处理）。

②冷却：将处于炽热状态的线材从退火炉中取出后，立即放入水中冷却，使线材表面的氧化膜破裂，易于后续酸洗工序中酸洗溶液的渗透。

③酸洗：用 5% ~ 15% 浓度的盐酸或硫酸去除线材表面的氧化物；若酸洗不充分，就达不到高质量的镀锌表面处理效果。

④水洗：洗掉酸洗过后残留在线材表面的酸性物质及其他杂质。

⑤浸助镀溶剂处理：使线材浸泡在符合国家、省市环保要求的溶液（历史上曾使用的浸助镀溶剂包括氯化铵溶液或氯化锌铵等）中，使其表面产生活性（此做法如同焊锌时的助溶剂处理，使线材表面与锌发生化学反应）。

⑥熔融锌液槽：历史上曾在槽体底部注入铅液后再倒入锌液（由于锌的密度小于铅，所以锌液在铅液上方溶解。倒入铅液是为了加热通过熔融锌液槽的线材，同时为了延长熔融锌液槽的寿命；特别需要强调的是，熔融锌液槽用镀层液体要符合国家、省市环保要求）；线材经过熔融锌液槽镀锌后，需要去除表面余锌（去除的同时，为了使线材表面保持平滑，需要使用金属丝或石棉簧来绞除）；其后经水冷后被卷线机卷取。

用于热熔的锌锭通常是按日本标准（JIS H 2107）规定的纯度为 98.5% 以上的蒸馏锌锭（1 级）或更高纯度的锌锭（见表 2-10）。在镀锌液中浸泡时间越长，线材的镀锌量就越多。进行整理工序时，需要保持线材表面光滑无凹凸，不要损伤外表。对于表 2–9 中的 3 号超厚锌类线材，整理时通常采用石棉簧抹试法或氯化锌溶液清除法。

表 2–10 锌锭纯度

种类	纯度（%）	精炼法
纯锌锭	99.995% 以上	精馏法
特殊锌锭	99.99% 以上	电解法
普通锌锭	99.97% 以上	电解法
蒸馏锌锭　特殊	99.60% 以上	竖罐蒸馏法
蒸馏锌锭 1 级	98.50% 以上	英国帝国熔炼公司熔炼法（ISP）
蒸馏锌锭 2 级	98.00% 以上	英国帝国熔炼公司熔炼法（ISP）

注：锌锭纯度参考日本标准（JIS H—2107）。

2. 金属渔网材料的结构及防腐机理

热镀锌铁丝的镀锌层结构由离基材（裸铁）最近的裸铁相 α 相、锌铁合金层 Γ 相、δ_1 相、ζ 相以及纯锌层 η 相构成（图 2–14）。位于 α 相与 δ_1 相之间的 Γ 相极薄。构成合金层之一的 ζ 相位于纯锌层正下方，成分为 $FeZn_{13}$，铁含量为 6.0% ~ 6.2%。δ_1 相离基材近，成分为 $FeZn_7$，铁含量为 7.0% ~ 11.5%，由复杂的六方晶体构成，呈细密结构，富有韧性和延性。δ_1 相与 ζ 相有混合部分，据说硬度为 200 以上，其含铁量高，故若腐蚀到该合金层，基件就会产生红褐色锈斑。虽然镀锌件的耐腐性与镀锌量成正比，但在海水环境下，与纯锌层相比，内测合金层越厚，其耐腐性越强。

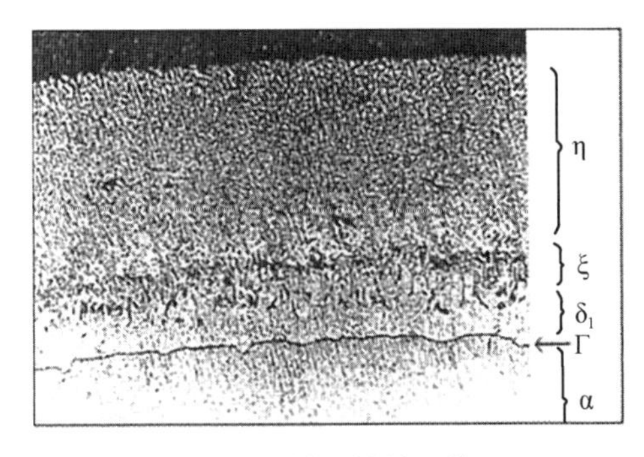

图 2–14 铁丝镀锌层截面

热镀锌层的厚度为纯锌层与锌铁合金层的厚度总和，而镀锌量是指纯锌层与合金层中含锌量的总和。镀锌层的厚度与镀锌量成正比，但是由于镀锌量有偏差，所以，镀锌层的厚度不均。镀锌线材截面存在最厚处和最薄处。最厚处 / 最薄处 = 偏镀比（T/t），偏镀比的值越大，镀锌层厚度越不均。表 2-11 为不同样品的镀锌层数据。镀锌层的厚度与镀锌量共同决定着线材的耐腐性。

表 2-11 镀锌层的厚度与偏差比

样品序号	最厚处（T）/μm			最薄处（t）/μm			平均值（T+t）/2 μm			偏镀比（T/t）
	镀锌层	合金层	合计	镀锌层	合金层	合计	镀锌层	合金层	合计	
1	92.5	7.5	100.0	28.7	18.8	47.5	60.0	13.2	73.2	2.11
2	56.3	15.0	71.3	22.5	17.5	40.0	39.4	16.3	55.7	1.78
3	105.0	7.5	112.5	27.5	12.5	40.0	66.3	10.0	76.3	2.81
4	0.0	22.5	22.5	0.0	20.0	20.0	0.0	21.3	21.3	1.13
5	78.8	17.5	96.3	20.0	17.5	37.5	49.4	17.5	66.9	2.57
6	77.5	12.5	90.0	15.0	17.5	32.5	46.3	15.0	61.3	2.77
7	25.0	25.0	50.0	12.5	25.0	37.5	18.8	25.0	43.8	1.33
8	123.8	7.5	131.3	17.5	7.5	25.0	70.7	7.5	78.2	5.25

由表 2-11 可见，直径为 3.7 mm 的厚镀锌铁丝（表 2-8、表 2-9 和表 2-11 中的样品 1）的镀锌量公称值为 400 g/m^2，多用于编织网目尺寸为 50 ~ 60 mm 的菱形金属网，该厚镀锌铁丝是金属网衣中最具代表性的铁丝。它的偏镀比为 2.11，其中最厚处的合金层为 7.5 μm，最薄处的合金层为 18.8 μm，镀锌层较薄的合金层是正常厚度的 2.5 倍。

从线材镀锌层的结构来看，铁丝和钢丝的结构几乎相同。镀锌层结构特征如下：

①偏镀比：线材的镀锌层存在最厚和最薄处，镀锌量越多，偏镀比越大，镀锌层厚度越不均匀；

②镀锌量：线材的镀锌量越多，合金层的平均厚度越薄；

③合金层的结构：无论是铁丝还是钢丝，当镀锌量低于 400 g/m^2 时，其合金层均呈现结构细密、层压清晰，且 δ_1 相占合金层组织大半的特点，但是当镀锌量达到 500 g/m^2 时，合金层的层压粗糙，δ_1 相占多半。

镀锌膜的耐腐性机理（即对基材表面的防蚀作用）有两种：一种是镀膜层对外界的阻断防蚀作用，一种是锌与基材表面电位差产生的电化学防蚀作用。阻断防蚀是通过公式（2-1）至公式（2-3）的反应式，在镀层表面形成细密的保护性氧化膜来发挥在大气中的防蚀作用。

$$2Zn+O_2=2ZnO \tag{2-1}$$

$$ZnO+H_2O=Zn(OH)_2 \tag{2-2}$$

$$2ZnO+H_2O+CO_2 \rightarrow ZnCO_3 \cdot Zn(OH)_2 \tag{2-3}$$

在镀锌工序中，线材从镀锌槽中拉起后立刻形成氧化锌薄膜（ZnO），线材经雨露的附着而形成氢氧化锌薄膜［$Zn(OH)_2$］和碱性碳酸锌薄膜［$ZnCO_3 \cdot Zn(OH)_2$］。下面根据图 2–15 来说明镀锌膜的防蚀作用。当锌表面的 pH 值为 7.0 ~ 11.0 时，会发生钝化（即锌的化学性和电化学性均处于稳定状态，薄膜下锌的反应被抑制）。

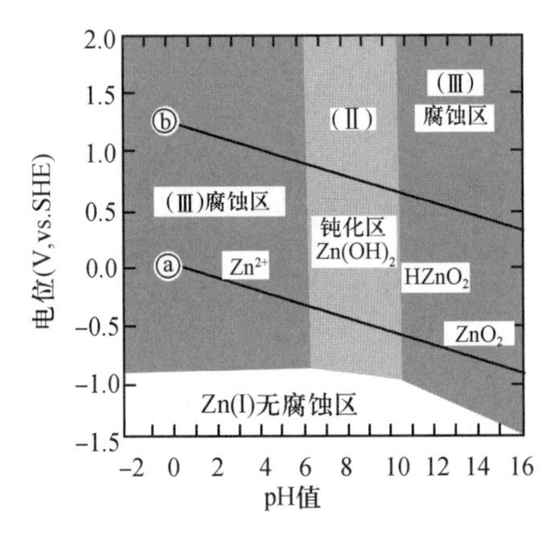

图 2–15　锌的电位 –pH 值图（含二氧化碳 1 mol/L 的情况）

电化学防蚀无法避免镀锌层表面出现气孔或裂纹，且镀锌材质的菱形金属网衣在编织成网的过程中，由于与偏轴接触，偶尔会出现如图 2–16 所示的“刮伤”。引起这种“刮伤”的因素有很多，不仅与镀锌量不均和线材强度变化有关，还与金属网在运输或加工过程中容易受损以及材料在实际使用时的切割有关。“刮伤”可能导致镀锌层被破坏，露出基材表面，这会对其后续应用产业造成明显影响。

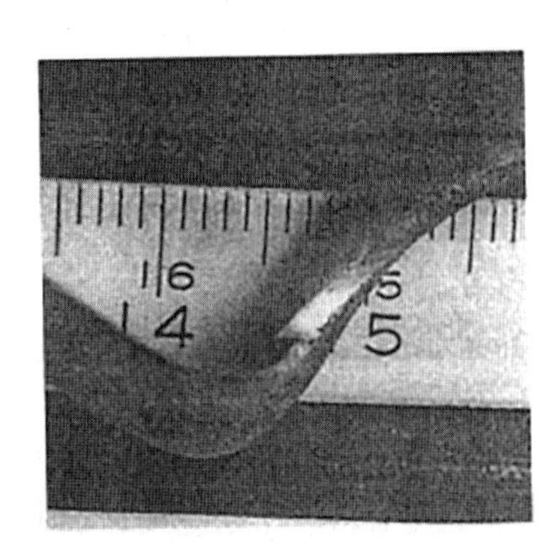

图 2–16　菱形网目金属网线的刮伤（被刮伤后露出基材裸铁表面）

若将这种基材外露的镀锌线材放置在海水等电解质环境中，由于锌的电位比铁的电位低，故锌的表面对基材（裸铁）表面发生离子化运动，牺牲阳极而达到阴极保护的效果（图 2–17）。锌表面为阳极，基材表面为阴极，因两极间的电位差产生了公式（2–4）至公式（2–6）的反应式。锌被离子化溶入水中，同时防蚀电流通过水的介入，从锌表面（阳极）流向基材表面（阴极），此时基材表面的电位下降（阴极极化），维持低于铁的防蚀电位 –770 mV（饱和甘汞电极标准：SCE）的状态，最终达到防蚀效果。

$$Zn \rightarrow Zn_2+2e^-\text{（阳极反应）} \tag{2–4}$$

$$1/2O_2+H_2O+2e^-=2OH^-\text{（阴极反应）} \tag{2–5}$$

$$Zn+1/2O_2+H_2O=Zn(OH)_2\text{（全反应）} \tag{2–6}$$

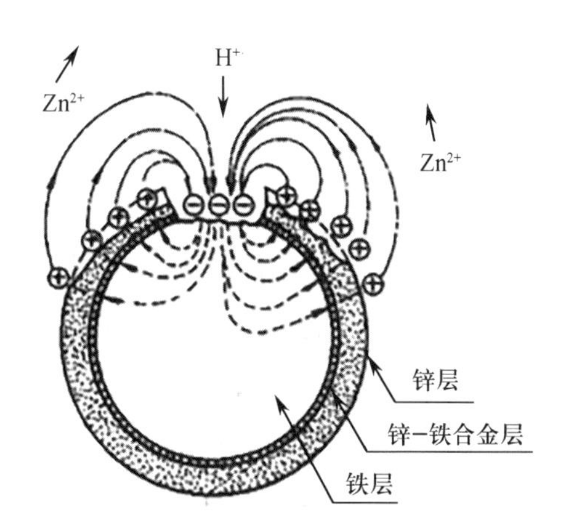

图 2–17　镀锌层的电化学防腐机理

铁的防蚀电位可根据图 2–18 所示的铁的电位 –pH 值图来解释（该图亦称“泡佩克斯图”）。图中电位单位为标准氢电极电位。据图所知，（Ⅰ）的“无腐蚀区”为不发生腐蚀反应的区域，铁不发变化，保持原样；（Ⅱ）的“钝化区”为不发生化学反应溶解或反应的区域，铁表面维持钝化状态；（Ⅲ）的“腐蚀区”是指铁丝处于被腐蚀的区域。因此，若使电位保持在低于 –550 mV 以下（如 –551 mV）的状态，或将 pH 值提高到 9.6 以上，铁丝不被腐蚀。根据相关文献理论计算，铁在 25℃变成 Fe^{2+} 时的标准氢电极电位 E_1V 的计算式如公式（2–7）所示：

$$E_1=-(0.050+0.592pH) \tag{2–7}$$

假设海水的 pH 值是 8.1，那么 E_1=–0.530 V。在实际应用中，若将其换算成饱和甘汞电极标准电极，则 25℃海水中氢的饱和甘汞电极标准电位为 –0.240 V，如公式（2–8）所示：

$$E_2=E_1+(-0.240) \tag{2–8}$$

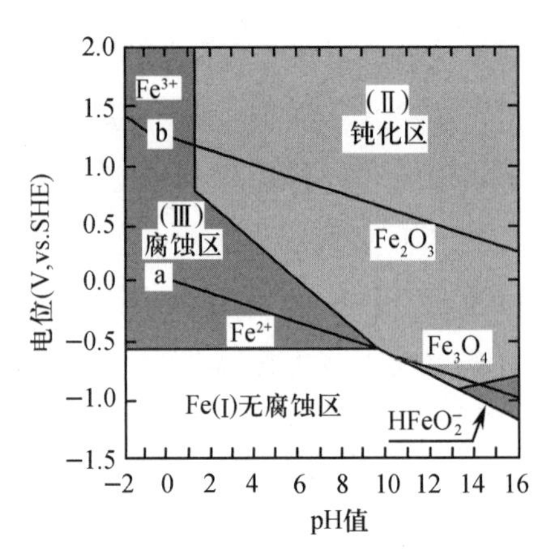

图 2–18 铁的电位 –pH 值图

由公式（2–8）可以得出 E_2 为 –770 mV。此外，在硫酸盐还原菌繁殖环境下，阴极表面所产生的氢元素被用于还原菌的新陈代谢，代谢生成的硫化氢亦促进腐蚀，因此防蚀电位设定为 –800 mV。海水环境下，借助镀锌表面的牺牲阳极作用来进行阴极保护的区域应在基材表面的 10 cm 范围内。但是，镀锌层在海水中因牺牲阳极作用而产生消耗的同时，不产生牺牲阳极作用的锌表面因电位不均而形成局部电池，最后产生电解腐蚀。再加上锌层被腐蚀后生成的氧化锌在海水中因 H^+、OH^-、NH_4^+、HCO_3^-、Cl^-、O_2 的作用而加速溶解。因此，在实际使用环境中，金属网线的镀锌层寿命（即镀锌层对基材表面的防蚀时长）就是从金属网浸入海水那一刻起，到其电位达到最高电位（如 –669 mV）的时间，该电位高于其防蚀电位 –770 mV。

二、菱形网目金属网衣的结构

1. 金属网衣结构、织网工序及规格筛选

菱形网目金属网衣（以下简称“菱形金属网”）是指使用夹具将网丝按一定的螺距弯折成“山”字形，并缠绕连接在一起的、网孔呈平行四边形的金属网。菱形金属网的结构及各部位名称如图 2–19 和图 2–20 所示。网丝是金属网的构成单位，单根网丝经弯曲加工后可构成金属网，网丝螺距间的角度通常为 85°（±5°）。平行于网线的山峰到山谷的内侧距离叫“网目内径”。从金属网侧面看，呈锁链状链节环的厚度叫“网片厚度”。“网目”通常叫“网眼”，其大小为单个菱形内两根平行网丝之间的距离，单位用 mm 表示，容差范围为 ±3° 。金属网的宽度叫“网片宽度”，即网片在自然伸展状态下垂直于网丝轴线方向，网片两端间的最大距离。出于运输方面的考虑，网线的最大长度通常限定在 15 m 以内，故金属网的切割长度由工厂在生产阶段用网丝长度来调节。另外，网线末端根据用途可加工成双死结（通称“转向节”）或活络缝。织网工作由自动织网机完成。

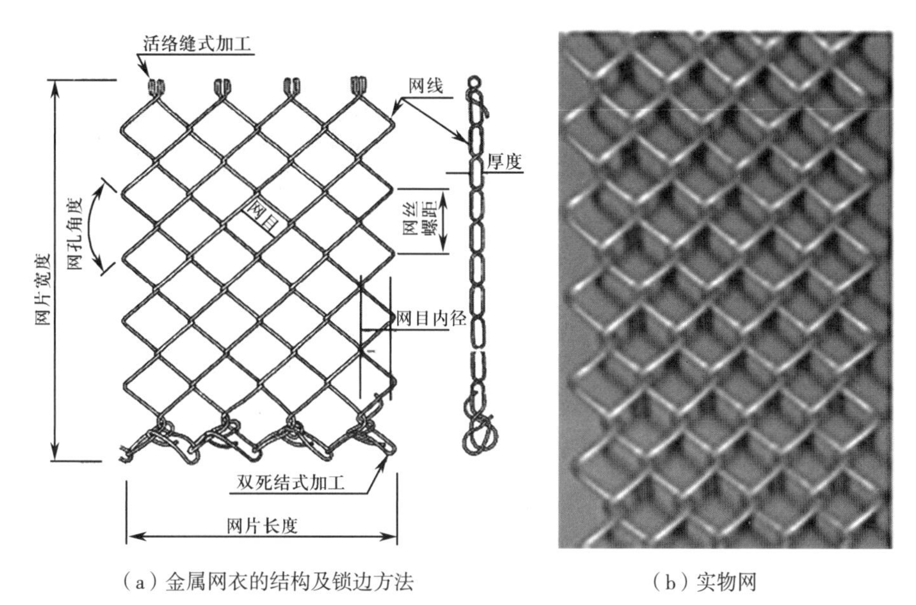

（a）金属网衣的结构及锁边方法　　（b）实物网

图 2-19　菱形网目金属网衣

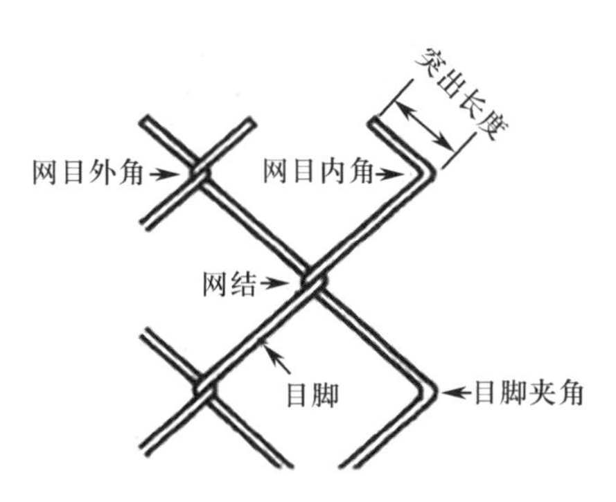

图 2-20　菱形网目金属网衣各部分名称

菱形金属网织网工序如图 2-21 所示。首先固定螺旋导套②，导套外径为 ϕ20 ~ 100 mm，长度为 100 ~ 250 mm，内部有螺旋槽，接着插入扁轴③，扁轴厚度为 3 ~ 8 mm，大小等同于螺旋导套的内径，然后将两根线丝①弯曲装入扁轴③，使扁轴转动后，网线就会按照扁轴的宽度和厚度弯折，之后按螺旋导套内螺旋槽的螺距形成弯曲的两根一组的网线④，最后被推出螺旋导套，连成新网片。计数器⑤用以计算网目数量，根据网片的长度设定，达到设定数字后，扁轴自动停止旋转，网线被切割器⑥切断，切断的同时扁轴又重新转动，新的两根一组的网线被输送出来，送出的网线在两端⑦处被折卷打包。网线经过以上压制成型—卷入—切割的工序后，自动织网，可通过更换丝径、螺旋导套以及扁轴生产所需网目的菱形金属网。锁边（如转向节式）可由机器自动加工或手动进行，最终的成品被捆绑出售。单柱式半潜深海渔场“海峡 1 号”安装现场的菱形网目金属网衣如图 2-22 所示。

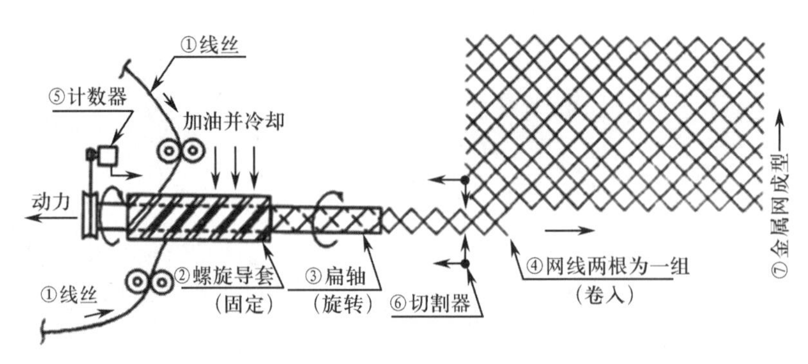

图 2–21 菱形网目金属网衣织网工序

图 2–22 单柱式半潜深海渔场“海峡 1 号”安装现场的菱形网目金属网衣

菱形金属网的规格用网衣线径 × 网目尺寸表示，如网衣线径 4.0 mm、网目尺寸 50 mm 的菱形金属网的网衣规格就用 ϕ4.0 mm × 50 mm 来表示。在网箱养殖过程中，需要根据鱼类体重来筛选网箱类型及网衣规格，例如，鰤鱼育苗期优选合成纤维网衣网箱（亦称“化纤网衣网箱”），到了真正的成鱼养殖阶段则优选金属网衣网箱，且根据鱼类大小更换网衣规格。日本鹿儿岛湾养殖鰤鱼的生长情况与网箱使用的关系如图 2–23 所示。金属网衣规格与鰤鱼类体重之间的关系如表 2–12 所示。

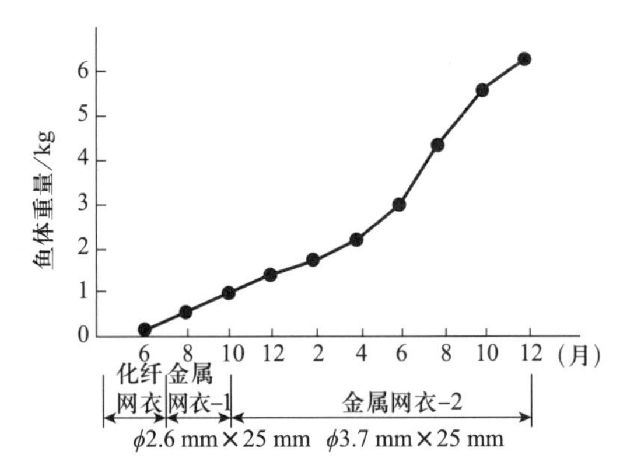

图 2–23 鰤鱼的生长与网箱使用的关系

表 2-12　金属网衣规格与鰤鱼体重之间的关系

网衣线径 /mm	网线型号	网目尺寸 /mm								
		25	32	40	45	50	56	63	75	82
2.60	12	△	▲							
3.20	10			▲	△	▲	▲			
3.70	9				△	▲	▲			
4.00	8					△	△	▲	△	△
5.00	6							△	△	△
鰤鱼 /kg		≥ 0.35	≥ 0.50	≥ 0.70	≥ 0.80	≥ 1.00				≥ 5.00

注：▲表示使用频率高；△表示使用频率低。

2. 金属网衣重量及计算公式

金属网衣重量（包含网边双死结和活络缝部分的网衣重量）的理论计算非常复杂，实际理论计算时只能还原至网边加工前的网衣尺寸进行计算。本段主要论述不包含网边双死结和活络缝部分的金属网衣重量及计算公式，供读者参考。

去掉网边双死结和活络缝部分后，镀锌铁丝、镀锌钢丝制成的菱形金属网重量可按公式（2-9）和公式（2-10）进行推算：

$$W_1=W_2\times L_p\times 10^6\div(P\times U) \quad (2\text{-}9)$$

$$L_p=\{(T-D)\times\pi+[U-(t-D)]\times 2\}\times 1.356\,3 \quad (2\text{-}10)$$

式中：W_1——金属网衣重量（g/m²）；

W_2——镀锌铁丝和镀锌钢丝的重量（g/m）；

L_P——网线单个网丝螺距的线长（m）；

P——网丝螺距（mm）；

U——网目内径（mm）；

T——网片厚度（mm）；

D——线径（mm）；

1.356 3——sec42° 30′ 的值为 1.356 3。

镀锌铁丝、镀锌钢丝制成的菱形金属网重量如表 2-13 所示，表中还列出了单位面积内的网线长度、金属网表面积系数、网丝螺距、网目内径以及网片厚度。表中线径 D（mm）或网目尺寸 M（mm）未知的数值由表 2-13 至表 2-17 给出。

表 2-13　镀锌铁丝、镀锌钢丝材质菱形金属网参数

规格		金属网相关数值 *				网线相关数值		
网目尺寸	网线型号	线径 *D* /mm	重量 W_1 /（g/m²）	线长 *L* /（m/m²）	表面积系数 α**	网丝螺距 *P*/mm	网目内径 *U*/mm	网片厚度 *T*/mm
20 mm	14	2.00	2.722	110.37	0.693	32.89	14.51	10.6
	16	1.60	1.794	113.66	0.571	31.72	14.55	10.0
25 mm	10	3.20	5.260	83.32	0.838	43.16	18.05	13.5
	12	2.60	3.540	84.94	0.694	41.40	18.12	12.0
	14	2.00	2.164	87.75	0.551	39.64	18.19	11.0
	16	1.60	1.419	89.90	0.452	38.47	18.24	10.4
32 mm	8	4.00	6.311	63.98	0.804	54.97	23.11	16.0
	10	3.20	4.119	65.24	0.656	52.62	23.21	14.0
	12	2.60	2.757	66.15	0.540	50.86	23.28	12.4
	14	2.00	1.679	68.08	0.428	49.10	23.35	11.5
	16	1.60	1.096	69.44	0.349	47.93	23.40	10.9
40 mm	8	4.00	5.068	51.38	0.646	65.78	29.01	16.5
	10	3.20	3.298	52.24	0.525	63.43	29.11	14.5
	12	2.60	2.206	52.93	0.432	61.67	29.18	13.0
	14	2.00	1.335	54.13	0.340	59.91	29.25	12.0
	16	1.60	0.868	54.99	0.276	58.74	29.30	11.4
50 mm	6	5.00	6.301	40.88	0.642	82.22	36.27	20.2
	8	4.00	4.074	41.30	0.519	79.29	36.39	17.2
	10	3.20	2.644	41.88	0.421	76.94	36.48	15.2
	12	2.00	1.764	71.53	0.449	75.18	36.55	13.7
	14	1.60	1.063	67.35	0.339	73.42	36.63	12.7
56 mm	6	5.00	5.648	36.64	0.576	90.33	40.69	20.7
	8	4.00	3.648	36.98	0.465	87.40	40.81	17.7
	10	3.20	2.365	37.46	0.377	85.05	40.91	15.7
	12	2.00	1.575	68.86	0.401	83.29	40.98	14.1
	14	1.60	0.948	60.06	0.302	81.53	41.05	13.2
63 mm	6	5.00	5.035	32.67	0.513	99.79	45.85	21.2
	8	4.00	3.250	32.95	0.414	96.85	45.97	18.2
	10	3.20	2.102	33.29	0.335	94.51	46.07	16.1
	12	2.00	1.400	33.59	0.274	92.75	46.14	14.6
75 mm	6	5.00	4.244	27.53	0.433	116.00	54.70	22.0
	8	4.00	2.736	27.74	0.349	113.07	54.82	19.0
	10	3.20	1.768	28.00	0.282	110.72	54.92	17.0

注：* 镀锌铁丝、镀锌钢丝的密度均为 7.85 g/cm³，除金属网重量 W_1 外，其他各数值通用于铁丝、钢丝材质之外的各种金属网衣；** 平均每平方米缝合面积的表面积。

表 2-14　线径 ***D***（mm）的金属网衣参数计算公式

网目尺寸 M/mm	金属网重量 W_1/（g/m²）	线长 L/（m/m²）	表面积系数 α
20	W_1=745 $D^{1.868}$	L=12 901 $D^{-0.132}$	α=0.083+0.305 D
25	W_1=584 $D^{1.888}$	L=9 472 $D^{-0.112}$	α=0.068+0.241 D
32	W_1=446 $D^{1.910}$	L=7 237 $D^{-0.090}$	α=0.048+0.189 D
40	W_1=351 $D^{1.925}$	L=5 695 $D^{-0.075}$	α=0.031+0.154 D
50	W_1=276 $D^{1.942}$	L=4 492 $D^{-0.060}$	α=0.025+0.124 D
56	W_1=245 $D^{1.948}$	L=3 979 $D^{-0.052}$	α=0.020+0.111 D
63	W_1=216 $D^{1.957}$	L=3 499 $D^{-0.043}$	α=0.016+0.099 D
75	W_1=183 $D^{1.952}$	L=2 925 $D^{-0.038}$	α=0.013+0.083 D

表 2-15　线径 ***D***（mm）的金属网衣用网线参数计算公式

网目尺寸 M/mm	网丝螺距 P/mm	网目内径 U /mm	厚度 T/mm
20	P=27.040+2.925 D	U=14.710−0.100 D	T=7.600+1.500 D
25	P=33.778+2.932 D	U=18.428−0.118 D	T=7.209+1.922 D
32	P=43.234+2.934 D	U=23.592−0.120 D	T=7.218+2.143 D
40	P=54.044+2.934 D	U=29.492−0.120 D	T=7.744+2.140 D
50	P=67.553+2.934 D	U=36.863−0.119 D	T=7.315+2.525 D
56	P=75.663+2.934 D	U=41.293−0.120 D	T=7.749+2.539 D
63	P=85.124+2.933 D	U=46.456−0.121 D	T=7.350+2.750 D
75	P=101.335+0.933 D	U=55.310−0.122 D	T=8.000+2.787 D

表 2-16　网目尺寸 ***M***（mm）的金属网衣参数计算公式

线径 D/mm	金属网重量 W_1/（g/m²）	线长 L/（m/m²）	表面积系数 α
1.60	W_1=41 325 $M^{-1.047}$	L=261 851 $M^{-1.047}$	α=13.216 $M^{-1.049}$
2.00	W_1=58 637 $M^{-1.025}$	L=237 786 $M^{-1.025}$	α=14.833 $M^{-1.023}$
2.60	W_1=82 961 $M^{-1.003}$	L=214 225 $M^{-1.003}$	α=17.499 $M^{-1.003}$
3.20	W_1=128 300 $M^{-0.992}$	L=203 333 $M^{-0.992}$	α=20.497 $M^{-0.993}$
4.00	W_1=188 665 $M^{-0.980}$	L=191 206 $M^{-0.980}$	α=23.965 $M^{-0.980}$
5.00	W_1=285 960 $M^{-0.975}$	L=185 720 $M^{-0.975}$	α=29.508 $M^{-0.978}$

表 2-17　网目尺寸 ***M***（mm）的金属网衣用网线参数计算公式

线径 D/mm	网丝螺距 P/mm	网目内径 U/mm	网片厚度 T/mm
1.60	P=4.696+1.351 M	U=0.737 M−0.198	T=8.634+0.070 M
2.00	P=5.864+1.351 M	U=0.737 M−0.242	T=9.210+0.071 M
2.60	P=7.618+1.351 M	U=0.737 M−0.316	T=10.234+0.069 M
3.20	P=9.381+1.351 M	U=0.737 M−0.387	T=11.744+0.070 M
4.00	P=11.735+1.351 M	U=0.737 M−0.486	T=13.760+0.071 M
5.00	P=14.663+1.351 M	U=0.737 M−0.593	T=16.670+0.071 M

镀锌铁丝、镀锌钢丝制成的菱形金属网的重量 W_1 和线径及网目尺寸的关系如公式（2–11）至公式（2–13）所示。若指定了线径和网目，可求出形状未列在表 2–13 中的菱形金属网重量。

$$W_1=\left[e^x\left(A+B\ln M\right)\right]\times 0.985 \qquad (2–11)$$

$$A=9.807+1.695\ln D \qquad (2–12)$$

$$B=0.064\ln D-1.070 \qquad (2–13)$$

式中：W_1——金属网衣重量（g/ ㎡）；

M——网目尺寸（mm）；

D——线径（mm）。

表面积系数 α 由公式（2–14）计算，其他金属网线的重量可根据表 2–6 所示的各种线材的密度按公式（2–15）和公式（2–16）计算：

$$\alpha=\pi DL \qquad (2–14)$$

$$W_m=W_1\times d_m/d_1 \qquad (2–15)$$

$$W_m=\pi Ld_m\left(D/2\right)^2 \qquad (2–16)$$

式中：α——表面积系数；

D——线径（mm）；

L——网线长度（cm/m^2）；

W_m——其他材质金属网重量（g/m^2）；

W_1——镀锌铁丝、镀锌钢丝制成的菱形金属网重量（g/m^2）；

d_m——其他网线的密度（g/m^2）；

d_1——镀锌铁丝、镀锌钢丝的密度（7.85 g/m^2）。

［示例 3–1］

菱形金属网的网目规格为 ϕ3.2 mm × 50 mm、网片面积为 300 m^2、织网用网线的附锌量为 350 g/m^2，求该金属网衣中锌的总质量。

由表 2–13 可见，网目规格为 ϕ3.2 mm × 50 mm 的网衣的表面积系数为 0.421，因此，该金属网衣中金属网表面积如下：

300 m^2 × 0.421 g/m^2=126.3 m^2

该示例中，金属网衣中锌的总质量如下：

126.3 m^2 × 350 g/m^2=44.2 kg

［示例 3–2］

菱形金属网的网目规格为 ϕ3.7 mm × 50 mm，求用该线径镀锌铁丝制成的菱形金属网的网衣及网线参数。

根据表 2–14 中网目为 50 mm 的金属网衣各数值计算公式，可求得菱形金属网衣重量如下：

W_1=276 $D^{1.942}$=276 × $3.7^{1.942}$=3 502 g/m^2

网线长度如下：

L=4 492$D^{-0.060}$=4 492 × $3.7^{-0.060}$=4 152 cm/m^2

表面积系数如下：

α=0.025+0.124 D=0.025+0.124 × 3.7=0.484

根据表 2–15 中网目为 50 mm 的网线各数值计算公式，可求得

网丝螺距如下：

P=67.553+2.943 D=67.553+2.943 × 3.7=78.44 mm

网目内径如下：

U=36.863–0.119=36.863–0.119 × 3.7=36.42 mm

网片厚度如下：

T=7.315+2.525 D=7.315+2.525 × 3.7=16.7 mm

[示例 3–3]

菱形金属网的网目规格为 ϕ4.0 mm × 70 mm，求用该线径镀锌铁丝制成的菱形金属网的网衣及网线参数。

根据表 2–16 中线径为 4.0 mm 的金属网衣各数值计算公式，可求得

金属网衣重量如下：

W_1=188 665 $M^{-0.980}$=188 665 × $70^{-0.980}$=2 934 g/m^2

网线长度如下：

L=191 206 $M^{-0.980}$=191 206 × $70^{-0.980}$=2 974 cm/m^2

表面积系数如下：

α=23.965 $M^{-0.980}$=23.965 × $70^{-0.980}$=0.323

根据表 2–17 中线径为 4.00mm 的网线各数值计算公式，可求得

网丝螺距如下：

P=11.735+1.351 M=11.735+1.351 × 70=106.31 mm

网目内径如下：

U=0.737 M–0.486=0.737 × 70–0.486=51.10 mm

网片厚度如下：

T=13.760+0.071 M=13.760+0.071 × 70=18.7 mm

[示例 3–4]

菱形金属网的网目规格为 ϕ6.0 mm × 100 mm（已知镀锌铁丝的密度为 7.85 g/cm^3，钛丝密度为 4.45 g/cm^3，铜合金丝的密度为 8.89 g/cm^3），求用该线径镀锌铁丝、钛丝、

铜合金丝制成的菱形金属网的重量及表面积系数。

因为表 2-13 中无网目规格为 ϕ6.0 mm × 100 mm 的金属网，所以镀锌铁丝金属网的重量可根据公式（2-11）计算：

W_1=［e^x|A+Bln$M$|］× 0.985=［e^x（12.844−0.955ln120）］× 0.985

=3 912 g × 0.0 985=3.853 kg/m^2

其中，

A=9.807+1.695 ln$D$=9.807+1.695 ln 6.0=12.844；

B=0.064 ln$D$−1.070=0.064 ln 6.0−1.070=−0.995

钛丝金属网的重量可由公式（2-15）计算：

$W_m=W_1 \times d_m/d_1$=3 853 × 4.54 ÷ 7.85=2 228 g/m^2=2.228 kg/m^2

铜合金金属网的重量可由公式（2-15）计算：

$W_m=W_1 \times d_m/d_1$=3 853 × 8.89 ÷ 7.85=4 363 g/m^2=4.363 kg/m^2

表面积系数的计算适用于示例 3-4 中的各种线材，可由镀锌铁丝金属网的重量求得。下面试求铜合金线金属网的表面积系数，先由公式（2-16）计算：

$L=W_m$ ÷［πd_m（D/2）2］=4 363 ÷（π × 8.89 × 3^2）=17.36 m/m^2

再由公式（2-14）可得其表面积系数

$\alpha=\pi DL$=π × 0.006 × 17.36=0.327

三、其他金属网衣与镀锌金属网的耐腐蚀性

1. 其他水产养殖用金属网衣

除上述菱形金属网外，其他水产养殖用金属网衣还包括金属丝编织网、六角形金属丝网、波纹金属丝网和金属焊接网等网衣，其网目形状及各部位名称如图 2-24 所示。金属丝编织网为纬线和经线按一定的间隔逐根相互交叉编织而成，它过去只用于养鱼池的拦网，不会用作养殖网箱。六角形金属丝网亦称“龟甲形金属网”，是将相邻的线丝正捻（或反捻）3 次，然后将其拆分到一定程度再并合一起捻，使之形成六角形筛孔。一直以来，它主要用于珍珠养殖笼和养殖场隔离网，但也有用于幼鱼网箱。目前，六角形金属丝网已在成鱼养殖网箱等领域应用。波纹金属丝网亦称“波纹金属网”或“编织网”，使用齿轮将线丝轧成波纹状，然后将经线按规定的网目排列，再将纬线从上下平行的经线中垂直穿插而形成。其可用于淡水养殖场的防护网，不锈钢材质的波纹金属丝网可用于混凝土浇筑的海水养鱼池的注水、排水口的过滤网。目前，东海所石建高研究员课题组已开展波纹金属丝网系统研究与应用，并已在双圆周管桩式大型养殖围栏等领域成功应用（见图 2-25）。

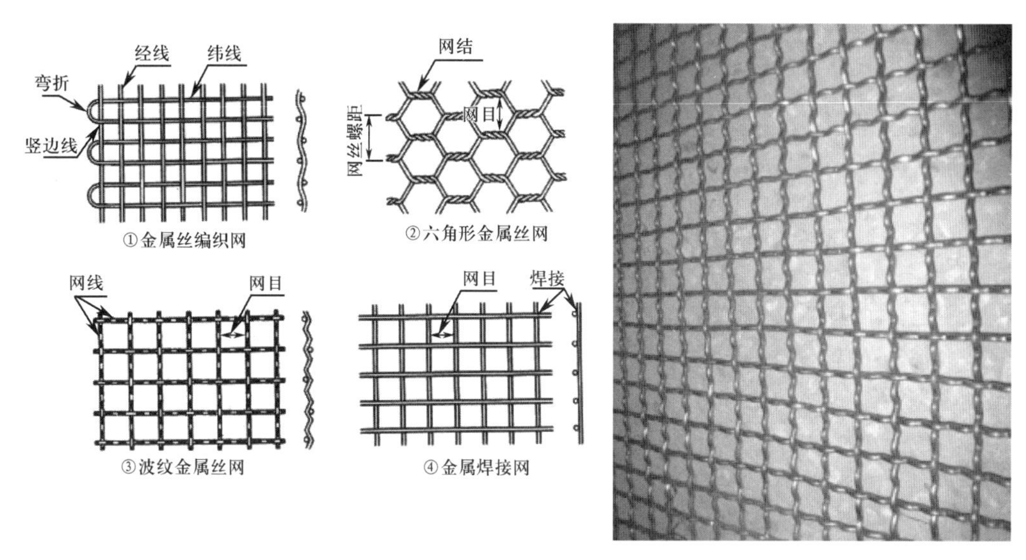

（a）金属网衣形状与各部位名称　（b）波纹金属丝网实物

图 2–24　水产养殖用金属网衣构成

图 2–25　波纹金属丝网及其在双圆周管桩式大型养殖围栏上的应用

金属焊接网，是将铁丝垂直交叉并以几何形状排列，在交叉点处进行电气焊接而形成的格子状的金属网。从 1969 年起，电镀锌的金属焊接网在苏格兰用于围网式养殖场的隔离网等。上述四种镀锌铁丝、镀锌钢丝金属网的重量计算公式分述如下。

（1）金属丝编织网

金属丝编织网重量可以按公式（2–17）进行计算：

$$W_1=W_2\times M\times 39.37\times 2A \qquad (2\text{–}17)$$

式中：W_1——金属网重量（g/m^2）；

W_2——铁丝、钢丝的重量（g/m）；

M——网目尺寸（mm）；

A——裸丝延伸率［（裸丝的长度 ÷ 金属丝编织网网线长度）×100］（%）。

（2）六角形金属丝网

六角形金属丝网重量可以按公式（2–18）进行计算：

$$W_1=W_2\times P\times 2\times A \tag{2-18}$$

式中：W_1——金属网重量（g/m^2）；

W_2——铁丝、钢丝的重量（g/m）；

P——1 m 内的网丝螺距数量（303 mm 的网丝螺距数量 ×1 000÷303，小数点后第 1 位不足 0.5 按 0.5 计，0.5 以上不足 1.0 的按 1.0 计）；

A——裸丝延伸率［（裸丝的长度 ÷ 金属丝编织网网线长度）×100］（%）。

六角形金属丝网重量等参数如表 2-18 所示。

表 2-18　六角形金属丝网参数

公称网目 /mm	线径 /mm	铁丝材质重量 /（g/m^2）	网丝螺距 /mm	303 mm 内的网丝螺距数量	适用鱼体重量幼鲕 /g
10	0.7	738	10.9	28.0	25 ~ 200
13	0.7	583	13.8	22.0	50 ~ 300
16	1.2	1 395	16.9	18.0	100 ~ 400
20	1.4	1 532	21.0	14.5	250 ~ 500

（3）波纹金属丝网

波纹金属丝网在铜合金网衣领域简称“铜合金编织网”或“编织网”。在铜合金网衣领域外，波纹金属丝网均以该名称称呼，其重量可以按公式（2-19）进行计算：

$$W_1=W_2\times M\times 2\times A \tag{2-19}$$

式中：W_1——金属网重量（g/m^2）；

W_2——铁丝、钢丝的重量（g/m）；

M——1 m 内网目数［1000÷（网目 + 线径）］；

A——裸丝延伸率［（裸丝的长度 ÷ 金属丝编织网网线长度）×100］（%）。

波纹金属丝网重量等参数如表 2-19 所示。

表 2-19　波纹金属丝网参数

规格					参考			
网目 /mm	线径 /mm	孔径数 *	铁丝材质重量 /（g/m^2）	网丝螺距 /mm	密度 **	网线厚度比 ***	裸丝延伸率 ****	1 m 内的网目数（网线条数）
10	1.6	1.5	2.870	7.73	0.414	1.77	105.46	86.2
15	1.6	2.5	2.034	6.64	0.482	1.74	107.02	60.2
20	1.6	2.5	1.518	8.64	0.370	1.73	103.86	46.3
25	1.6	3.5	1.244	7.60	0.421	1.71	104.81	37.6
	2.0	3.5	1.969	7.71	0.519	1.72	107.88	37.0

续表

规格					参考			
网目 /mm	线径 /mm	孔径数 *	铁丝材质重量 /（g/m^2）	网丝螺距 /mm	密度 **	网线厚度比 ***	裸丝延伸率 ****	1 m 内的网目数（网线条数）
30	2.0	4.5	2.686	7.11	0.563	1.71	109.22	31.3
	2.3	4.5	2.284	7.18	0.641	1.71	112.94	31.0
	2.6	3.5	2.798	9.31	0.559	1.72	109.33	30.7
38	2.0	4.5	1.300	8.89	0.450	1.70	105.39	25.0
	2.3	4.5	1.739	8.96	0.513	1.71	107.47	24.8
	2.6	3.5	2.167	11.60	0.448	1.72	105.68	24.6
	3.2	3.5	3.339	11.77	0.544	1.72	108.82	24.3
50	2.6	5.5	1.714	9.56	0.544	1.70	108.25	19.0
	3.2	4.5	2.573	11.82	0.541	1.71	108.41	18.8
60	3.2	4.5	2.109	14.04	0.456	1.71	105.71	15.8
	4.0	4.5	3.363	14.22	0.562	1.71	109.27	15.6

注：*1 个网目内网线的网丝螺距（孔径）数；** 指网线的网丝厚度螺距密度，等于线径 ÷0.5 网丝螺距；*** 网线厚度 = 网线的厚度 ÷ 线径；**** 裸丝延伸率 =（裸丝长度 ÷ 网线长度）×100。

（4）金属焊接网

假设金属焊接网呈片状（以宽 2 m× 长 5 m 为例），其重量可以按公式（2-20）进行计算：

$$W_1=W_2\times(L+T)\div 10 \qquad (2\text{-}20)$$

式中：W_1——金属网重量（g/m^2）；

W_2——铁丝、钢丝的重量（g/m）；

L——整张网片的经线全长［5×（2 000÷ 横向网目 +1）］（m）；

T——整张网片的纬线全长［2×（5 000÷ 纵向网目 +1）］（m）。

上述公式（2-20）中的 L 和 T 可通过公式“网片尺寸 ÷ 网目”计算，小数点以后的数字省略。

金属焊接网重量等参数如表 2-20 所示。

表 2-20　金属焊接网参数

网目规格 /mm	铁丝线径 /mm			
	2.6	3.2	4.0	5.0
50×50	1 676 g/m^2	2 570 g/m^2	4 015 g/m^2	6 273 g/m^2
75×75	1 121 g/m^2	1 698 g/m^2	2 654 g/m^2	4 146 g/m^2
100×100	863 g/m^2	1 307 g/m^2	2 042 g/m^2	3 191 g/m^2
150×150	—	871 g/m^2	1 361 g/m^2	2 127 g/m^2

2. 镀锌金属网的耐腐性

在日本六个不同的海水养殖场，针对养殖环境下各种镀锌线材金属网衣网箱的附锌量及其与镀锌层寿命的关系进行了调查，结果如表 2–21 和图 2–26 所示。

表 2–21　镀锌网衣寿命的调查

网箱 No.*	调查地点	调查时间（年 – 月 – 日）	网箱系泊地点	网箱形状（上框面积尺寸 × 深度）/m	金属网衣形状（线径 × 网目）/mm**	镀锌线材（试样参照表 2–8）	附锌量 /（g/m²）	养殖鱼类
1	①	1976–3–30—1976–12–15	岛屿之间	圆形 9 × 6	4.0 × 56	3 号镀锌铁丝（Ⅳ）	150	幼鲕
2	②	1977–8–17—1978–8–8	海湾中央	圆形 12 × 6	2.6 × 30	4 号镀锌铁丝（Ⅱ）	350	条石鲷
3 4 5	③	1978–8–10—1980–5–24 1978–8–10—1979–12–23 1978–3–20—1979–12–23	海湾中央	方形 8 × 8 × 5.5	2.6 × 32 2.6 × 45 4.0 × 55	4 号镀锌铁丝（Ⅱ） 4 号镀锌铁丝（Ⅱ） 厚镀锌铁丝（Ⅰ）	250 260 400	幼鲕
6 7	④	1980–3–20—1981–7–20	湾口	圆形 12 × 8 圆形 12 × 6	3.7 × 50 4.0 × 50	厚镀锌铁丝（Ⅰ） 超厚镀锌铁丝（Ⅵ）	400 500	幼鲕 幼鲕
8	⑤	1980–5–25—1981–5–8	海湾中央	方形 7 × 7 × 5.5	2.6 × 40	厚镀锌钢丝（Ⅷ）	400	真鲷
9 10	⑥	1980–4—1981–5	海湾中央	方形 9 × 9 × 9	2.6 × 56 3.2 × 50	厚镀锌铁丝（Ⅰ） 超厚镀锌铁丝（Ⅵ）	400 500	幼鲕

注：*No.1 ~ No.8 为镀锌层寿命调查，No.9 ~ No.10 为养殖结束后，对镀锌层的观察；** 均为菱形金属网，No.5 网箱的网目为横目式，其他网箱为纵目式。

表 2–21 中 No.1 ~ No.8 网箱为调查镀锌层寿命的网箱。调查方法为：将参比电极（饱和甘汞电极）垂于网箱侧网外侧的中间部位，计算水下金属网电位由铁的防蚀电位 –770mV（SCE）变化到高电位的时间。需要指出的是，因调查环境不同，故采用了实地潜水对金属网表面进行目测观察，再结合水质调查结果，最后对比分析电位测定数据。以下所示电位单位均为饱和甘汞电极标准电位（SCE）。在调查地点⑥的宇和岛，选定两种同时用于养殖幼鲕的金属网衣网箱 No.9 ~ No.10，选取水上

和水下两处金属网衣网线进行镀锌层截面的观察，来研究附锌量与金属网耐腐性的关系。

镀锌金属网衣的调查地点包括：①五岛列岛日之岛；②宇和岛市下波；③高知县柏岛；④沼津市口野；⑤奄美大岛阿室釜；⑥宇和岛市荒城。分析安放在调查地点④附近海域的网箱情况，同一时期安放在该地点的网箱为 No.6 厚镀锌铁丝网（400 g/m^2）与 No.7 超厚镀锌铁丝网（500 g/m^2），均为幼鰤养殖网箱，No.6 的镀锌层寿命约为 18 个月，而 No.7 的约为 13 个月。一般来说，镀锌层寿命与附锌量成正比，但是这里却相反，500 g/m^2 的比 400 g/m^2 的少近 5 个月。另外，从约 12 个月后的电位来看，No.6 的电位为 –830 mV，而 No.7 比它还高，为 –650 mV，此时两个金属网衣网箱的底网及侧网底框正上方约 3 m 处附着了密密麻麻的紫贻贝（图 2–26）。从清除掉紫贻贝后的网线表面来看，No.6 的网线被氢氧化锌薄膜所覆盖，而 No.7 网线上因紫贻贝附着量较少，无附着面生了铁锈。

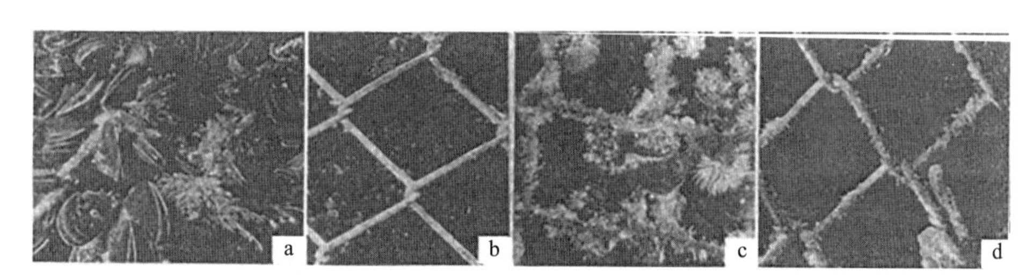

a. No.6 厚镀锌铁丝网（400 g/m^2）侧网上附着的紫贻贝；b. 去除该处紫贻贝，侧网露出的氢氧化锌面；c. No.7 超厚镀锌铁丝网（500 g/m^2）底网上附着的紫贻贝；d. 去除该处紫贻贝，底网露出的点状褐色锈蚀面

图 2–26　厚镀锌铁丝和超厚镀锌铁丝的表面状态（安放 12 个月后）

除了安放在调查地点⑤的 No.8 网箱为镀锌钢丝金属网，No.1 ~ No.7 均为镀锌铁丝金属网。各网箱的安放时间、地点和养殖鱼类虽略有差异，但水质条件几乎无差异。我们根据各网箱附锌量与镀锌层寿命、镀锌层厚度与镀锌层寿命的关系计算出了镀锌层的腐蚀量（侵蚀度），结果如图 2–27 所示。由图 2–27 可见，当附锌量低于 400 g/m^2 时，镀锌层寿命随附锌量的增长而延长，但附锌量为 500 g/m^2 的镀锌层寿命短于附锌量 400 g/m^2 的，与 300 g/m^2 的几乎相同；在分析腐蚀量情况，附锌量为 400 g/m^2 的约为 40 μm/a，为最小值，500 g/m^2 的约为 65 μm/a，与 250 g/m^2 的几乎相同。从这些观测数据可知，耐腐性最好的线材为 400g/m^2 的厚镀锌铁丝，其次为 350 g/m^2 的和 500 g/m^2 的。另外，没有列为观测对象的 No.8 的厚度锌钢丝（400 g/m^2），若安置在与铁丝金属网相同的条件下观测，其耐腐性应与铁丝金属网相同。

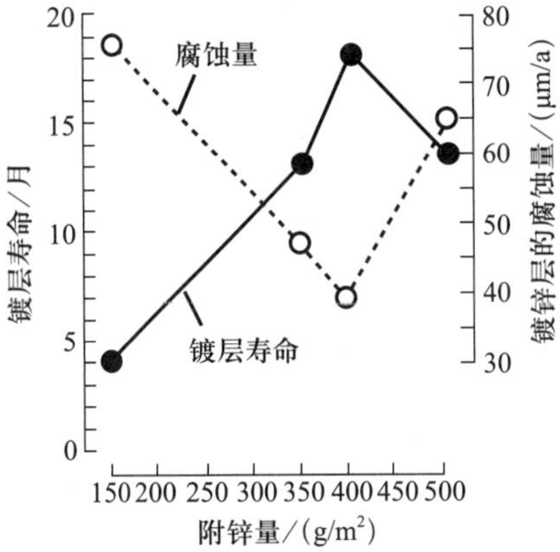

图 2-27　镀层寿命与腐蚀量的关系

在大气环境下，附锌量越多，镀锌层抗腐性越好，但在海水环境下，只有附锌量多且合金层厚才更具有耐腐性。另外，锌因牺牲阳极而起到阴极保护作用，由此导致锌的腐蚀量减少，虽然锌中的铁含量仅增加了 0.02%，但锌腐蚀量减少约 30%，镀锌膜电阻增加约 70%。也就是说，当镀锌层借助牺牲阳极对基材表面起到阴极保护作用时，因附锌量 500 g/m^2 的合金层极薄，其表面锌层被消耗后，剩下的合金层因铁含量减少故耐腐性差。关于水下金属网的赤锈问题，一般镀锌线的合金层厚时，往往缓慢生成，但当合金层薄时，会快速生成，其原因为：附锌量为 500 g/m^2 的镀锌线的合金层不仅极薄且锌层厚度不均、偏镀比极高，故镀锌层最薄处的基材表面提前外露，之后残留的镀锌层由于对外露基材的牺牲阳极作用而过早地被消耗掉，从而缩短了镀锌层的寿命。可见，在海水养殖环境中，附锌量高、镀锌层厚度均匀且合金层厚、层压结构细密的材料构成的金属网衣网箱更具有耐腐性。

四、金属网衣中的金属元素及其与生物体的关系分析

锌和铁是组成镀锌金属网的主要金属元素，其适用范围广泛，与镁和铜等元素一起，均为生物体所必需的金属元素，而作为鱼类养殖装备的金属网衣网箱，应明确其对养殖鱼类及环境安全的影响。表 2-22 给出了金属元素在人体内的浓度与必需量及其在海水、海藻、水生动物体内的浓度。金属元素根据其对生物体的功能，可分为以下四种：第一，有毒金属元素（对生物无任何有益作用，而仅有毒副作用的金属元素）；第二，对特定生物体有毒的金属元素；第三，对生物体几乎无影响的金属元素；第四，必需金属元素（在生理功能及生物酶转化方面，为不可缺少的必需金属元素；它们对生物体没有影响，既无良性作用又无副作用）。其中，有毒金属元素包括铅、镉、汞、锑、铍、砷和锡等；对生物体几乎无影响的金属元素，有铝、钛等；必需金属元素包括钒、锰、镍、铬和钴。若必需金属元素不足，则会

导致缺乏症，影响生物生长；反之，若必需金属元素超过正常范围，则会中毒（图2–28）。值得读者注意的是，渔业质量安全要求不断变化和调整，有关网衣安全、人体所需金属元素量、水生生物安全、水产品安全等渔业质量安全要求，读者一定要以现阶段国内外相关标准、法律法规与（进出口）合同等规定为准，以确保人民生命财产安全及渔业质量安全。

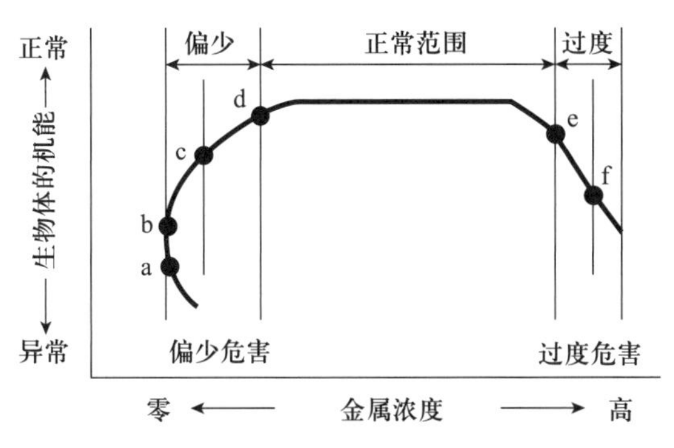

图 2–28　金属浓度与生物体机能的关系

铜、铁、锌均为重金属元素，也是构成金属网衣网箱的主要材料，它们虽然作为有益于生物体生理功能的有用重金属而被排除在“有毒金属元素”之外，但当今仍有不少人误认为所有的重金属元素均为有毒物质。当然，重金属元素中有像汞、铅、镉等引起过公害的有毒重金属元素。食用有机汞污染的鱼类可引发“水俣病”、铅及有机锡可引发鱼类污染、贝类污染和海洋污染等。但迄今为止，尚无由锌元素或铁元素引起土壤、水质污染之类公害问题的公开报道。

表 2–22　金属元素在人体内的浓度与必需量及其在海水、海藻、水生动物体内的浓度

金属元素	人体内浓度 /mg	人体必需量 /（mg/d）	海水中的浓度 /$\times 10^{-6}$	海藻中的浓度 /$\times 10^{-6}$*	海水动物体内浓度 /$\times 10^{-6}$*
有毒金属元素					
铅（Pb）	121	N	30	0.4	0.5
镉（Cd）	50	N	0.000 11	0.4	0.15 ~ 3.0
汞（Hg）	13	N	30	0.03	—
锑（Sb）	8	N	0.000 5	1.0	0.20 ~ 20.0
铍（Be）	0.04	N	0.6	0.001	—
对特定生物体有毒的金属元素					
砷（As）	18	N	0.003	30	0.005 ~ 0.3
碲（Te）	8	N	—	—	—
锡（Sn）	6	N	0.000 8	—	0.2

续表

金属元素	人体内浓度 /mg	人体必需量 /（mg/d）	海水中的浓度 /×10^{-6}	海藻中的浓度 /×10^{-6}*	海水动物体内浓度 /×10^{-6}*
铋（Bi）	0.2	N	15	—	0.04 ~ 3.0
铀（U）	0.09	N	0.003	—	0.004 ~ 3.2
钨（W）	+	N	0.000 1	0.035	0.000 5 ~ 0.05
锗（Ge）	+	N	60	—	0.3
对生物体几乎无影响的金属元素					
锆（Zr）	420	N	22	≤ 20	0.1 ~ 1.0
铝（Al）	61	N	0.01	60	10 ~ 50
钡（Ba）	22	N	0.03	30	0.2 ~ 3.0
钋（Po）	14	N	—	+	+
钛（Ti）	9	N	0.001	12 ~ 80	0.20 ~ 20.0
锂（Li）	2	N	0.17	—	—
银（Ag）	0.8	N	40	0.25	3 ~ 11
必需金属元素					
钙（Ca）	10×10^5	800 ~ 2 000	400	10×10^3	1 500 ~ 20 000
钾（K）	14×10^4	+	380	52×10^3	7 400
钠（Na）	10×10^4	1 500 ~ 5 000	10 500	33×10^3	4 000 ~ 48 000
镁（Mg）	19×10^3	300	1 350	52×10^2	5 000
铁（Fe）	42×10^2	7 ~ 15	0.01	7×10^2	400
氟（F）	26×10^2	0.5 ~ 1.7	1.3	4.5	2.0
锌（Zn）	23×10^2	10 ~ 15	0.01	150	6 ~ 1 500
锶（Sr）	32×10	+	8.0	7.4	20
铜（Cu）	72	1.0 ~ 2.8	0.003	11	4 ~ 50
钒（V）**	18	+	0.002	2	0.14 ~ 2.0
硒（Se）	13	0.03 ~ 0.06	0.000 4	0.8	—
锰（Mn）**	12	0.7 ~ 2.5	0.002	53	1 ~ 60
碘（I）	11	0.10 ~ 0.14	0.06	30 ~ 1 500	1 ~ 150
镍（Ni）**	10	0.05 ~ 0.08	0.002	3	0.4 ~ 25.0
钼（Mo）	9	0.1	0.01	0.45	0.6 ~ 2.5
铬（Cr）**	1.5	0.29	50×10^{-6}	1.0	0.2 ~ 1.0
钴（Co）**	1.5	0.02 ~ 0.16	0.000 1	0.7	0.5 ~ 5.0

注：* 干燥生物体中的浓度；** 超出正常范围会产生毒性。

铁占地壳的5.03%，由磁铁矿或黄铁矿等精炼而成，其密度为7.86 g/cm^3，熔点为1 536℃，是水陆都广泛应用的金属。铁被腐蚀所生成的赤锈等铁氧化物的主要成分以羟基氧化铁（FeOOH）的形态存在。铁氧化物多为γ型的FeOOH，也混有少量的α型。由表2-22可见，海水中的铁以Fe（OH）$_3$的形态存在，含量为0.01×10^{-6}，海藻类中的含量为700×10^{-6}，海水动物为400×10^{-6}。铁是生物所必需的金属元素之一，与它们的生物化学反应息息相关。人体对铁的需求量为成人每天12～15 g，主要通过食物摄入，并经小肠吸收。人体内铁的含量为4.0～5.0 g，主要存在于肝脏和胰腺中。另外，铁还作为多种酶的主要活性成分而发挥着重要作用，是呼吸酶不可缺少的成分。若人体缺乏铁元素，则可服用铁与高分子蛋白结合的药物，同样，当养殖鱼类（如真鲷）缺铁时，可投喂含铁的饵料。当然，铁也有毒副作用，但它与锌一样，只要不达到使水变红的浓度，铁的溶解生成物完全不会对海洋环境和生物体带来危害。

锌占地壳的0.04%，由闪锌矿、菱锌矿等精炼而成，其密度为7.14 g/cm^3，熔点为419.5℃，呈银白略带淡蓝色。锌的用途广泛，既可用于各种工业制品中，如钢材的镀锌防腐蚀以及锌带阳极（牺牲阳极对阴极保护材料的一种）等，又可用于不同化合物中，如爽身粉、滴眼液等。因为锌、铁与铜等都是生命体必需的金属元素，若摄入不足，则会引起诸多健康问题；可见，锌元素有别于汞、铅、镉等有毒重金属元素。当然，锌对身体也有危害，如由呼吸道吸入过多会引起中毒。虽然锌被认为是有益的金属元素，摄入不足会导致缺乏症，但另一方面，若喝了含有这些锌氧化物的浑浊水，则会对身体造成伤害。锌的摄入性中毒包括：有浓重金属味道的锌盐类会刺激口腔和消化道的黏膜，引起致命的虚脱。至于吸入性中毒，多发生于作业时，如金属的镀锌，黄铜或青铜的铸造，镀锌钢丝的切割，焊接等。对鱼类来说，能致其急性中毒的锌投放量为330×10^{-6}，会破坏细胞并堵塞鱼鳃，在鱼鳃黏液上形成沉淀、从而影响呼吸而窒息，其他症状为全身衰弱、鱼鳃之外的大面积组织发生病变、影响生长等。针对锌中毒的有效治疗方法是，将鱼放入不含锌的水中或含有碳酸钙的水中，利用锌与钙的对抗作用来进行治疗。

从虹鳟的养殖实验可知，饵料中的锌会促进碳水化合物的消化，投放锌含量低的饵料，鱼就会出现白内障、鱼鳍和皮肤发炎等症状，死亡率升高，但将锌含量调至15×10^{-6}～30×10^{-6}时鱼长势良好，可见，锌对虹鳟是必需的金属元素。另外，锌在海水中是以Zn^{2+}的形态及0.01×10^{-6}的含量溶存于水中。在海洋生物中的锌含量：海藻类为150×10^{-6}，海水动物为6×10^{-6}～1500×10^{-6}，鱼类为3×10^{-6}～18×10^{-6}。对于软体动物及甲壳类生物，锌与铜一样，对它们的呼吸色素血蓝蛋白的代谢有着重要作用。锌也广泛应用于水域环境中，如深远海养殖装备框架的镀锌防蚀等。锌在海水中的腐蚀生成物是以碱性氯化锌［$4Zn(OH)_2 \cdot ZnCl_2$（Ⅱ）·$6Zn(OH)_2 \cdot ZnCl_2$（Ⅲ）］的形态存在；在淡水中是以氢氧化锌 $Zn(OH)_2$ 的形态存在，这些生成物的浓度不会造成水质浑浊，即使造成浑浊，对人体的危害也是轻微的。由此可见，金属网衣网箱的锌，不会氧化溶解到使周边的水变浊，不会给养殖的鱼类和水质环境带来危害。

铜存在于甲壳类及软体动物血液的血浆血蓝蛋白中，生物体内的铜酶对人及动植物来说也有着举足轻重的作用。人体中的铜总量为 100 ~ 150 mg，多存在于肝脏，其次为大脑。与铁相同，铜对血红蛋白的合成非常重要，人体每天的摄入量应为 2 ~ 5 mg，大部分由食物获得。若缺乏铜元素，可致贫血、影响发育、胃部不适、毛发变色、繁殖力下降、心脏血管畸形等。铜在海水中有其特殊作用——防污，但容易被腐蚀，所以现在做金属网衣网箱时不用单一铜线，而都用铜合金材料的白铜线（9Cu–10Ni）等。将金属元素合金化的目的是增加其强度以便于加工，且提高防蚀功能。如表 2–23 所示，白铜中，若镍（Ni）成分增多，则防污性变差，但耐腐性增强，这需要根据海况等因素来选择合适成分的铜合金材料。

表 2–23　Cu–Ni 合金的构成及腐蚀量

合金成分（%）	全腐蚀量 /［mg/（$dm^2 \cdot d$）］	铜腐蚀量的计算值 /［mg/（$dm^2 \cdot d$）］	有无附着生物
100 Cu–0 Ni	37	37	无
80 Cu–20 Ni	45	36	无
70 Cu–30 Ni	78	54	无
60 Cu–40 Ni	83	50	无
50 Cu–50 Ni	72	36	无
40 Cu–60 Ni	4.2	1.7	有
30 Cu–70 Ni	0.1	0.03	有
20 Cu–80 Ni	0.10	0.020	有
10 Cu–90 Ni	0.07	0.007	有

五、锌铝合金网衣

锌铝合金网衣为中国、日本等国家在水产养殖网箱上使用的一种防污功能金属网衣（见图 2–29）。锌铝合金网衣采用先进的金属丝网加工工艺，由一种经特殊电镀工艺制造的锌铝合金网线（亦称“锌铝合金丝”“锌铝合金线”等）编织而成。相关资料显示，锌铝合金网线采取双层电镀的尖端技术，确保锌铝合金网衣的高抗腐能力，锌铝合金网线一般为三层结构，其最内层是铁线芯层，在铁线芯层外镀有铁锌铝合金层，最后在铁锌铝合金层外镀有特厚锌铝合金镀层。金属丝的特厚锌铝合金镀层，一般采用 300 g/m^2 以上的锌铝合金表面处理技术或其他特种处理技术。

图 2–29 锌铝合金网衣网箱

六、特种铜合金网衣

由特种铜合金材料加工而成的具有一定尺寸网目结构的片状编织物称为“特种铜合金网衣”。具有良好防污功能，且适合于养殖网箱、养殖围栏网等水产养殖装备用的特种铜合金网衣统称为“渔用特种铜合金网衣”（在水产养殖业，它亦称“特种铜合金网衣”“铜合金网衣”或“铜网”等）。特种铜合金网衣类型包括编织网、斜方网、焊接网、多孔板网、拉伸网和精密滤网等。特种铜合金材料具有良好的耐腐蚀性和耐磨性、良好的机械性能和成形性，并具有抑菌性和抑制水生生物生长的作用，所以，特种铜合金网衣是水产领域一种重要的功能性和高性能材料。由于特种铜合金线材种类繁多、网衣加工形式多样，导致特种铜合金网衣的结构和种类很多。

1. 特种铜合金的防生物附着性及防污机理

抑菌性和防生物附着性（亦称“防污性”）是特种铜合金在不同领域的不同特性表现，两者实质相同。人类在开发海洋的过程中，发现了特种铜合金有着重要的用途，而在研究特种铜合金在海水中的腐蚀行为时，还发现腐蚀不仅与特种铜合金的材料因素（成分、表面状态、显微组织、残余应力等）有关，还与环境因素（温度、盐度、流速、泥沙、海生物附着等）有关。其中的海洋生物附着（如藤壶、贻贝、石灰虫、海藻等的附着），不仅是特种铜合金在海水中腐蚀的影响因素，而且生物附着在特种铜合金设施表面本身就造成了危害。渔船外壳的海洋生物附着使船舶航行阻力大增，能耗增加。海洋石油平台设施因海洋生物附着而无法正常运转。核电站（大多在沿海）的冷却水系统管道也因此堵塞，造成散热不良以致运转效率低下甚至不能正常运行。水产养殖网衣因海洋生物附着而网眼堵塞，带来诸多继生损失。开始时，各行各业只注重研究生物附着引发的局部腐蚀，后来则把海洋生物附着本身作为一个重要问题来研究和防治，并且与防腐蚀性研究并列。大量研究表明，特种铜合金材料具有较好的防污性能。

特种铜合金防污的机理有两种理论。一种理论认为是被腐蚀溶解下来的铜离子的作用，由此认为，只有均匀腐蚀速率大于 20 μm/a 的特种铜合金才有抗污能力，但这并不完全符合实际情况；另一种理论认为是表面的氧化亚铜膜的抗污作用，一旦此膜被改变或被阻挡，特种铜合金便失去抗污能力，直至该膜重新恢复或被暴露出来，抗污能力也随之恢复。目前，这两种理论各有实际结果的支持，又各有与实际结果矛盾的地方。即使是铜离子防污的理论，也有不同的解释。一种解释认为，铜的抑菌和抑制微生物是由于两个反应造成的：一是接触反应，即铜离子与微生物接触反应后，造成微生物固有成分破坏或产生功能障碍；二是光催化反应，在光的作用下，铜离子起到催化活性中心的作用，激活水和空气中的氧，产生羟基自由基和活性氧离子，短时间内破坏微生物的增殖能力，从而使细胞死亡，达到抑制微生物的效果。另外一种解释认为铜离子从两个方面起作用：一方面，铜离子能进入微生物细菌（或海洋生物孢子）体内，使细胞中的蛋白质变性凝固和沉淀，使其生命停止；另一方面，铜离子与生物酶的 –SH 基结合，使酶失去活性，能使生物赖以生存的酶失去作用，在低浓度下使生物的组织和细胞发生变性，最终对微生物细菌或海洋生物产生抑制或毒杀作用。

2. 网衣用特种铜合金的选材

对网衣用特种铜合金的基本要求包括：适当的强度、硬度，能承受风浪和凶猛的肉食性海洋动物的攻击，并且耐磨损、抗疲劳（强度高则可使网丝细径化，减轻网重）；还要求有良好的可加工性，以及适宜的成本等。网衣用特种铜合金必备要求包括耐腐蚀性和防生物附着性。特种铜合金网衣在海水中要工作至少 5 年，就首先要耐海水腐蚀，包括不发生脱成分腐蚀（如脱锌、脱镍、脱锡等），不发生局部腐蚀（如点蚀、缝隙腐蚀、应力腐蚀等）；其次，还要求有好的防生物附着性，这与耐腐蚀性在某种意义上是有些矛盾的，耐蚀性是不希望特种铜合金材料与海水发生反应而溶解；而防生物附着性则要求铜离子以适当的速率溶解。溶解不能太快，太快则迅速腐蚀；溶解又不能太慢，太慢则铜离子太少，会降低对海洋生物的抑制作用。有研究认为，在 1 cm^2 面积上，防止生物附着的最低溶解率为 24 小时 10 $\mu g/cm^2$。另有资料认为，铜的腐蚀速率大于 20 μm/ a 才具备防污能力。为了全面达到上述要求，纯铜是不适用的，其强度太低，抗蚀性低；只有从特种铜合金中的黄铜、青铜和白铜等铜合金中选择。抗污能力较强的特种铜合金的特点是合金元素不在表层富集，微量元素（铍、硼、锡）能起稳定氧化亚铜膜的作用（如锡黄铜中加硼，硼与锡阻止锌向表面富集），又不改变膜中主成分铜的含量。近年来，海水养殖用特种铜合金主要包括 UR30 铜合金等。

3. 水产养殖装备用特种铜合金网衣类型和特点

水产养殖装备用特种铜合金网衣类型主要包括特种铜合金拉伸网、斜方网、电焊网和编织网等［见图 2–30、图 2–19、图 2–24（a）②、图 2–24（a）④所示］。拉伸网亦称“斜拉网”“金属板拉网”“金属扩张网”等；若是钢的，称“钢板网”。斜方网亦称“勾花网”“勾网”“活络网”（荻螺网）、“环连网”（环链网）等。斜方网每个网孔的四个顶点中，有两个顶点是由两根相邻丝材的弯曲部相互勾连组成的结合点。一般情况下，这些结合点的两根丝材相互勾连紧密，但在受力变化较大情况下，可能会在勾连处产生微小的相对运动，引发微动磨损和缝隙腐蚀。这是斜方网与拉伸网、电焊网不同的地方。电焊网又称“焊接网”。将焊接网用的金属丝材校直、切断，相互按经线方向和纬线方向交叉，组成一定大小的网孔，然后在点焊机上将丝材交叉点焊接固定。

编织网在水产养殖领域可用于淡水养殖防护网、海水养殖过滤网及防护网等。编织网中的铜合金丝之间在恶劣海况下会产生磨损或疲劳，这需要通过特种结构设计和装配来降低相关影响，以保障其养殖生产安全。有相关技术需要的读者可参考东海所石建高研究员课题组的研究项目。

图 2–30　拉伸网

4. 特种铜合金网衣海上挂片实验

东海所在我国三大海区的网箱养殖试验点进行了为期 1 年左右的特种铜合金网衣实验，其中，在威海深水网箱养殖试验点进行了为期 1 年的特种铜合金网衣海上挂片实验，结果如表 2–24 所示。从表 2–24 可见，特种铜合金网衣实现了防污 12 个月的防污效果。

表 2-24 特种铜合金网衣海上挂片实验结果

序号	特种铜合金网衣产地	特种铜合金网衣种类	特种铜合金网衣使用方向	特种铜合金网衣防污效果	合成纤维网衣防污效果
1	国产	小规格 HSn70-1 编织网	纵向	无附着物	长有大量海藻
2	进口	小规格 UR30 编织网	纵向	无附着物	长有大量海藻
3	国产	大规格 HSn70-1 斜方网	纵向	无附着物	长有大量海藻
4	国产	大规格 HSn70-1 斜方网	横向	无附着物	长有大量海藻
5	国产	小规格 HSn70-1 斜方网	纵向	无附着物	长有大量海藻
6	国产	小规格 HSn70-1 斜方网	横向	无附着物	长有大量海藻
7	进口	大规格 UR30 斜方网	纵向	无附着物	长有大量海藻
8	进口	大规格 UR30 斜方网	横向	无附着物	长有大量海藻
9	进口	小规格 UR30 白铜斜方网	纵向	无附着物	长有大量海藻
10	进口	小规格 UR30 白铜斜方网	横向	无附着物	长有大量海藻
11	进口	小规格 UR30 黄铜斜方网	纵向	无附着物	长有大量海藻
12	进口	小规格 UR30 黄铜斜方网	横向	无附着物	长有大量海藻

5. 特种铜合金网衣在水产养殖装备上的应用及其防污特点

东海所在我国三大海区养殖试验点开展了特种铜合金网衣网箱试验、特种铜合金网衣围栏试验，取得了较好的试验结果。东海所石建高研究员等发明了网箱用金属编织网防污试验挂网制作及其吊挂方法，为金属网衣防污试验提供了一种快速制备方法，实现了组合式铜合金网衣——铜合金斜方网和编织网在浮式网箱箱体系统上的创新应用，验证了铜合金网衣的防污功能及其在箱体容积保持率上的提升作用。随着深远海养殖业的发展，我国在单柱半潜式深海渔场——“海峡 1 号”上测试了铜合金网衣，以解决深远海养殖网衣的污损问题，相关工作目前正在进行，最终结果可为大型深远海网箱网衣的优选提供参考（图 2-31）。根据相关媒体报道，“海峡 1 号”为全球首个单柱式半潜深海渔场，由福鼎市城市建设投资有限公司负责投资建设，荷兰迪马仕公司负责设计，美国 ABS 公司负责监审，并由马尾造船股

图 2-31 特种铜合金网衣在单柱半潜式深海渔场上的应用

份有限公司负责建造，福鼎市海鸥水产食品有限公司负责运营、养殖。“海峡 1 号”于 2020 年 3 月 22 日下水，4 月 24 日到达养殖场位置，5 月 13 日完成安装投放。

东海所石建高研究员课题组联合恒胜水产开发了双圆周管桩式大型围栏，这种养殖围栏模式在国际上属于首创。2013—2014 年，在“水产养殖大型围栏工程设计”科技项目的支持下，东海所联合恒胜水产、山东爱地等单位开展了双圆周管桩式大型围栏的研发，围栏建设地点位于浙江台州大陈岛海域（图 2-32），围栏主要设计人为石建高与茅兆正。围栏外圈周长约 386 m、养殖面积约 11 500 m^2、最大养殖水体约 12 万 m^3；围栏由内、外两圈组成，外圈由圆形管桩与超高强特力夫网衣组成，内圈由圆形管桩与组合式网衣组成。组合式网衣上部采用了特力夫网衣，下部采用特种铜合金网衣。通过特种铜合金编织网解决网围水下网衣的防污问题，成功将金属合金网衣拓展到网围领域。

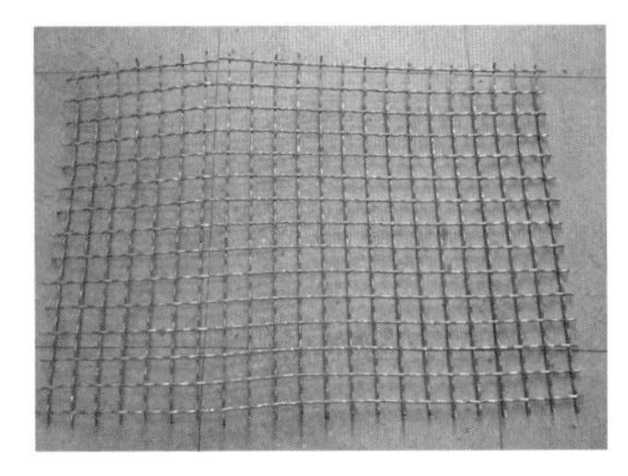

（a）铜合金编织网　　（b）石建高研究员等设计完成的大型养殖围栏

图 2-32　特种铜合金网衣在双圆周管桩式大型养殖围栏上的应用

围栏内、外两圈的柱体顶端之间以金属框架结构相连，作为观光平台和工作通道 / 游步道。项目相关情况被中国水产养殖网等多家媒体报道。与传统海水围栏相比，在双圆周管桩式大型围栏项目建设中，东海所等将新材料技术、金属网衣防污技术、网具优化设计技术、围栏底部防逃逸技术、围栏桩网连接技术等创新应用于围栏设施工程，首次创新设计出双圆周管桩式大型围栏，用来生态化养殖大黄鱼等鱼类，该项目形成“一种大型复合网围”等发明专利多项。双圆周管桩式大型围栏的成功研发被一些水产养殖专业人员誉为我国深远海围栏养殖业的“里程碑”，引领了我国大型围栏养殖业的发展浪潮。双圆周管桩式大型围栏建成至今，已经历“凤凰”等多个台风的考验，该围栏项目具有抗台风能力强、养殖鱼类成活率高、养成鱼类价格高、网衣防污功能好、养殖管理成本低等优点，综合效益显著；其主要缺点是项目一次性投资成本高等。双圆周管桩式大型围栏项目的建成交付、产业化养殖应用及其良好的抗台风性能，标志着我国深远海围栏发展从第一阶段跨入了第二阶段。

七、钛网及其他合金网衣

由于金属网衣为刚性结构或半刚性结构，带有力纲（亦称“网筋”）等骨架，又有自重，因此，金属网衣养殖网箱一般不需要配重块或沉子，而金属网衣围栏通过桩网连接技术固定在柱桩等构件上。钛的耐腐蚀性极强，广泛应用于以海水为冷却水的换热器、冷凝器的冷却管及管板等。因为钛与海洋生物的生理机能无任何关系，几乎无药理作用，因此，它被应用于化妆品或医药制剂等领域。钛网的强度较好，但比重仅为 4.5 g/m^3，比铁轻，耐海水腐蚀性能可与铂金相比，但经受不住风浪引起的磨损，只能用于近岸养殖设施或有刚性结构支持类型的离岸养殖设施（如球形网箱、钢质框架结构网箱等）上，同时因为钛网价格高，所以目前还未能在网箱养殖生产中普及应用。钛网与镀锌金属网衣等其他渔网材料的性能比较见表 2–25，人们可以根据深远海养殖项目实际情况，选择合适的金属渔网材料。不锈钢网在水产养殖中应用很少，这里不作详细介绍。水产养殖过程中，锌铝合金网衣等金属网衣表面也需要定期维护、保养与清洗，一般采取高压水枪、洗网机等清除金属网衣表面的钩挂生物、漂浮物等。

表 2–25　钛网与其他金属合金渔网材料综合性能的比较

材料类型	钛网	特种铜合金网衣	镀锌金属网衣
性能	网衣比镀锌金属网轻，其综合性能较好	水产养殖专用特种铜合金网衣防污性能好	网衣耐咬，较普通合成纤维网衣重，其强力性能较好
成本	成本昂贵，且相关养殖设施海上安装时需借助吊机设备	成本高，且相关养殖设施海上安装等过程中需借助吊机设备	成本较高，且相关养殖设施海上安装等过程中需借助吊机设备
抗流能力	良好	良好	良好
河豚养殖	可养殖未剪齿河豚	可养殖未剪齿河豚	可养殖未剪齿河豚
防污效果	优于合成纤维网衣	水产养殖专用特种铜合金网衣防污性能好	水产养殖专用镀锌金属网衣防污性能较好
清洗方式	定期洗网、采用洗网机等清洗方式，3 ~ 4 次 / 年	水产养殖专用特种铜合金网衣不需要清洗，但需要维护保养	潜水员洗网、采用洗网机等清洗方式，2 ~ 3 次 / 年
使用寿命	使用寿命长（需专业设计、维护保养）	使用寿命主要取决于海况、设计技术、养殖设施结构等因素	2 ~ 3 年。如果海况、养殖设施结构等合适，使用寿命可以延长

不锈钢为铁元素中加入镍、铬的耐腐蚀合金，在大气环境和淡水环境中，有极优的耐腐蚀性。代表性品种有奥氏体不锈钢，含 18% 的铬和 8% 的镍，广泛应用于配管类、管槽类、热水器等设施。不锈钢的特点不是金属本身无腐蚀反应，而是有一层防蚀薄膜（亦称“钝化膜”）。钝化膜在常温海水中不受腐蚀。不锈钢的耐腐蚀性受腐蚀环境制约，在强酸、强碱或含有卤素化合物的环境中，钝化膜会被全部或部分破坏而形成腐蚀。若不锈钢处于含有氯离子（如海水）的环境中，当不锈钢相互重叠或表面有贝类附着时，会产生极其细小的缝隙，缝隙内的海水无法循环，随着时间的推移，氯离子浓度上升，pH 值下降，普通不锈钢的钝化膜经受不住，缝隙内表面变为阳极，外表面变为阴极，从而产生腐蚀。因此，在海水环境下一般使用添加了钼的耐海水腐蚀的奥氏体不锈钢（如 SUS-316、316L、317 等）。尽管不锈钢在常温海水中可以抵抗点蚀，但还会产生筏式缝隙腐蚀。因此，在深远海养殖装备中应选择合适的结构材料。如某养殖装备为防止船用 AH36 高强度船用钢板腐蚀，在钢板外涂刷防腐油漆；为防止附着，在钢板外涂刷防污油漆。

第三节　半潜式养殖平台等渔业装备网衣防污损处理技术

网衣防污损技术是渔业装备工程技术的重要组成部分，开展相关技术分析、研究和总结非常重要和必要。本节主要对人工清除法、防污涂料法、网衣本征防污法、PET 网防污法、机械清除法、箱体转动防污法、生物防污法、减小附着基面积防污法、金属网衣防污法、多元协同防污法、网衣升降防污法、增大网目防污法和错时错位养殖防污法等防污方法进行介绍，为进一步研究半潜式养殖平台等渔业装备网衣防污损处理技术提供参考。

一、人工清除法

网箱及围栏等水产养殖中，网衣污损附着物会影响设施安全及其养殖鱼类的健康生长，增加运维成本，因此，网衣防污是水产养殖业备受关注的问题。

针对网箱及围栏等网衣防污问题，人们最先使用的技术为人工清除法。人工清除法是指使用人力或手工来清除网箱及围栏等网衣附着物的方法，该方法已有 70 多年的历史。人工清除法包括换网工况下的人工清除法［见图 2-33（a）（b）所示］和不换网工况下的人工清除法［见图 2-33（c）（d）所示］。

换网工况下的人工清除法操作步骤为：首先进行换网，并将换下来的网衣移至沙滩或养殖平台等进行雨淋、淡水浸泡、风干或阳光暴晒等处理，以杀死网衣上的污损生物，再用棍棒敲打、手工清洗或水枪清洗等方法去除网衣上的污损生物，以清洁网

（a）　（b）　（c）　（d）

图 2-33　人工清除法

衣（可供水产养殖业继续使用）。换网工况下的人工清除法主要特点有：

①换网作业受海况条件的影响很大，海况不良时即无法换网；

②人工换网后再进行附着物的清除；

③清除的附着物污染环境；

④换网影响鱼类正常生长发育；

⑤工人劳动强度大，工作效率低，实际人工成本较高；

⑥人工操作为主，整体技术要求低，应用范围广等。

不换网工况下的人工清除法主要包括以下两种方法：一种是使用杆式刷子清洗网箱及围栏等网衣，养殖工人站在水产养殖装备框架上，通过手持杆式刷子作不同方向的运动来刷洗网衣附着物，以清洁网衣；另一种是利用潜水员携带高压水枪等工具入水，使用高压水流来清除网衣附着物。

不换网工况下的人工清除法主要特点有：

①工作效率低，实际人工成本较高；

②不需要换网，直接在水产养殖地进行附着物清除；

③作业范围有限（一般水深不大于 20 m）；

④配套潜水工作属于高危工作；

⑤人工操作为主，整体技术要求低，应用范围小于换网工况下的人工清除法；

⑥人工清除作业受海况条件的影响很大，海况不良时即无法作业等。

人工清除法目前仍在发展中国家广泛应用，究其原因是其技术要求低且每个养殖工人都可以操作，而普及其他防污方法的条件尚不具备（如缺少购置先进洗网机所需的资金等）。诚然，随着水产养殖业的规模化发展及其新技术的创新，人工清除法将逐步被其他有竞争力的网衣防污技术所替代。

二、防污涂料法

本章第一节已对牧场化围栏等渔业装备防污涂料技术进行了详细介绍。随着水产养殖规模扩大，人们开始寻求以低劳动强度的“省力”型网衣防污技术来替代传统网衣防污技术——人工清除法。受益于船舶防污技术的启发，人们研发了网衣防污涂料。在水产技术领域，通过涂料来防止海洋生物附着或污损网衣的方法称为“防污涂料法”。与船舶防污涂料相比，网衣防污涂料更加复杂，这主要表现在：

①使用防污涂料的网衣为多孔结构柔性网衣；

②防污涂料与养殖鱼类等养殖对象密切接触；

③涂装防污涂料的网衣需在浪、流和外力等不断变化的海洋环境下长期防污；

④水产养殖地域广阔，优势污损生物品种繁多；

⑤养殖生产要求柔性网衣上的防污涂料附着力好，在高海况下不能脱落等。

网衣防污涂料一般由成膜物质、防污剂、颜料、填料、助剂和溶剂等组分构成。最初的网衣防污涂料以防污剂释放型防污为主要技术途径，通过涂料中可释放的重金属防污剂，在网衣表面形成一层可毒杀海洋植物孢子与海洋动物幼虫等的液膜，以防止海洋生物附着。后来经过国内外技术人员的不懈努力，现有网衣防污涂料已呈现百花齐放的局面，主要类型包括自抛光型防污涂料、低表面能防污涂料、释放型防污涂料、接触型防污涂料、具有微相分离结构防污涂料、可溶性硅酸盐防污涂料、扩散型防污涂料、导电防污涂料、含植物提取物的防污涂料、溶解型防污涂料、生物防污剂与仿生防污涂料。

绿色环保、广谱有效或长久高效的网衣防污涂料不但对水产养殖生产意义重大，而且市场潜在用量巨大，可在扇贝笼、养殖围栏等养殖设施中应用（见图2-34）。为研发或筛选出适配性好的网衣防污涂料，国内外学者进行了大量研究工作。如海南科维及燎原公司等单位与东海所石建高研究员课题组在环保型防污涂料、特种防污技术研究及其市场化应用方面开展了深入合作，成功开发了低铜、无铜和水性等多功能性海洋防污涂料产品。目前，产品在水产养殖业销售和应用上已经取得阶段性的成果（详见本章第一节），这为今后开发出绿色环保、价廉物美、广谱有效或长久高效的网衣防污涂料提供了技术储备。

相较于人工清除法，网衣防污涂料法具有如下特点：

①防污涂料网衣需在特定海况条件与特种水产养殖装备上应用，有些海域与设

施不适合使用防污涂料网衣；

②不同环境下的污损生物优势种类存在差异，水产养殖业需优选合适类型的防污涂料；

③防污涂料应具有良好的抗冲击性，以防止其在风浪流作用下从网衣上脱落；

④防污期内可实现网衣免清洗与免换网；

⑤部分国产防污涂料销量小、广谱性差且价格较高，导致水产养殖业应用防污涂料的积极性不高；

⑥现有普通防污涂料防污期一般为 4 ~ 6 个月，个别防污涂料防污期达到 10 个月，防污期结束后，需要重新进行防污处理；

⑦与使用无防污涂料网衣的水产养殖装备相比，使用防污涂料网衣的水产养殖装备需增加运维成本。

目前，我国水产养殖业仅少数网箱及围栏等水产养殖装备应用防污涂料法，主要是因为普通防污涂料防污期短、防污涂料价格较高且需增加复杂的涂层处理工序、水产养殖装备所在海区海况恶劣且分布区域广阔等，这就要求提高防污涂料的长效性、广谱性，降低应用成本等，以助力防污涂料法在网箱及围栏等水产养殖装备上的大规模产业化应用。

图 2-34　防污涂料在网衣上的后处理加工及其应用

三、网衣本征防污法

在高海况养殖环境下，网箱及围栏等网衣上的防污涂料易脱落失效，已经成为制约防污涂料法产业化应用的主要问题之一。为解决上述问题，人们综合应用复合材料新技术，将聚胍盐、纳米银、纳米铜等多种高效防污剂复配到特种纺丝原料中，创制出具有本征防污功能的本征防污网衣新材料，解决了网衣防污涂料易脱落失效的难题，为养殖网衣防污提供了一种新的技术路径。网衣本征防污法是近几年发明的一种网衣防污新技术，目前主要由石建高研究员课题组及其合作单位开展相关工作，已取得一些研究成果，生产出具有本征防污特征网衣，并在养殖生产中进行测试及示范应用，防污效果较好。本征防污法应用结果表明：

①具有本征防污特征网衣在同等条件下，单位面积上的污损生物重量可较目前应用最广泛的聚乙烯网衣降低 32%；

②具有本征防污特征网衣对附着在养殖网衣上的藻类、贻贝等多种污损生物具有良好的抑制作用。

石建高研究员课题组等团队目前仍在研究不同类型防污剂对网衣污损生物的驱避作用，以逐步揭示不同防污剂之间的协同防污机制。此外，我国还开展了其他本征防污新材料的研发，成功制备了一种淀粉降解防污网，并在水产养殖基地进行防污试验，试验效果显著；石建高研究员课题组联合相关单位采用防污复合料，制备出半潜式养殖平台用防污网衣，可在 6 个月内有效防污，这为今后网衣本征防污法的优化积累了数据。

相较于人工清除法，网衣本征防污法具有如下特点：

①降低水产养殖装备生产中的网衣防污运维成本；

②将网衣防污工作简化，可降低养殖工人劳动强度、提高工作效率；

③采用特种纺丝工艺将高效防污剂复配到纺丝原料中，减少了防污涂料涂装工序且避免了防污剂从网衣上脱落；

④高效防污剂的创新应用使本征防污网衣具有较好的防污性能；

⑤筛选的防污剂应满足纺丝要求，以确保本征防污网衣具有较好的防污功效；

⑥本征防污纤维制备难度大，需采用特种纺丝工艺与纺丝设备。

网衣本征防污法将烦琐的网箱防污工作大幅简化，可避免防污剂从网衣上脱落失效，特别适合我国东海区等高海况水域的水产养殖装备应用，该技术的应用前景非常广阔。

四、PET 网防污法

PET 网因其由单根单丝编织、单丝表面光滑等因素，在其他条件相同的前提下，单位面积污损生物附着量小于普通合成纤维网衣，因此逐渐被用来制成防污网衣。通过使用 PET 网来降低污损生物附着量的方法称为“PET 网防污法”。PET 网单丝表面光滑，在其他条件相同的前提下，其水中阻力较小，可实现养殖生产的降耗减阻。目前，PET 网防污法已在我国水产养殖业中试验或应用（见图 2-35）。东海所石建高研究员课题组正在开发具有防污功能的 PET 网单丝，一旦该技术获得突破，普通 PET 网将升级为本征防污 PET 网，其发展前景广阔。

相较于人工清除法，PET 网防污法具有如下特点：

①适用范围广，在应用网衣的水产养殖装备中均适用；

②将网衣防污工作简化，可降低养殖工人劳动强度、提高工作效率；

③降低水产养殖装备生产中网衣防污运维成本；

④可实现养殖生产的降耗减阻，提高养殖生产的安全性和抗风浪效果；

⑤综合效益可行。

随着新材料技术的不断发展、渔业节能减排战略的实施、本征防污PET网新材料的开发与应用等，PET网防污法今后将会逐步得到广泛应用。

图2-35 PET网防污法的实践应用

五、机械清除法

利用洗网机等机械设备来清除或刮除网衣附着物的方法称为“机械清除法”。随着网箱、围栏、扇贝笼等水产养殖装备配套装备技术的发展，洗网机（亦称“网衣清洗机”）等养殖装备应运而生。现有水产养殖装备洗网机主要有机械毛刷洗网机、射流毛刷组合洗网机和高压射流水下洗网机等。针对机械清除法，日本洋马公司、挪威阿格瓦（AKVA）集团等开展了大量研发应用工作，积累了先进的洗网机技术，并已实现一些高端洗网机产供销的整体配套。日本创新开发了NCL系列智能养殖网清洗机器人，其最大潜水深度达到50 m，最大清洗速度高达1 600 m^2/h，且已实现智能化巡航清洗，推动了高端洗网机向作业速度更快、清洗面积更大、下潜深度更深方向发展（见图2-36）。AKVA集团成功研制出高性能AKVA FNC8型网衣清洗机，该设备洗网作业时射流量很高，在不影响清洗效果的情况下使得降低水压成为可能，这可将洗网机对渔网材料的磨损破坏影响降至最小（见图2-37）。此外，挪威Global Maritime公司为“海洋渔场1号”半潜式深海养殖装备开发了一套高压海水清洗系统，在旋转门框架上布置带高压喷嘴的滑轨车，喷出的高压水可有效清洗整个网衣上的附着物。上述机械清除法的研发、试验或产业化应用推动了网衣防污技术升级。

图 2-36　NCL 系列智能养殖网清洗机器人

图 2-37　AKVA FNC8 型网衣清洗机

相较于人工清除法，机械清除法具有如下特点：

①工作效率高，较人工清除法工效可提高 4 ~ 5 倍以上；

②人工成本低；

③作业范围大；

④工人劳动强度小；

⑤洗网作业时不需要潜水员操作；

⑥避免了换网对鱼类正常生长发育的影响；

⑦洗网机一次性投入高，要求用户有一定的经济实力或达到一定的养殖规模；

⑧对用户有机械化或智能化养殖装备技术需求；

⑨清洗时，可以检查网衣（仅限 NCL 型智能养殖网清洗机器人等高端智能洗网机）等。

在我国海水水产养殖生产中，很少使用机械清除法，主要是因为：进口高端智能洗网机价格昂贵，国产普通洗网机多属于项目试制产品而非水产养殖业用商品，适合海上作业的国产普通洗网机至今未能实现量产销售，国产智能洗网机技术尚未取得突破。

展望未来，如果国外高端智能洗网机能因降价而大量进口、国产普通洗网机整体性能优越且能量产销售、国产智能洗网机关键技术取得突破并能实现规模化制造与应用，那么洗网机有望在我国规模大的养殖企业率先应用，并会逐步推广到规模小的养殖企业或个体户。东海所石建高研究员等开展了智能化与机械化洗网机理论研究，分析比较了国内外不同类型洗网机的特点，论述了水产养殖业普及洗网机的重要性和必要性，并与国外企业积极沟通，有望实现 NCL 系列智能养殖网清洗机器人在我国深远海养殖业的首次应用。

六、箱体转动防污法

箱体转动防污法主要在网箱设施中使用。在水产养殖生产活动中，人们发现网衣附着物经过风吹日晒后会发生部分死亡、脱落等现象，受此启发，发明了箱体转动防污法。箱体转动防污法是指借助网箱箱体的转动使水中部分网衣外露于水面，以通过风吹日晒等手段来去除或部分杀灭出水网衣上附着物的方法。箱体转动防污法已经在挪威、美国和我国的水产养殖业中投入试验或应用示范。

对网箱来说，根据不同种类污损生物的附着习性，可以通过旋转养殖设施及晒网，以清除或晒死污损生物。如由上海振华重工集团股份有限公司自主研制的“振渔 1 号”深远海黄鱼养殖网箱通过旋转机构安装在结构浮体上，可实现绕轴 360° 旋转（图 2–38）。养殖网箱浸入水中部分为鱼类活动区域，上部露出水面，通过日晒、风干等过程去除网箱上附着的海洋生物。养殖网箱通过旋转，定期将水下部分转动出水，实现对水下渔网的清洁。该装备的电动旋转鱼笼设计拥有专利，攻克了长期困扰海水养殖业的海上附着物难题，通过机械化手段，将传统的人工养殖模式转变为机械养殖模式，大大减少了养殖人员的工作强度，提高了工作效率。

图 2–38 “振渔 1 号”可旋转式网箱

连江“定海湾 1 号”深远海海鱼机械化养殖平台于 2020 年初开始构思设计，2021 年 2 月前投入使用（见图 2–39）。“定海湾 1 号”从审图、进厂材料及设备到建造质量监控整个过程都由中国船级社认证。据报道，“定海湾 1 号”由福建鑫茂渔业开发有限公司委托制造，该平台长 60.9 m，宽 32 m，养殖水体 1.58×10^4 m^3，总造价约 1 500 万元，可抵御 15 级台风。“定海湾 1 号”为正八边形的棱柱状巨型网箱，其中 1/3 露出水面、2/3 浸在水中，网箱可进行任意角度的旋转，定时将网衣转至水面以上，避免了渔网附着物的生长，也便于网体清洁及维护保养。“定海湾 1 号”平台除了可自动监测海水 pH、盐度和含氧量，还安装有水下探头等监控系统，实时将影像通过网络传输到手机或计算机终端，养殖户只要下载一个 APP 程序，就能随时监测鱼类的生长情况及平台的运作状况，及时发现问题。

图 2-39　“定海湾 1 号”可旋转式网箱

对球形网箱而言，人们可以通过调节网箱系缆位置、锚泊系统载重等措施来使网箱水下网衣部分转动出水，实现网衣防污。箱体转动防污法将网衣防污变得简单化，降低养殖工人劳动强度，提高养殖工作效率。相较于人工清除法，箱体转动防污法具有如下特点：

①适用范围小，仅在箱体可以转动的网箱上适用；

②为实现网衣防污，该方法牺牲了部分养殖水体，间接增加了单位鱼类的生产成本；

③网衣防污操作简便，可降低养殖工人劳动强度，提高工作效率；

④旋转机构增加了网箱制造成本；

⑤养殖区域需要满足特定的海况条件。

箱体转动防污法目前已在旋转式网箱、可翻转网箱和球形网箱等网箱上应用，其防污效果值得充分肯定。如果今后能发明并批量产出高性价比的转动型网箱、实现网箱转动系统价格的大幅降低、构建渔旅结合产业模式等，箱体转动防污法将会得到更广泛的应用。

七、生物防污法

在水产养殖业，人们将一些可以清除网衣附着物的鱼类（如斑石鲷、篮子鱼和绿鳍马面鲀等）称为清污鱼类（图 2-40）。清污鱼类常以附着在网衣上的丝状绿藻、褐藻、硅藻或贝类等为食，人们因此可以利用它们刮食植物或摄食动物的行为习性来防除污损生物。在网箱等养殖设施内，通过混养一定比例的清污鱼类来防除网衣附着物的方法称为“生物防污法”。关于生物防污法，国内外学者进行了一些试验研究。如石建高等联合有关单位在围栏设施上开展了生物防污法研究，按照不同的养殖密度投放斑石鲷和黑鲷等清污鱼类，以观察其防污效果，分析了清污鱼类养殖密度对防污效果的影响。

相较于人工清除法，生物防污法具有如下特点：

①适用范围小，仅能在适合混养清污鱼类的水产养殖中适用；

②可降低养殖工人劳动强度，提高工作效率；

③混养清污鱼类密度合适时，具有较好的防污效果，养殖过程中可免换网与免清洗等。

目前，海水水产养殖业中很少应用生物防污法，究其原因是缺少高回报清污鱼类适养品种，成熟可行的“主养品种 + 清污鱼类”混养商业模式尚未建立，生物防污法系统研究与产业化应用示范缺乏等。生物防污法实施中对环境无毒副作用，有助于水产养殖的绿色发展，今后若能培育出清污鱼类适养品种，并成功实现“主养品种 + 清污鱼类”混养商业模式的产业化应用，则可实现“网衣防污 + 网箱收入”双丰收。随着我国水产养殖绿色发展战略的实施，生物防污法今后有望成为一种特色、实用的网衣防污方法。

（a）石斑鲷

（b）篮子鱼

（c）绿鳍马面鲀

图 2-40 清污鱼类

八、减小附着基面积防污法

在网箱等水产养殖装备中，通过应用高性能绳网材料制品来减少污损生物在水产养殖装备用绳网表面的附着基面积的防污方法，称为“减小附着基面积防污法”。东海所石建高研究员课题组对此进行了一些试验研究。如在其他条件相同前提下，高性能绳网材料制品大幅减少了网线、绳索或网衣目脚的直径，可减少污损生物在水产养殖装备用绳网表面的附着基面积，形成了基于减小附着基面积的防污策略，成功实现防污目的（表 2–26 至表 2–28）。

表 2–26　* 项目技术与国际同类产品的性能指标对比

序号	8 股高性能纤维绳索（* 项目产品）			国际标准中绳索性能指标（对照指标）					* 项目技术与国际同类产品性能指标比较	
	直径 /mm	线密度 /ktex	断裂强力 /kN	直径 /mm	材质	国际标准号	线密度 /ktex	断裂强力 /kN	断裂强力提高 /（%）	绳索附着基面积减少 /（%）
1	11.4	79	120	11.4	UHMWPE	ISO 10325	79	100.2	19.8	0
2	11.4	79	120	24	PA	ISO 1140	355	112	7.1	77.4
3	11.4	79	120	32	PE	ISO 1969	513	102	17.6	81.3

注：* 项目特指东海所石建高研究员课题组开展的高性能绳网项目；

表 2–27　UHMWPE–F 网片与传统合成纤维网片性能及其附着基面积对比

序号	UHMWPE–F 网片性能（网片性能指标源自研发样品实测数据）			传统合成纤维网片性能（网片性能指标源自国家标准 GB/T18673）			前后两种网片性能及其附着基面积比较	
	规格	网线直径（mm）	网片纵向断裂强力（N）	规格	网线直径（mm）	网片纵向断裂强力（N）	断裂强力提高幅度（%）	网片附着基面积降低幅度（%）
1	UHMWPE–F—1600D × 5–45 mm	2.00	3705	PE—324D × 63–45 mm	2.75	3654	1.4%	47.1
2	UHMWPE–F—1600D × 5–45 mm	2.00	3705	PA—210D × 80–45 mm	2.50	3560	4.1%	36.0

注：UHMWPE–F 网片为石建高研究员课题组开发的超高分子量聚乙烯裂膜纤维网片新材料。

表 2–28　PET–M 网片与传统合成纤维网片性能及其附着基面积对比

序号	PET–M 网片（网片性能指标源自研发样品实测数据）			国家标准中网片性能指标（网片性能指标源自国家标准 GB/T18673）			前后两种网片性能及其附着基面积比较	
	规格	网线直径（mm）	网片纵向断裂强力（N）	规格	网线直径（mm）	网片纵向断裂强力（N）	断裂强力提高幅度（%）	网片附着基面积降低幅度（%）
1	PET–M—2.5mm–40mm × 45mm	2.50	5300	PE—324D × 90–40mm	3.50	5216	1.6%	> 49.0

续表

序号	PET-M 网片（网片性能指标源自研发样品实测数据）			国家标准中网片性能指标（网片性能指标源自国家标准 GB/T18673）			前后两种网片性能及其附着基面积比较	
	规格	网线直径（mm）	网片纵向断裂强力（N）	规格	网线直径（mm）	网片纵向断裂强力（N）	断裂强力提高幅度（%）	网片附着基面积降低幅度（%）
2	PET-M—3.0mm-50mm × 70mm	3.00	7540	PE—324D × 120-40mm	4.00	6955	8.4%	＞43.8

注：PET-M 网片为石建高研究员课题组开发的 PET 网新材料。

目前，减小附着基面积防污法已在水产养殖装备领域示范应用。如在网箱养殖设施上，其他条件相同，以线径为 2.7 mm 的高性能纤维网衣替代线径为 3.2 mm 的普通 PE 网衣，网衣附着基面积减少 28.8%。同时，以表 2-26 为例，作进一步说明如下：以公称直径为 11.4 mm 的 8 股高性能纤维绳索替代直径 24 mm 的 8 股聚酰胺绳索，在其他条件相同前提下，绳索附着基面积减少 77.4%；在网箱养殖设施上，以公称直径为 11.4 mm 的 8 股高性能纤维绳索替代直径 32 mm 的 8 股聚乙烯绳索，在其他条件相同前提下，绳索附着基面积减少 81.3%。采用石建高研究员课题组研发的网线直径为 2.00mm 的 UHMWPE-F 网片替代直径 2.75mm 的传统聚乙烯 PE 网片，网片强力提高了 1.4%、网片附着基面积降低 47.1%；采用课题组研发的网线直径为 2.00mm 的 UHMWPE-F 网片替代直径 2.50mm 的传统 PA 网片，网片强力提高了 4.1%、网片附着基面积降低 36.0%；采用课题组研发的网线直径为 2.50mm 的 PET 网替代网线直径 3.50mm 的传统 PE 网片，网片强力提高了 1.6%、网片附着基面积降低 49.0% 以上；采用课题组研发的网线直径为 3.00mm 的 PET 网替代网线直径 4.00mm 的传统 PE 网片，网片强力提高了 8.4%、网片附着基面积降低 43.8% 以上。综上所述，减小附着基面积防污法的技术效果非常明显。

相较于人工清除法，减小附着基面积防污法具有如下特点：

①适用范围广，在使用绳网的水产养殖装备中均可适用；

②可降低养殖工人劳动强度，提高工作效率；

③可实现渔业生产的降耗减阻，提高渔业生产的安全性和抗风浪效果；

④经济效益和生态效益可行。

随着新材料技术的不断发展、渔业节能减排战略的实施，减小附着基面积防污法今后将会得到更为广泛的应用。

九、金属网衣防污法

本章第二节已对水产养殖装备用金属网衣防污技术进行了详细介绍，读者对金属网衣防污技术内容已经有了一个基本的了解。通过使用具有防污功能的金属合金网衣来防止或抑制网衣附着物的方法称为“金属合金网衣防污法”（见图 2-26 和图 2-32）。Yigit Ü 等开展了铜合金网衣网箱经济效益分析研究，测试比较了铜合金网衣网箱与传统防污尼龙网衣网箱，前者在养殖海鲈时具有更优异的促生长特性、饲料转化率和投资回报率，这为金属网衣防污法与防污涂料法的优选、性价比研究提供了参考；Yigit M 等对近海铜合金网衣养殖海鲷的生长情况、饲料转化率及鱼体内的重金属含量等进行了测试分析，以验证铜合金网衣养殖的安全性；石建高等发明了网箱用金属编织网防污试验挂网制作及其吊挂方法，为金属网衣防污试验提供了一种快速制备方法；张志新等开展了铜合金网衣网箱和合成纤维网衣网箱养殖黑鲪的海上试验比较研究，具体比较了两种养殖模式的成本、产值、产量、成活率、经济效益及其网衣附着面积，为铜合金网衣防污法的深入研究提供了参考；东海所在我国率先研究了斜方网、拉伸网、焊接网、编织网等铜合金网衣的物理机械性能，开展了海上挂片防污试验研究、网具装配技术研究、性价比研究和安全性研究，开展了对铜合金网衣网箱的初步设计、水动力试验和优化处理，并在大连、威海、舟山等地率先进行了拉伸网网箱、斜方网网箱和编织网网箱等铜合金网衣网箱应用试验，网箱养殖暗纹东方鲀、黑鲪和大黄鱼等经济鱼类，取得了较好的防污试验效果，引领了我国金属网衣防污技术升级。随着铜合金网衣技术的逐步成熟，我国开始在大型深远海养殖网箱、养殖围栏等养殖设施上试用铜合金网衣，其最终试验效果将为金属合金网衣的推广应用提供参考。

相较于人工清除法，金属网衣防污法具有如下特点：

①具有良好的防污功能，使用期内可以免换网；

②具有较好的强度等物理机械性能，可防止外来生物对养殖鱼类的攻击；

③与同等规格的合成纤维网衣网箱相比，金属合金网衣网箱较重，间接提高了网箱装配难度和浮力系统要求；

④金属合金网衣单位面积成本高，增加了水产养殖业的初始投资、生产成本和防污成本；

⑤金属合金网衣网箱规格、集中用量、装配技术及使用海况条件等需满足特定要求。

因为金属合金网衣初始投资高、产业用租赁回收商业模式缺失等原因，金属网衣防污法目前在水产养殖业的大规模产业化应用很少。未来若能实现金属合金网衣价格大幅降低，创制适合恶劣海况的新型金属合金网衣网箱结构，发明高性价比的金属合金网衣新材料，培育出高价适养鱼类新品种并能实施金属合金网衣租赁回收商业模式，则可推动金属网衣防污法在水产养殖业的应用。

十、多元协同防污法

随着防污技术的发展，人们发现单一防污技术有时难以获得理想的网箱防污效果。为此人们发明了多元协同防污法。所谓多元协同防污法是指通过综合应用两种或多种防污技术来减少网箱网衣附着物的方法。相比单一防污技术，多元协同防污技术将多种防污途径有机结合，功能一体化，实现协同防污，可得到优异的处理效果和高性价比。石建高等在金属网衣网箱试验中开展了多元协同防污研究，用防污涂料对装配金属网衣用绳索进行防污处理，结果表明，防污涂料法 + 金属网衣防污法的协同应用可大幅提高金属网衣网箱的综合防污效果；在合成纤维网衣网箱试验中开展了多元协同防污研究，将网衣本征防污法与减小附着基面积防污法有效结合起来，大幅提高了合成纤维网衣网箱的综合防污效果；在养殖围栏试验中开展了多元协同防污研究，将生物防污法与 PET 网防污法等有效结合起来，大幅提高了养殖围栏的综合防污效果（图 2-41）。挪威 Mørenot 公司为减少养殖网衣的洗网频率，对养殖网衣进行了防污涂料预处理，结果表明，“机械清除法 + 防污涂料法”的协同应用可大大减少网衣附着物及其洗网频率。综上所述，在水产养殖生产上采用多元协同防污法技术切实可行。

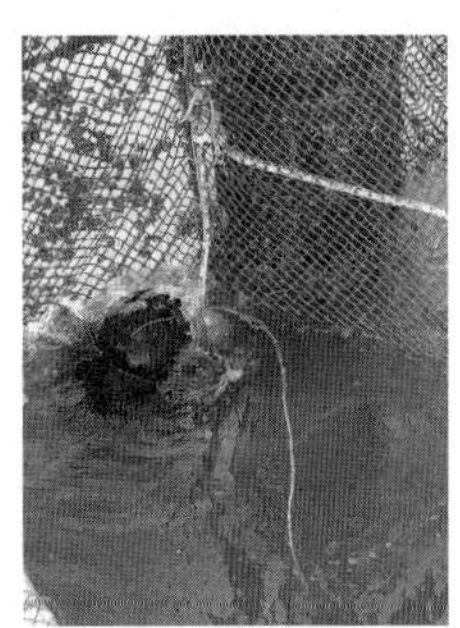

图 2-41 多元协同防污法在养殖围栏上的应用

相较于人工清除法，多元协同防污法具有如下特点：

①可实现协同、高效、长效的防污效果；

②攻克了单一防污技术难以获得理想防污效果的产业难题；

③相较于单一防污技术，多元协同防污技术将多种防污途径有机结合、实现功能一体化。

十一、其他网衣防污法

针对网衣防污，人们研发、试验或应用了形式多样的防污方法。除上述防污技术外，人们还开展了网衣升降防污法、增大网目防污法和错时错位养殖防污法等防污方法研究，推动了网衣防污技术升级。

将部分养殖网衣升至水面之上，通过风干日晒等手段来去除或杀灭出水网衣附着物的方法称为“网衣升降防污法”。网衣升降防污法已在升降式网箱、半潜式养殖平台、全潜式养殖平台等养殖设施中试验或应用。如中集蓝海洋科技有限公司制备了“长鲸一号”深远海智能化坐底式网箱，可借助配置在网箱框架上的两台提升绞车实现网衣系统部分出水，既可集鱼捕捞和检查网衣，又可通过风干日晒出水网衣等方法来满足网箱防污需求（图 2–42）。

图 2–42　“长鲸一号”深远海智能化坐底式网箱

针对大孔径网衣能减少单位面积污损生物附着量的特点，水产养殖业一般会采用增大网目防污法。增大网目防污法已在水产养殖业应用。东海所石建高研究员课题组开展了增大网目防污法研究，在东海区养殖设施项目试验中，在其他条件相同的前提下，将网目目脚长度增加 1 cm（网目目脚粗度不变），试验结果表明，同等面积上污损生物的附着面积和水阻力明显减少，而网衣内外的水体交换率明显提高。在网箱、围栏和笼具等养殖设施上，若网目太小，则会导致网片水流不畅，网衣上因此会大量滞留淤泥，从而促进微生物黏液膜形成与污损生物附着。此外，旧网比新网易受污损生物附着。根据养殖鱼类形态、规格和行为特征等实际情况，人们在网箱设计或养殖生产中也会尽量选用大网目网衣，这在其他条件相同的前提下既可有效减少网衣附着量、重量与成本，又可增加网衣内外的水体交换率，促进养殖鱼类健康生长。如在福建“闽投一号”深远海养殖网箱网衣系统设计中，东海所石建高研究员根据养殖大黄鱼的鱼类行为习性，将结构体与网衣之间的过渡连接距离增加了 1 cm，既方便了圆钢的安装，又减少了设施的水阻力。

海洋污损生物种类繁多，且随着水产养殖海区、养殖季节和养殖网衣所处深度等时空的不同而发生明显变化，据此人们发明了错时错位养殖防污法。

错时错位养殖防污法是指通过规避污损生物高发期与高发区域来减少网箱网衣附着物的方法。部分学者研究过错位养殖防污法的网衣防污效果。石建高等在我国三大海区水产养殖试验点开展了网衣防污试验研究，分析了不同季节下网衣附着物的优势种类与数量变化规律；此外，还以PA网衣与PE网衣为例进行防污试验研究，分析比较了不同季节、不同深度以及不同渔网材料等因素下的网衣附着情况，为今后错时错位养殖防污法研究与产业化应用积累了经验。许文军等调查分析了东海区网箱网衣附着物的种类与季节变化，研究发现试验海区的优势污损生物种类为海葵与水螅等。

相较于人工清除法，上述其他网衣防污技术具有如下特点：

①可降低养殖工人劳动强度、提高工作效率；

②适用范围小，仅能在适合增大网目、可实现网衣升降或适合错时错位养殖等特定情况下适用；

③相关防污技术因地制宜应用时，具有一定的防污效果，但在养殖过程中无法实现免换网与免清洗；

④实施相关防污技术在经济效益和养殖技术方面具有可行性。

目前，海水水产养殖业中很少应用错时错位养殖防污法等网衣防污技术，究其原因主要是缺少合适对象。今后若能培育出高价错时错位养殖新品种、研制出养殖用新型网箱、大力发展升降式网箱模式，则可驱动网衣升降防污法等其他网衣防污技术推广应用。

与挪威、日本等渔业发达国家相比，我国养殖网衣防污技术有待升级，尚未形成适合我国国情的产业用先进网衣防污技术。展望未来，今后我国海水网箱网衣防污技术的重要研究方向主要包括防污涂料法、网衣本征防污法、PET网防污法、机械清除法、箱体转动防污法、生物防污法、减小附着基面积防污法、金属网衣防污法、多元协同防污法、网衣升降防污法、增大网目防污法和错时错位养殖防污法等防污方法。为加快推进我国水产养殖绿色发展战略，建议增设渔网产业技术体系岗位科学家、加大网箱防污技术研发投入、加强网箱防污技术基础研究或应用基础研究，创制适合我国国情、养殖海况、养殖网箱、水产养殖绿色发展要求的产业用先进防污技术，形成支撑现代渔业可持续发展的防污技术体系。

第三章　深远海养殖用渔网材料综合性能检验技术

渔网在深远海养殖中广泛应用，应用领域包括深远海网箱（如箱体、防护网、捕捞网和饲料档网）、半潜式养殖平台（如养殖网衣）、深远海围栏（如网具）、深远海养殖工船（如捕捞网）等。科学、精准检验、分析、评估渔网综合性能，有利于渔网技术优化、升级、创新和创制应用。本章主要介绍渔网材料综合性能检验技术，为深远海养殖业高质量发展提供科技支撑。

第一节　深远海养殖用有结网检验技术

有结网衣简称“有结网”。深远海养殖用有结网主要包括超高分子量聚乙烯（UHMWPE）网衣、聚乙烯（PE）网衣、聚酰胺（PA）复丝网衣和聚酯（PET）网衣等。本节主要介绍上述有结网检验技术，为有结型渔网材料综合性能分析研究提供参考。

一、有结型超高分子量聚乙烯及聚酯网衣检验技术

深远海养殖用有结型超高分子量聚乙烯网片（以下简称“超高分子量聚乙烯网片”）具有高强、耐磨、耐切割和耐紫外老化等卓越性能。深远海养殖用有结型聚酯网片（以下简称为“聚酯网片”）具有密度大、吸湿性很小、染色性差、强度较高、沉降性好等特点。有结型超高分子量聚乙烯及聚酯网衣简称“有结型UHMWPE 及 PET 网衣”。目前，我国尚无有结型 UHMWPE 及 PET 网衣标准。本部分概述有结型 UHMWPE 及 PET 网衣的检验技术，供读者开展相关试验参考。

（一）检验内容及其标准

目前，有结型 UHMWPE 及 PET 网衣尚无国家标准或行业标准，检验内容及其标准参考《渔用机织网片》（GB/T 18673—2008）等相关标准或共需双方约定要求，待国家标准或行业标准正式制定后按相关标准进行检验。有结型 UHMWPE 及 PET 网衣主要检验内容及其标准包括检验方式及其样本数、检验项目、检验仪器与被测参数、检验方法、检验样品和检验仪器的检查、电源与环境条件要求、检验异常处理办法、检

验结果判断方法。

现行有结型 UHMWPE 及 PET 网衣测试方法标准包括《纺织品　色牢度试验　评定沾色用灰色样卡》（GB/T 251—2008）、《渔网　合成纤维网片断裂强力与断裂伸长率试验方法》（GB/T 4925—2008）、《渔网网目尺寸测量方法》（GB/T 6964—2010）、《渔具材料试验基本条件　预加张力》（GB/T 6965—2004）、《渔用机织网片》（GB/T 18673—2008）、《渔网　网目断裂强力的测定》（GB/T 21292—2007）、《渔具材料试验基本条件　标准大气》（SC/T 5014—2002）等。色差按《纺织品　色牢度试验　评定沾色用灰色样卡》的规定执行。网目断裂强力的试验方法按《渔网　网目断裂强力的测定》的规定。网目长度的测量按《渔网网目尺寸测量方法》的规定，具体测量时，还需按《渔具材料试验基本条件　预加张力》的规定用强力机对横向相连的网目施加相应的预加张力。针对网目长度、网目断裂强力，每批网片随机抽取 5 片作为样品进行检验，求算术平均数。外观指标及外观类要求采用目测。各被测参数的计算：计算网目长度偏差率，精确至 0.1%；计算破目的百分率，精确至 0.01%；计算漏目的百分率，精确至 0.01%；计算活络结的百分率，精确至 0.01%。

（二）检验方式及其样本数

1. 抽样检验

样品由检验机构或质量监督机构抽取。样品应在生产单位、销售单位已经检验合格的产品中随机抽取，特殊情况下也允许在生产线的终端、已经检验合格的产品中随机抽取。产品按批量抽样，在相同工艺条件下，同一品种、同一规格的 100 片有结型 UHMWPE 及 PET 网衣为一批，不足 100 片亦为一批。从每批有结型 UHMWPE 及 PET 网衣中随机抽取 5 片作为样品进行检验。有结型 UHMWPE 及 PET 网衣取样方法按《渔用机织网片》的规定执行。有结型 UHMWPE 及 PET 网衣产品抽样方法及样本数如表 3-1 所示，样品试验次数按表 3-2 中的规定执行。

表 3-1　有结型 UHMWPE 及 PET 网衣产品抽样方法及样本数

产品名称	组批规定	每批抽样数	需复测时每批抽样数
有结型 UHMWPE 及 PET 网衣	≤ 100 片	5 片	10 片

表 3-2　有结型 UHMWPE 及 PET 网衣样品试验次数

项目	网目长度	网目断裂强力
总次数	25	20

2. 委托检验

样品由送样人、送样企业、非检验机构或质量监督机构抽取。样品数量同上述抽样检验规定数量。

（三）检验项目、检验仪器与被测参数

1. 检验项目

检验项目如表 3-3 所示。

表 3-3 检验项目

产品名称	检验项目
有结型 UHMWPE 及 PET 网衣	外观质量（含破目、漏目等项目）、网目长度、网目断裂强力

2. 检验仪器与被测参数

仪器名称、型号、准确度、量程、分辨力与被测参数大小、数据取值精度如表 3-4 所示。

表 3-4 有结型 UHMWPE 及 PET 网衣检验仪器与被测参数

仪器名称型号	准确度	量程	分辨力	被测参数大小	允许变化范围
钢质直尺	满足网目长度检验要求	1 m	1 mm	网目长度 10 ~ 300 mm	± 1 mm
强力试验机	满足网目断裂强力检验要求	0 ~ 500 N 0 ~ 10 kN	满刻度 ± 0.01% 示值 ± 0.5%	网目断裂强力 0 ~ 10 kN	三位有效数字

（四）检验方法

1. 检验系统框图

检验系统框图如图 3-1 所示。有结型 UHMWPE 及 PET 网衣检验项目主要包括外观、网目长度、网目断裂强力。（织网用）UHMWPE 纤维及 PET 复丝线密度一般由纤维供应商提供，若需检验 UHMWPE 纤维及 PET 复丝线密度，则需使用天平与测长仪，具体要求按《化学纤维长丝拉伸性能检验方法》（GB/T 14343—2008）标准的规定执行。每一检验项目对一种产品的有效检验次数如表 3-2 所示，取其平均数。使用强力试验机时需要详细阅读强力试验机操作规程。

2. 数据处理

每个样品按相关标准规定进行检验，然后计算算术平均值。外观、网目长度、网目断裂强力数据处理如表 3-5 的规定。检验数据尾数修约按国家标准《数值修约规则与极限数值的表示和判定》（GB/T 8170—2008）的规定执行。

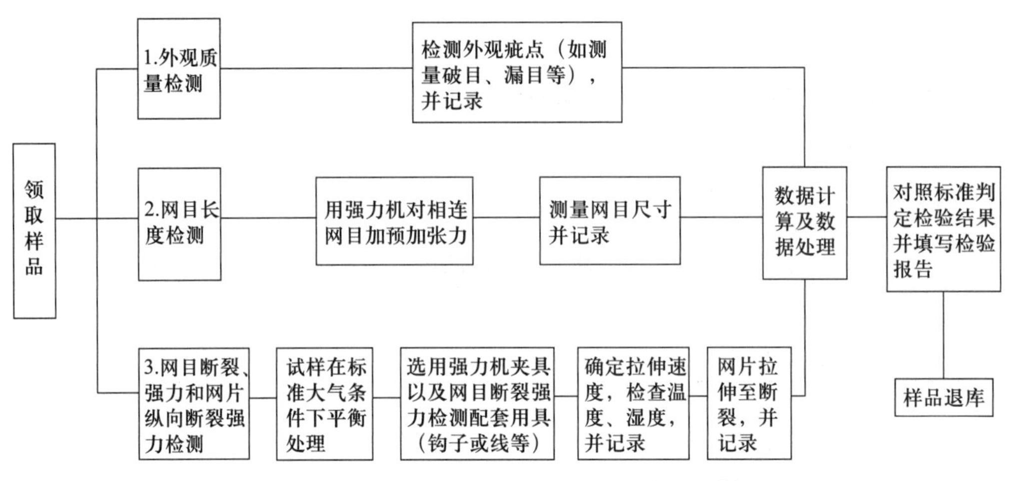

图 3–1　有结型 UHMWPE 及 PET 网衣检验系统框图

表 3–5　样品数据处理

序号	数据处理	检验项目及其单位
1	破目、漏目、活络结	精确至 0.01%
2	网目长度 /mm	整数
3	网目断裂强力 /N	三位有效数字

注：（织网用）UHMWPE 纤维及 PET 复丝线密度一般取整数。

（五）检验样品和检验仪器的检查

检验前对受检样品的检查项目包括样品编号、材料、规格、数量以及样品平衡时间。检验前对检验仪器的检查项目包括检验用仪器须在检定有效期内，检验用仪器的量程、分辨力等是否符合标准要求。按仪器操作规程，检查仪器的完好情况并作记录。检验用主要仪器设备为强力机（使用量程、夹具使用、夹具间距、拉伸速度、各显示部分是否正常工作及零位）。检验后对仪器的检查项目包括检验结束时仪器各控制部分及操作部件是否正常，检查并记录。仪器各运动部件复原至起始位置。检验后对样品的检查项目包括检验过程中是否有非检验要求的意外损坏，有无结转其他检验部门继续检验的要求。多余的样品按顺序退库。

（六）电源、环境条件要求以及检验异常处理办法

1. 电源与环境条件要求

电子传感器式强力机、空气压缩机等加装稳压电源，保持电压稳定。综合试验室环境条件应符合《渔网　合成纤维网片断裂强力与断裂伸长率试验方法》的规定。样品检验前、检验中、检验后，都应经常检查温度、湿度数据并作好记录。

2. 检验异常处理办法

受检样品损坏，应及时报告管理部门妥善处理，允许使用备用样品重新进行检验。首次测量超标或测量结果离散太大，应复查仪器使用情况、量程选择、操作规程，若未发现问题则数据有效；当发现问题时应向主管领导汇报，经同意视具体情况处理或重新检验。检验过程中发生停电、停水或其他非人力可避免的自然灾害，应及时通知有关部门，待恢复正常后，继续检验。由于仪器故障而中断检验的，排除故障后，方可继续检验。以上情况对检验中断前的检验结果有影响时，恢复正常后，应重新检验，原数据作废；中断原因对此前检验设备没有影响时，原数据有效，恢复检验后只对未检验项目进行检验。

（七）检验结果判断方法

目前，我国尚无有结型 UHMWPE 及 PET 网衣国家标准或行业标准。有结型 UHMWPE 及 PET 网衣检验判定可依据相应的合同、企业标准、团体标准或供需双方的约定要求。

二、有结型聚乙烯网衣及聚酰胺复丝网衣检验技术

聚乙烯单线单死结型渔用机织网片，俗称“聚乙烯单丝有结网（片）”“PE 有结网”“PE 网片”“PE 网衣”。聚酰胺单线单死结型渔用复丝机织网片，俗称“聚酰胺复丝有结网（片）”“PA 复丝网片”“PA 复丝网衣”“PA 网片”或“PA 网衣”。依据现行《渔用机织网片》国家标准中有结网片的命名，本节第二部分将有结型聚乙烯网衣简称“PE 网衣”、将有结型聚酰胺复丝网衣简称“PA 复丝网衣”、将有结型聚乙烯网衣及聚酰胺复丝网衣简称“PE 网衣及 PA 复丝网衣”。PE 网衣具有密度小、价格低、耐低温、吸湿性小和耐磨性好等特点，广泛应用于拖网、普通网箱等领域。PA 复丝网衣具有密度较大、弹性高、伸长大、吸湿性较小、耐光性差、染色性良好等特点，广泛应用于拖网、深水网箱、捕捞围网等领域。PE 网衣及 PA 复丝网衣在深远海养殖领域有一些应用，主要用于加工网箱箱体、防磨网衣和养殖鱼类捕捞网等。本部分概述 PE 网衣及 PA 复丝网衣检验技术，供读者开展相关试验参考。

（一）检验内容及其标准

PE 网衣及 PA 复丝网衣检验内容及其标准主要包括检验方式及其样本数、检验项目、检验仪器与被测参数、检验方法、检验样品和检验仪器的检查、电源与环境条件要求、检验异常处理办法、检验结果判断方法。

现行 PE 网衣及 PA 复丝网衣产品标准为《渔用机织网片》，适用于以机器编织的 PE 经编型渔用机织网片和平织网片，以及以机器编织并经定型处理后的 PE 单线单死结型渔用机织网片、PA 单线单死结型渔用复丝机织网片、PA 单丝双死结型渔用机

织网片。该标准规定了渔用机织网片的分类与标记、要求、试验方法、检验规则、标志、标签、包装、运输及贮存。目前,《渔用机织网片》标准正由中国水科院东海所石建高研究员牵头修订。

现行 PE 网衣及 PA 复丝网衣测试方法标准包括《渔网　合成纤维网片断裂强力与断裂伸长率试验方法》《渔网网目尺寸测量方法》《渔具材料试验基本条件　预加张力》《渔网机织网片》《渔网　网目断裂强力的测定》《渔网聚乙烯单丝》和《渔具材料试验基本条件　标准大气》等。网目断裂强力的试验方法按《渔网　网目断裂强力的测定》的规定。网目长度的测量按《渔网网目尺寸测量方法》的规定，测量时并按《渔具材料试验基本条件　预加张力》的规定用强力机对横向相连的网目施加相应的预加张力。针对网目长度、网目断裂强力，每批网片随机抽取 5 片作为样品进行检验，求算术平均数。织网用单丝直径的测定，按《渔网聚乙烯单丝》标准的规定。外观指标及外观类要求用目测。各被测参数的计算：计算网目长度偏差率，精确至 0.1%；计算破目的百分率，精确至 0.01%；计算漏目的百分率，精确至 0.01%；计算活络结的百分率，精确至 0.01%（图 3–2）。

图 3–2　PE 网衣纵向断裂强力检验

（二）检验方式及其样本数

1. 抽样检验

样品由检验机构或质量监督机构抽取。样品应在生产单位、销售单位已经检验合格的产品中随机抽取，特殊情况下也允许在生产线的终端、已经检验合格的产品中随机抽取。产品按批量抽样，在相同工艺条件下，同一品种、同一规格的 100 片 PE 网衣及 PA 复丝网衣为一批，不足 100 片亦为一批。从每批 PE 网衣及 PA 复丝网衣中随机抽取 5 片作为样品进行检验。PE 网衣及 PA 复丝网衣取样方法按《渔用机织网片》标准的规定执行。PE 网衣及 PA 复丝网衣产品抽样方法及样本数如表 3-6 所示，样品试验次数按表 3-7 中的规定执行。

表 3-6　PE 网衣及 PA 复丝网衣产品抽样方法及样本数

产品名称	组批规定	每批抽样数	需复测时每批抽样数
PE 网衣及 PA 复丝网衣	≤ 100 片	5 片	10 片

表 3-7　PE 网衣及 PA 复丝网衣样品试验次数

项目	网目长度	网目断裂强力	（织网用）PE 单丝直径
总次数	25	20	20

2. 委托检验

样品由送样人、送样企业、非检验机构或质量监督机构抽取。样品数量同上述抽样检验规定数量。

（三）检验项目、检验仪器与被测参数

1. 检验项目

检验项目如表 3-8 所示。

表 3-8　检验项目

产品名称	检验项目
PE 网衣及 PA 复丝网衣	外观质量（含破目、漏目等项目）、网目长度、网目断裂强力、（织网用）PE 单丝直径

2. 检验仪器与被测参数

仪器名称、型号、准确度、量程、分辨力与被测参数大小、数据取值精度如表 3-9 所示。

表 3-9　PE 网衣及 PA 复丝网衣检验仪器与被测参数

仪器名称型号	准确度	量程	分辨力	被测参数大小	允许变化范围
钢质直尺	满足网目长度检验要求	1 m	1 mm	网目长度 10 ~ 300 mm	± 1 mm
强力试验机	满足网目断裂强力检验要求	0 ~ 500 N 0 ~ 10 kN	满刻度 ± 0.01% 示值 ± 0.5%	网目断裂强力 29 ~ 4 540 N	三位有效数字
千分尺	满足 PE 单丝直径检验要求	0 ~ 200 mm	0.02 mm	0.01 ~ 0.05 mm	± 0.01 mm

（四）检验方法

1. 检验系统框图

检验系统框图如图 3–3 和图 3–4 所示。PE 网衣及 PA 复丝网衣检验项目主要包括外观、网目长度、网目断裂强力、（织网用）PE 单丝直径。（织网用）PA 复丝线密度一般由纤维供应商提供，若需检验 PA 复丝线密度，则需使用天平与测长仪，具体要求按《化学纤维长丝拉伸性能检验方法》标准的规定执行。每一检验项目对一种产品的有效检验次数如表 3–7 所示，取其平均数。使用强力试验机时需要详细阅读强力试验机操作规程。

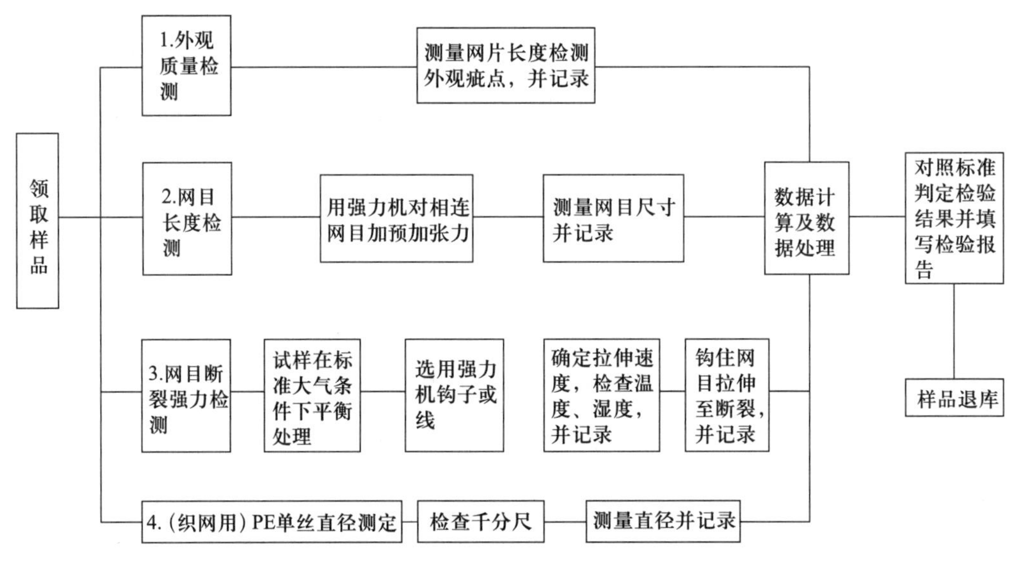

图 3–3　PE 网衣检验系统框图

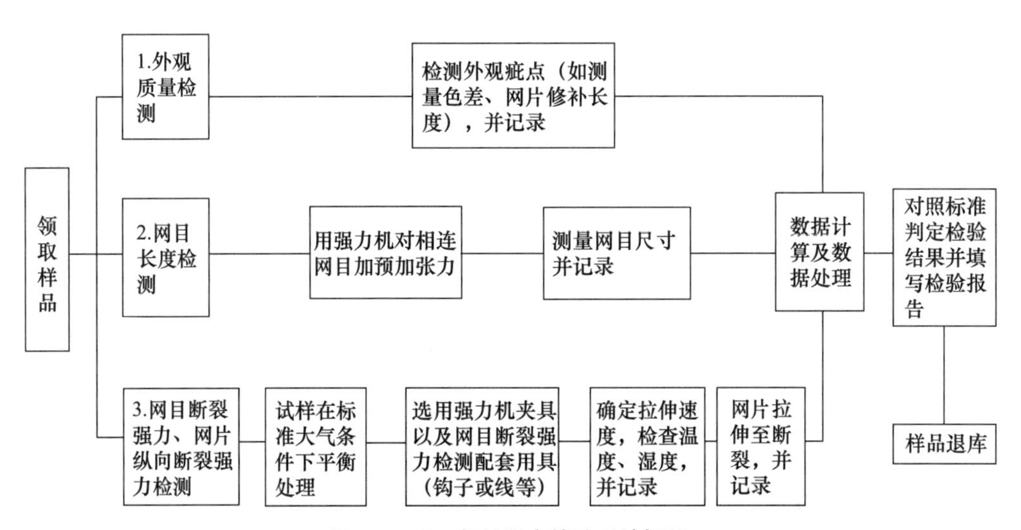

图 3–4　PA 复丝网衣检验系统框图

2. 数据处理

每个样品按相关标准规定进行检验，然后计算算术平均值。外观、网目长度、网目断裂强力、（织网用）PE 单丝直径数据处理如表 3–10 的规定。检验数据尾数修约按国家标准《数值修约规则与极限数值的表示和判定》的规定执行。

表 3–10　样品数据处理

序号	检验项目及其单位	数据处理
1	破目、漏目、活络结	精确至 0.01%
2	网目长度 /mm	整数
3	网目断裂强力 /N	三位有效数字
4	（织网用）PE 单丝直径 /mm	两位小数

注：（织网用）PA 复丝线密度一般取整数。

（五）检验样品和检验仪器的检查

检验前对受检样品的检查项目包括样品编号、材料、规格、数量以及样品平衡时间。检验前对检验仪器的检查项目包括检定有效期、检验用仪器的量程、分辨力等是否符合标准要求。按仪器操作规程，检查仪器的完好情况并作记录。检验用主要仪器设备为强力机（使用量程、夹具使用、夹具间距、拉伸速度、各显示部分是否正常工作及零位）。检验后对仪器的检查项目包括检验结束时仪器各控制部分及操作部件是否正常，检查并记录。仪器各运动部件复原至起始位置。检验后对样品的检查项目包括检验过程中是否有非检验要求的意外损坏，有无结转其他检验部门继续检验的要求。多余的样品按顺序退库。

（六）电源、环境条件要求以及检验异常处理办法

1. 电源与环境条件要求

电子传感器式强力机、空气压缩机等加装稳压电源，保持电压稳定。综合试验室环境条件应符合《渔网　合成纤维网片断裂强力与断裂伸长率试验方法》的规定。样品检验前、检验中、检验后，都应经常检查温度、湿度数据并作好记录。

2. 检验异常处理办法

受检样品损坏，应及时报告管理部门妥善处理，允许使用备用样品重新进行检验。首次测量超标或测量结果离散太大，应复查仪器使用情况、量程选择、操作规程，若未发现问题则数据有效；当发现问题时应向主管领导汇报，经同意视具体情况处理或重新检验。检验过程中发生停电、停水或其他非人力可避免的自然灾害，应及时通知有关部门，待恢复正常后，继续检验。由于仪器故障而中断检验的，排除故障后，方可继续检验。以上情况对检验中断前的检验结果有影响时，恢复正常

后，应重新检验，原数据作废；中断原因对此前检验设备没有影响时，原数据有效，恢复检验后只对未检验项目进行检验。

（七）检验结果判断方法

从每批渔用机织网片中随机抽取 5 片作为样品进行检验。产品按批检验，判定依据为相应的国家标准《渔用机织网片》，规则如下：

①在检验结果中，若所有样品的全部检验项目符合本标准第 5 章要求，则判该批产品合格；

②在检验结果中，若有 1 个（或 1 个以上）样品的断裂强力不符合本标准 5.3 要求，则判该批产品不合格；

③在检验结果中，若有 2 个（或 2 个以上）样品除断裂强力以外的检验项目不符合本标准第 5 章相应要求时，则判该批产品不合格；

④在检验结果中，若有 1 个样品除断裂强力以外的检验项目不符合本标准第 5 章相应要求时，应在该批产品中加倍抽样进行复检，若复检结果仍不符合要求，则判该批产品不合格。

监督抽查或统检的产品，按下达任务时批准的抽查方案进行判定。抽样检验，检验结果对该批产品有效；委托检验，检验结果仅对委托样品有效。复验时，检验程序与原标准检验程序相同。

第二节　深远海养殖用经编网检验技术

经编网衣简称“经编网”。深远海养殖用经编网主要包括 UHMWPE 经编网、PE 经编网、PA 经编网、PET 经编网等。本节主要介绍上述经编网检验技术，为经编型渔网材料综合性能分析研究提供参考。

一、超高分子量聚乙烯经编网检验技术

超高分子量聚乙烯经编网衣（简称“超高分子量聚乙烯经编网”）具有高强、耐磨、耐切割和耐紫外老化等卓越性能。UHMWPE 经编网在深远海网箱养殖业中可用于箱体等产品的制备，目前在深远海养殖网片中用量最大。现有 UHMWPE 经编网行业标准为《超高分子量聚乙烯网片　经编型》（SC/T 5022—2017），该标准由中国水科院东海所主持起草。本部分概述 UHMWPE 经编网的检验技术，供读者参考。

（一）检验内容及其标准

中国水科院东海所石建高研究员联合荷兰 DSM 公司、九九久、千禧龙、山东爱地、艺高网业、日东制网等单位开展了 UHMWPE 经编网技术研发及应用，助推了

渔网技术升级。UHMWPE经编网检验内容及其标准主要包括检验方式及其样本数、检验项目、检验仪器与被测参数、检验方法、检验样品和检验仪器的检查、电源与环境条件要求、检验异常处理办法、检验结果判断方法。

现行UHMWPE经编网产品标准为《超高分子量聚乙烯网片 经编型》，适用于以UHMWPE纤维经机器编织的UHMWPE经编网。本标准主要起草单位包括中国水产科学研究院东海水产研究所等单位，主要起草人包括石建高、何飞等。本标准规定了UHMWPE经编网的术语和定义、标记、技术要求、检验方法、检验规则、标志、标签、包装、运输及贮存的有关要求。

现行UHMWPE经编网检验标准包括《渔网 合成纤维网片断裂强力与断裂伸长率试验方法》《渔网网目尺寸测量方法》《渔具材料试验基本条件 预加张力》《渔网机织网片》《渔网 网目断裂强力的测定》《渔具材料试验基本条件 标准大气》和《超高分子量聚乙烯网片 经编型》等。网片纵向断裂强力及其变异系数的试验方法按《渔网 合成纤维网片断裂强力与断裂伸长率试验方法》的规定。网目断裂强力及其变异系数的试验方法按《渔网 网目断裂强力的测定》的规定。网目长度的测量按《渔网网目尺寸测量方法》的规定，网目长度测量时，按《渔具材料试验基本条件 预加张力》的规定用强力机对横向相连的网目施加相应的预加张力。使用卷尺或织物密度镜测量网目目脚20 mm长度内的线圈数，得到编织密度，以横列/10 mm为单位。针对网目长度、编织密度、网片纵向断裂强力及其变异系数、网目断裂强力及其变异系数，每批网片随机抽取5片作为样品进行检验，求算术平均数。网片修补长度的测量按《合成纤维网片试验方法 网片尺寸》（GB/T 19599.2—2004）的规定，每片网测一次。外观指标及外观类要求采用目测。各被测参数的计算：计算网目长度偏差率，精确至0.1%；计算网片修补率，精确至0.10%；计算破目的百分率，精确至0.01%；计算漏目的百分率，精确至0.01%。UHMWPE经编网疲劳性试验尚无检验标准，可参考其他疲劳试验标准执行（图3–5）。

图3–5 UHMWPE经编网疲劳试验

（二）检验方式及其样本数

1. 抽样检验

样品由检验机构或质量监督机构抽取。样品应在生产单位、销售单位已经检验合格的产品中随机抽取，特殊情况下也允许在生产线的终端、已经检验合格的产品中随机抽取。产品按批量抽样，在相同工艺条件下，同一品种、同一规格的100片UHMWPE经编网为一批，不足100片亦为一批。从每批UHMWPE经编网中随机抽取5片作为样品进行检验。UHMWPE经编网取样方法按《超高分子量聚乙烯网片　经编型》的规定执行。UHMWPE经编网产品抽样方法及样本数如表3–11所示，样品试验次数按表3–12中的规定执行。

表3–11　UHMWPE经编网产品抽样方法及样本数

产品名称	组批规定	每批抽样数	需复测时每批抽样数
UHMWPE经编网	≤100片	5片	10片

表3–12　UHMWPE经编网样品试验次数

项目	网目长度	编织密度	网目断裂强力及其变异系数	网片纵向断裂强力及其变异系数	网片修补长度
总次数	50	50	50	50	5

2. 委托检验

样品由送样人、送样企业、非检验机构或质量监督机构抽取。样品数量同上述抽样检验规定数量。

（三）检验项目、检验仪器与被测参数

1. 检验项目

检验项目如表3–13所示。

表3–13　UHMWPE经编网检验项目

产品名称	检验项目
UHMWPE经编网	外观质量（含破目、并目、跳纱、缺股、修补率、每处修补长度）、网目长度、编织密度、网片纵向断裂强力及其变异系数、网目断裂强力及其变异系数

2. 检验仪器与被测参数

仪器名称、型号、准确度、量程、分辨力与被测参数大小、数据取值精度如表3–14所示。

表 3–14　UHMWPE 经编网检验仪器与被测参数

仪器名称型号	准确度	量程	分辨力	被测参数大小	允许变化范围
钢质直尺	满足网目长度检验要求	1m	1mm	网目长度 10 ~ 300 mm	± 1 mm
强力试验机	满足网片纵向断裂强力及其变异系数、网目断裂强力及其变异系数检验要求	0 ~ 500 N 0 ~ 10 kN	满刻度 ± 0.01% 示值 ± 0.5%	网目断裂强力 0 ~ 10 kN 网片纵向断裂强力 0 ~ 10 kN	三位有效数字
卷尺	满足网片修补长度检验要求	0 ~ 20 m	1 mm	网片修补长度 20 m（大于 20 m 时分段）	± 0.01 m
钢卷尺或织物密度镜	编织密度	≥ 2.0 横列 /10 cm	1 mm	≥ 2.0 横列 /10 cm	两位有效数字

（四）检验方法

1. 检验系统框图

检验系统框图如图 3–6 所示。UHMWPE 经编网检验项目主要包括外观、网目长度、横列密度、网片纵向断裂强力及其变异系数、网目断裂强力及其变异系数。（织网用）UHMWPE 纤维线密度一般由纤维供应商提供，若需检验 UHMWPE 纤维线密度，则需使用天平与测长仪，具体要求按《化学纤维长丝拉伸性能检验方法》标准的规定执行。每一检验项目对一种产品的有效检验次数如表 3–12 所示，取其平均数。使用强力试验机时需要详细阅读强力试验机操作规程。

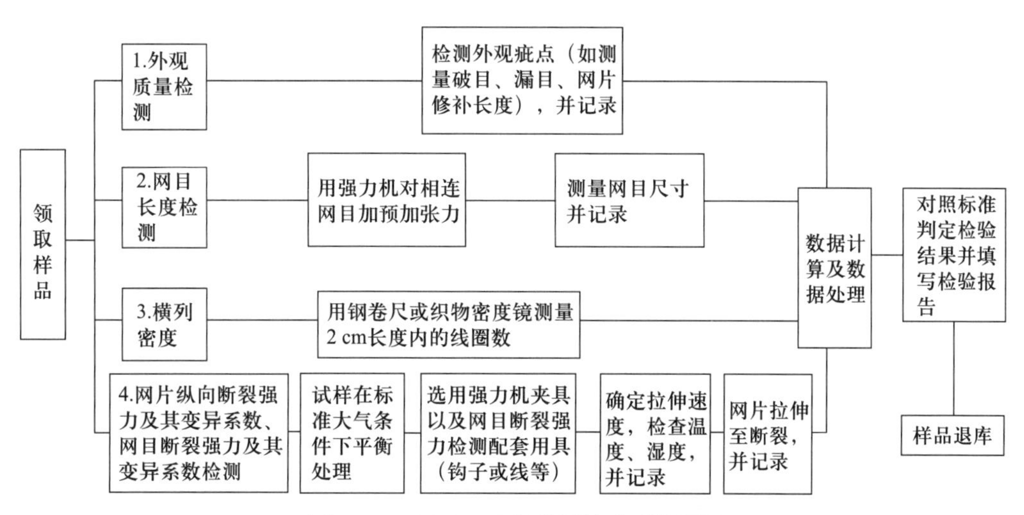

图 3–6　UHMWPE 经编网检验系统框图

2. 数据处理

每个样品按相关标准规定进行检验，然后计算算术平均值。网目长度、网片纵向断裂强力及其变异系数、网目断裂强力及其变异系数、网片修补长度、编织密度数据处理如表 3-15 的规定。检验数据尾数修约按国家标准《数值修约规则与极限数值的表示和判定》的规定执行。

表 3-15 UHMWPE 经编网样品数据处理

序号	检验项目及其单位	数据处理
1	网目长度 /mm	整数
2	网片纵向断裂强力 /N	三位有效数字
3	网目断裂强力 /N	三位有效数字
4	网片修补长度 /m	两位小数
5	编织密度 / 横列 /10 cm	两位有效数字

注：（织网用）UHMWPE 纤维线密度一般取整数。

（五）检验样品和检验仪器的检查

检验前对受检样品的检查项目包括样品编号、材料、规格、数量以及样品平衡时间。检验前对检验仪器的检查项目包括检定有效期、检验用仪器的量程、分辨力等是否符合标准要求。按仪器操作规程，检查仪器的完好情况并作记录。检验用主要仪器设备为强力机（使用量程、夹具使用、夹具间距、拉伸速度、各显示部分是否正常工作及零位）。检验后对仪器的检查项目包括检验结束时仪器各控制部分及操作部件是否正常，检查并记录。仪器各运动部件复原至起始位置。检验后对样品的检查项目包括检验过程中是否有非检验要求的意外损坏，有无结转其他检验部门继续检验的要求。多余的样品按顺序退库。

（六）电源、环境条件要求以及检验异常处理办法

1. 电源与环境条件要求

电子传感器式强力机、空气压缩机等加装稳压电源，保持电压稳定。综合试验室环境条件应符合《渔网　合成纤维网片断裂强力与断裂伸长率试验方法》的规定。样品检验前、检验中、检验后，都应经常检查温度、湿度数据并作好记录。

2. 检验异常处理办法

受检样品损坏，应及时报告管理部门妥善处理，允许使用备用样品重新进行检验。首次测量超标或测量结果离散太大，应复查仪器使用情况、量程选择、操作规程，若未发现问题则数据有效；当发现问题时应向主管领导汇报，经同意视具体情

况处理或重新检验。检验过程中发生停电、停水或其他非人力可避免的自然灾害，应及时通知有关部门，待恢复正常后，继续检验。由于仪器故障而中断检验的，排除故障后，方可继续检验。以上情况对检验中断前的检验结果有影响时，恢复正常后，应重新检验，原数据作废；中断原因对此前检验设备没有影响时，原数据有效，恢复检验后只对未检验项目进行检验。

（七）检验结果判断方法

从每批渔用机织网片中随机抽取 5 片作为样品进行检验。产品按批检验，判定依据为相应的水产行业标准《超高分子量聚乙烯网片　经编型》，规则如下：

①若所有样品的全部检验项目符合本标准第 5 章要求，则判该批产品合格；

②若有 1 个（或 1 个以上）样品的网片纵向断裂强力不符合本标准 5.4.1 要求，则判该批产品不合格；

③若有 2 个（或 2 个以上）样品除网片纵向断裂强力以外的检验项目不符合本标准第 5 章相应要求时，则判该批产品不合格；

④若有 1 个样品除网片纵向断裂强力以外的检验项目不符合本标准第 5 章相应要求时，应在该批产品中加倍抽样进行复检，若复检结果仍不符合要求，则判该批产品不合格。

监督抽查或统检的产品，按下达任务时批准的抽查方案中的规定进行判定。抽样检验，检验结果对该批产品有效；委托检验，检验结果仅对委托样品有效。复验时，检验程序与原标准检验程序相同。

二、聚乙烯经编网检验技术

本节所述的聚乙烯经编网衣为聚乙烯经编型渔用机织网片 / 渔用聚乙烯经编网（简称“聚乙烯经编网”“PE 经编网衣”或“PE 经编网”）。PE 经编网具有密度小、产量高、价格低、耐低温、吸湿性小、耐磨性好等特点，广泛应用于拖网、网箱等领域，在深远海网箱领域主要应用于加工防磨网衣、网箱箱体和养殖鱼类捕捞网等。本部分概述 PE 经编网检验技术，供读者参考。

（一）检验内容及其标准

PE 经编网检验内容及其标准主要包括检验方式及其样本数、检验项目、检验仪器与被测参数、检验方法、检验样品和检验仪器的检查、电源与环境条件要求、检验异常处理办法、检验结果判断方法。

现行 PE 经编网产品标准为《渔用机织网片》《聚乙烯网片　经编型》（SC/T 5021—2017）。在无特殊要求的前提下，PE 经编网检验技术优先选择《渔网机织网片》标准。此标准适用于以机器编织的PE经编型渔用机织网片和平织网片，以及以机器编织并经定型处理后的PE单线单死结型渔用机织网片、PE单线单死结型渔用复丝机织网片、PE单丝双死结型渔用机织网片。

现行PE经编网测试方法标准包括《渔网 合成纤维网片断裂强力与断裂伸长率试验方法》《渔网网目尺寸测量方法》《渔具材料试验基本条件 预加张力》《渔网机织网片》《渔网 网目断裂强力的测定》《渔用聚乙烯单丝》和《渔具材料试验基本条件 标准大气》等。网目断裂强力的试验方法按《渔网 网目断裂强力的测定》的规定。网目长度的测量按《渔网网目尺寸测量方法》的规定，具体测量时，还需按《渔具材料试验基本条件 预加张力》的规定用强力机对横向相连的网目施加相应的预加张力。网目纵向断裂强力的测量按《渔网机织网片》的规定。针对网目长度、网目断裂强力，每批网片随机抽取5片作为样品进行检验，求算术平均数。网片修补长度的测量按《合成纤维网片试验方法 网片尺寸》的规定，每片网测一次。织网用单丝直径的测定，按《渔用聚乙烯单丝》标准的规定。外观指标及外观类要求采用目测。各被测参数的计算：计算网目长度偏差率，精确至0.1%；计算网片修补长度偏差率，精确至0.1%；计算破目的百分率，精确至0.01%；计算漏目的百分率，精确至0.01%；计算活络结的百分率，精确至0.01%。

（二）检验方式及其样本数

1. 抽样检验

样品由检验机构或质量监督机构抽取。样品应在生产单位、销售单位已经检验合格的产品中随机抽取，特殊情况下也允许在生产线的终端、已经检验合格的产品中随机抽取。产品按批量抽样，在相同工艺条件下，同一品种、同一规格的100片PE经编网为一批，不足100片亦为一批。从每批PE经编网中随机抽取5片作为样品进行检验。PE经编网取样方法按《渔网机织网片》的规定执行。PE经编网产品抽样方法及样本数如表3-16所示，样品试验次数按表3-17中的规定执行。

表3-16 PE经编网产品抽样方法及样本数

产品名称	组批规定	每批抽样数	需复测时每批抽样数
PE经编网	≤100片	5片	10片

表3-17 PE经编网样品试验次数

项目	网目长度	网片修补长度	网目断裂强力	网片纵向断裂强力	（织网用）PE单丝直径
总次数	25	5	20	10	20

2. 委托检验

样品由送样人、送样企业、非检验机构或质量监督机构抽取。样品数量同上述抽样检验规定数量。

（三）检验项目、检验仪器与被测参数

1. 检验项目

检验项目如表 3–18 所示。

表 3–18　PE 经编网检验项目

产品名称	检验项目
PE 经编网	外观质量（含破目、修补长度等项目）、网目长度、网目断裂强力、网片纵向断裂强力、（织网用）PE 单丝直径

2. 检验仪器与被测参数

仪器名称、型号、准确度、量程、分辨力与被测参数大小、数据取值精度如表 3–19 所示。

表 3–19　PE 经编网检验仪器与被测参数

仪器名称型号	准确度	量程	分辨力	被测参数大小	允许变化范围
钢质直尺	满足网目长度检验要求	1 m	1 mm	网目长度 10 ~ 300 mm	± 1 mm
强力试验机	满足网目断裂强力、网片纵向断裂强力检验要求	0 ~ 500 N 0 ~ 10 kN	满刻度 ± 0.01% 示值 ± 0.5%	网目断裂强力 29 ~ 4 540 N 网片纵向断裂强力 10 ~ 4 540 N	三位有效数字
卷尺	满足网片修补长度检验要求	0 ~ 20 m	1 mm	网片修补长度 20 m （大于 20 m 时分段）	± 0.01 m
游标卡尺	满足 PE 单丝直径检验要求	0 ~ 200 mm	0.02 mm	0.01 ~ 0.05 mm	± 0.01 mm

（四）检验方法

1. 检验系统框图

检验系统框图如图 3–7 所示。PE 经编网检验项目主要包括外观、网目长度、（织网用）PE 单丝直径、网目断裂强力、网片纵向断裂强力。每一检验项目对一种产品的有效检验次数如表 3–17 所示，取其平均数。使用强力试验机时需要详细阅读强力试验机操作规程。

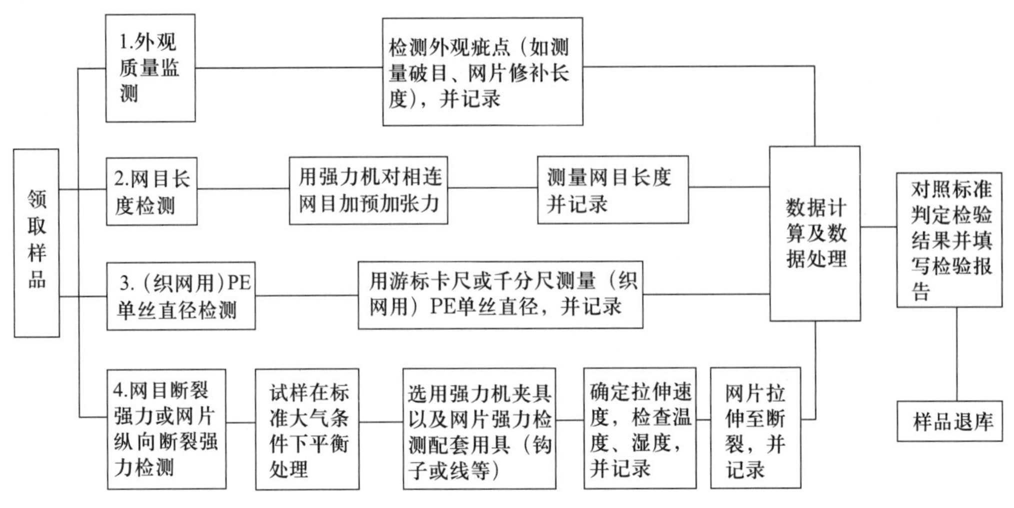

图 3–7　PE 经编网检验系统框图

2. 数据处理

每个样品按相关标准规定进行检验，然后计算算术平均值。网目长度、网目断裂强力、网片纵向断裂强力、网片修补长度、（织网用）PE 单丝直径数据处理如表 3–20 的规定。检验数据尾数修约按国家标准《数值修约规则与极限数值的表示和判定》的规定执行。

表 3–20　PE 经编网样品数据处理

序号	检验项目及其单位	数据处理
1	网目长度 /mm	整数
2	网目断裂强力 /N	三位有效数字
3	网片纵向断裂强力 /N	三位有效数字
4	网片修补长度 /m	两位小数
5	（织网用）PE 单丝直径 /mm	两位小数

（五）检验样品和检验仪器的检查

检验前对受检样品的检查项目包括样品编号、材料、规格、数量以及样品平衡时间。检验前对检验仪器的检查项目包括检定有效期，检验用仪器的量程、分辨力等是否符合标准要求。按仪器操作规程，检查仪器的完好情况并作记录。检验用主要仪器设备为强力机（使用量程、夹具使用、夹具间距、拉伸速度、各显示部分是否正常工作及零位）。检验后对仪器的检查项目包括检验结束时仪器各控制部分及操作部件是否正常，检查并记录。仪器各运动部件复原至起始位置。检验后对样品的检查项目包括检验过程中是否有非检验要求的意外损坏，有无结转其他检验部门继续检验的要求。多余的样品按顺序退库。

（六）电源、环境条件要求以及检验异常处理办法

1. 电源与环境条件要求

电子传感器式强力机、空气压缩机等加装稳压电源，保持电压稳定。综合试验室环境条件应符合《渔网 合成纤维网片断裂强力与断裂伸长率试验方法》的规定。样品检验前、检验中、检验后，都应经常检查温度、湿度数据并作好记录。

2. 检验异常处理办法

受检样品损坏，应及时报告管理部门后妥善处理，允许使用备用样品重新进行检验。首次测量超标或测量结果离散太大，应复查仪器使用情况、量程选择、操作规程，若未发现问题则数据有效；当发现问题时应向主管领导汇报，经同意视具体情况处理或重新检验。检验过程中发生停电、停水或其他非人力可避免的自然灾害，应及时通知有关部门，待恢复正常后，继续检验。由于仪器故障而中断检验的，排除故障后，方可继续检验。以上情况对检验中断前的检验结果有影响时，恢复正常后，应重新检验，原数据作废；中断原因对此前检验设备没有影响时，原数据有效，恢复检验后只对未检验项目进行检验。

（七）检验结果判断方法

1. 依据《渔网机织网片》国家标准进行检验时检验结果判断方法

若聚乙烯网片按本标准进行检验时，聚乙烯网片强力测试网片纵向断裂强力。从每批渔用机织网片中随机抽取 5 片作为样品进行检验。产品按批检验，判定规则如下：

①在检验结果中，若所有样品的全部检验项目符合本标准第 5 章要求，则判该批产品合格；

②在检验结果中，若有 1 个（或 1 个以上）样品的网片纵向断裂强力不符合本标准 5.3 要求，则判该批产品不合格；

③在检验结果中，若有 2 个（或 2 个以上）样品除网片纵向断裂强力以外的检验项目不符合本标准第 5 章相应要求时，则判该批产品不合格；

④在检验结果中，若有 1 个样品除网片纵向断裂强力以外的检验项目不符合本标准第 5 章相应要求时，应在该批产品中加倍抽样进行复检，若复检结果仍不符合要求，则判该批产品不合格。

监督抽查或统检的产品，按下达任务时批准的抽查方案进行判定。抽样检验，检验结果对该批产品有效；委托检验，检验结果仅对委托样品有效。复验时，检验程序与原标准检验程序相同。

2. 依据《聚乙烯网片　经编型》水产行业标准进行检验时检验结果判断方法

若聚乙烯网片按本标准进行检验时，聚乙烯网片强力测试网目断裂强力。从每批渔用机织网片中随机抽取5片作为样品进行检验。产品按批检验，判定规则如下：

①在检验结果中，若所有样品的全部检验项目符合本标准第5章要求，则判该批产品合格；

②在检验结果中，若有1个（或1个以上）样品的网目断裂强力不符合本标准5.5要求，则判该批产品不合格；

③在检验结果中，若有2个（或2个以上）样品除网目断裂强力以外的检验项目不符合本标准第5章相应要求时，则判该批产品不合格；

④在检验结果中，若有1个样品除网目断裂强力以外的检验项目不符合本标准第5章相应要求时，应在该批产品中加倍抽样进行复检，若复检结果仍不符合要求，则判该批产品不合格。

监督抽查或统检的产品，按下达任务时批准的抽查方案进行判定。抽样检验，检验结果对该批产品有效；委托检验，检验结果仅对委托样品有效。复验时，检验程序与原标准检验程序相同。

三、聚酰胺经编网检验技术

本节所述的聚酰胺经编网衣为渔用聚酰胺经编网（简称“聚酰胺经编网”“PA经编网衣”“PA经编网”）。PA经编网具有弹性高、伸长大、密度大于水、吸湿性较小等特点，在深远海网箱领域有一些应用，如箱体等。本部分概述PA经编网检验技术，供读者参考。

（一）检验内容及其标准

PA经编网检验内容及其标准主要包括检验方式及其样本数、检验项目、检验仪器与被测参数、检验方法、检验样品和检验仪器的检查、电源与环境条件要求、检验异常处理办法、检验结果判断方法。

现行PA经编网产品标准为《渔用聚酰胺经编网通用技术要求》（SC/T 4066—2017），适用于PA复丝经机器编织的渔用PA经编网。本标准主要起草单位包括中国水产科学研究院东海水产研究所等单位，主要起草人包括石建高等。本标准规定了渔用聚酰胺经编网的术语和定义、标记方法、技术要求、试验方法、检验规则以及标志、标签、包装、运输及贮存的有关要求。

现行PA经编网检验标准包括《纺织品　色牢度试验　评定沾色用灰色样卡》《渔网　合成纤维网片断裂强力与断裂伸长率试验方法》《渔网网目尺寸测量方法》《渔具材料试验基本条件　预加张力》《渔网　网目断裂强力的测定》《渔具材料试验

基本条件　标准大气》和《渔用聚酰胺经编网通用技术要求》等。色差的试验方法按《纺织品　色牢度试验　评定沾色用灰色样卡》的规定。网片纵向断裂强力的试验方法按《渔网　合成纤维网片断裂强力与断裂伸长率试验方法》的规定。网目断裂强力的试验方法按《渔网　网目断裂强力的测定》的规定。网目长度的测量按《渔网网目尺寸测量方法》的规定，网目长度测量时，按《渔具材料试验基本条件　预加张力》的规定用强力机对横向相连的网目施加相应的预加张力。针对网目长度、网目断裂强力、网片纵向断裂强力，每批网片随机抽取 5 片作为样品进行检验，求算术平均数。网片长度的测量按《合成纤维网片试验方法　网片尺寸》的规定，每片网测一次。外观指标及外观类要求采用目测。各被测参数的计算：计算网目长度偏差率，精确至 0.1%；计算网片长度偏差率，精确至 0.1%；计算破目的百分率，精确至 0.01%；计算漏目的百分率，精确至 0.01%；计算活络结的百分率，精确至 0.01%。

（二）检验方式及其样本数

1. 抽样检验

样品由检验机构或质量监督机构抽取。样品应在生产单位、销售单位已经检验合格的产品中随机抽取，特殊情况下也允许在生产线的终端、已经检验合格的产品中随机抽取。产品按批量抽样，在相同工艺条件下，同一品种、同一规格的 100 片 PA 经编网为一批，不足 100 片亦为一批。从每批 PA 经编网中随机抽取 5 片作为样品进行检验。PA 经编网取样方法按《渔用聚酰胺经编网通用技术要求》的规定执行。PA 经编网产品抽样方法及样本数如表 3–21 所示，样品试验次数按表 3–22 中的规定执行。

表 3–21　PA 经编网产品抽样方法及样本数

产品名称	组批规定	每批抽样数	需复测时每批抽样数
PA 经编网	≤ 100 片	5 片	10 片

表 3–22　PA 经编网样品试验次数

项目	网目长度	网目断裂强力	网片纵向断裂强力	网片长度
总次数	25	20	20	5

2. 委托检验

样品由送样人、送样企业、非检验机构或质量监督机构抽取。样品数量同上述抽样检验规定数量。

（三）检验项目、检验仪器与被测参数

1. 检验项目

检验项目如表 3–23 所示。

表 3–23 PA 经编网检验项目

产品名称	检验项目
PA 经编网	外观、色差、网目长度、网目断裂强力、网片纵向断裂强力、网片长度

2. 检验仪器与被测参数

仪器名称、型号、准确度、量程、分辨力与被测参数大小、数据取值精度如表 3–24 所示。

表 3–24 PA 经编网检验仪器与被测参数

仪器名称型号	准确度	量程	分辨力	被测参数大小	允许变化范围
钢质直尺	满足网目长度检验要求	1m	1 mm	网目长度 10 ~ 300 mm	± 1 mm
强力试验机	满足网目断裂强力、网片纵向断裂强力检验要求	0 ~ 500 N 0 ~ 10 kN	满刻度 ± 0.01% 示值 ± 0.5%	网目断裂强力 0 ~ 10 kN 网片纵向断裂强力 0 ~ 10 kN	三位有效数字
钢卷尺	满足网片长度检验要求	0~20 m	1mm	网片长度 20 m （大于 20 m 时分段）	± 0.01 m

（四）检验方法

1. 检验系统框图

检验系统框图如图 3–8 所示。PA 经编网检验项目主要包括外观、网目长度、网

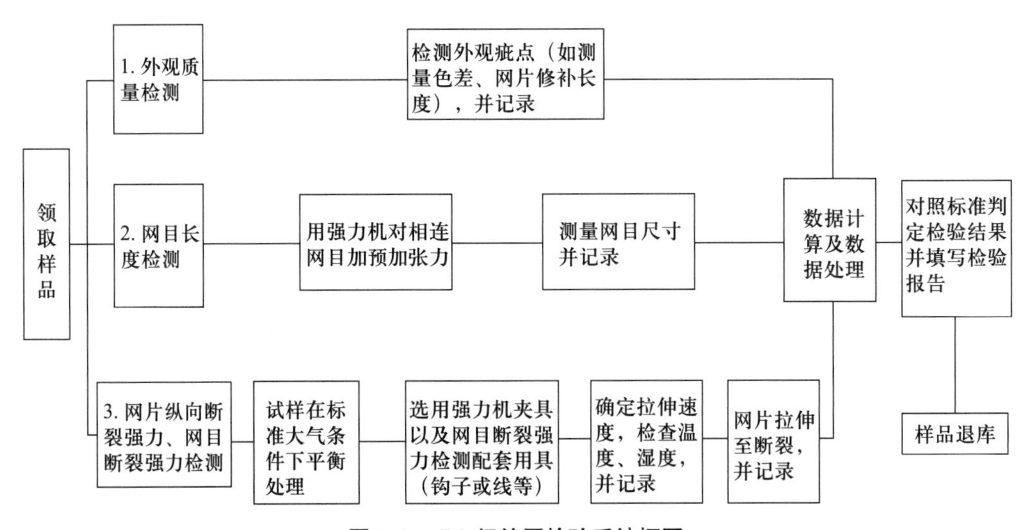

图 3–8 PA 经编网检验系统框图

片纵向断裂强力、网目断裂强力。(织网用)PA 复丝线密度一般由纤维供应商提供，若需检验 PA 复丝线密度，则需使用天平与测长仪，具体要求按《化学纤维长丝拉伸性能检验方法》标准的规定执行。每一检验项目对一种产品的有效检验次数如表 3–22 所示，取其平均数。使用强力试验机时需要详细阅读强力试验机操作规程。

2. 数据处理

每个样品按相关标准规定进行检验，然后计算算术平均值。网目长度、网片纵向断裂强力、网目断裂强力、网片长度数据处理如表 3–25 的规定。检验数据尾数修约按国家标准《数值修约规则与极限数值的表示和判定》的规定执行。

表 3–25　PA 经编网样品数据处理

序号	检验项目及其单位	数据处理
1	网目长度 /mm	整数
2	网片纵向断裂强力 /N	三位有效数字
3	网目断裂强力 /N	三位有效数字
4	网片长度 /m	两位小数

注：(织网用)PA 复丝线密度一般取整数。

(五)检验样品和检验仪器的检查

检验前对受检样品的检查项目包括样品编号、材料、规格、数量以及样品平衡时间。检验前对检验仪器的检查项目包括检定有效期、检验用仪器的量程、分辨力等是否符合标准要求。按仪器操作规程，检查仪器的完好情况并作记录。检验用主要仪器设备为强力机(使用量程、夹具使用、夹具间距、拉伸速度、各显示部分是否正常工作及零位)。检验后对仪器的检查项目包括检验结束时仪器各控制部分及操作部件是否正常，检查并记录。仪器各运动部件复原至起始位置。检验后对样品的检查项目包括检验过程中是否有非检验要求的意外损坏，有无结转其他检验部门继续检验的要求。多余的样品按顺序退库。

(六)电源、环境条件要求以及检验异常处理办法

1. 电源与环境条件要求

电子传感器式强力机、空气压缩机等加装稳压电源，保持电压稳定。综合试验室环境条件应符合《渔网　合成纤维网片断裂强力与断裂伸长率试验方法》的规定。样品检验前、检验中、检验后，都应经常检查温度、湿度数据并作好记录。

2. 检验异常处理办法

受检样品损坏，应及时报告管理部门后妥善处理，允许使用备用样品重新进行检验。首次测量超标或测量结果离散太大，应复查仪器使用情况、量程选择、操作

规程，若未发现问题则数据有效；当发现问题时应向主管领导汇报，经同意视具体情况处理或重新检验。检验过程中发生停电、停水或其他非人力可避免的自然灾害，应及时通知有关部门，待恢复正常后，继续检验。由于仪器故障而中断检验的，排除故障后，方可继续检验。以上情况对检验中断前的检验结果有影响时，恢复正常后，应重新检验，原数据作废；中断原因对此前检验设备没有影响时，原数据有效，恢复检验后只对未检验项目进行检验。

（七）检验结果判断方法

从每批渔用机织网片中随机抽取 5 片作为样品进行检验。产品按批检验，判定依据为相应的水产行业标准《渔用聚酰胺经编网通用技术要求》，规则如下：

①若所有样品的全部检验项目符合本标准第 5 章要求，则判该批产品合格；

②若有 1 个（或 1 个以上）样品的网片强力不符合本标准 5.3 要求，则判该批产品不合格；

③若有 2 个（或 2 个以上）样品除网片强力以外的检验项目不符合本标准第 5 章相应要求时，则判该批产品不合格；

④若有 1 个样品除网片强力以外的检验项目不符合本标准第 5 章相应要求时，应在该批产品中加倍抽样进行复检，若复检结果仍不符合要求，则判该批产品不合格；

⑤在进行仲裁检验时，应采用网片纵向断裂强力。

监督抽查或统检的产品，按下达任务时批准的抽查方案中的规定进行判定。抽样检验，检验结果对该批产品有效；委托检验，检验结果仅对委托样品有效。复验时，检验程序与原标准检验程序相同。

四、聚酯经编网检验技术

本节所述的聚酯经编网为渔用聚酯经编网（简称“聚酯经编网”“PET 经编网衣”“PET 经编网”）。PET 经编网具有密度大、强度较高、弹性较好、吸湿性很小、耐热性和耐光性良好等特点，广泛应用于渔业、纺织等领域，在深远海网箱领域有一些应用。本部分概述 PET 经编网检验技术，供读者开展相关试验参考。

（一）检验内容及其标准

PET 经编网检验内容及其标准主要包括检验方式及其样本数、检验项目、检验仪器与被测参数、检验方法、检验样品和检验仪器的检查、电源与环境条件要求、检验异常处理办法、检验结果判断方法。

现行 PET 经编网产品标准为《渔用聚酯经编网通用技术要求》（SC/T 4043—2018），适用于 PET 复丝经机器编织的渔用聚酯经编网。本标准主要起草单位包括山东好运通网具科技股份有限公司、中国水科院东海水产研究所等，主要起草人包括石建高、张孝先等。本标准规定了渔用聚酯经编网的术语和定义、标记方法、技术要求、试验方法、检验规则以及标志、标签、包装、运输及贮存的有关要求。

现行PET经编网检验标准包括《纺织品　色牢度试验　评定沾色用灰色样卡》《渔网　合成纤维网片断裂强力与断裂伸长率试验方法》《渔网网目尺寸测量方法》《渔具材料试验基本条件　预加张力》《渔网机织网片》《渔网　网目断裂强力的测定》《渔具材料试验基本条件　标准大气》和《渔用聚酯经编网通用技术要求》等。色差的试验方法按《纺织品　色牢度试验　评定沾色用灰色样卡》的规定。网片纵向断裂强力的试验方法按《渔网　合成纤维网片断裂强力与断裂伸长率试验方法》的规定。网目断裂强力的试验方法按《渔网　网目断裂强力的测定》的规定。网目长度的测量按《渔网网目尺寸测量方法》的规定，网目长度测量时，按《渔具材料试验基本条件　预加张力》的规定用强力机对横向相连的网目施加相应的预加张力。针对网目长度、网片纵向断裂强力、网目断裂强力，每批网片随机抽取5片作为样品进行检验，求算术平均数。网片修补长度的测量按《合成纤维网片试验方法　网片尺寸》的规定，每片网测一次。外观指标及外观类要求采用目测。各被测参数的计算：计算网目长度偏差率，精确至0.1%；计算网片修补率，精确至0.10%；计算破目的百分率，精确至0.01%；计算漏目的百分率，精确至0.01%。

（二）检验方式及其样本数

1. 抽样检验

样品由检验机构或质量监督机构抽取。样品应在生产单位、销售单位已经检验合格的产品中随机抽取，特殊情况下也允许在生产线的终端、已经检验合格的产品中随机抽取。产品按批量抽样，在相同工艺条件下，同一品种、同一规格的100片PET经编网为一批，不足100片亦为一批。从每批PET经编网中随机抽取5片作为样品进行检验。PET经编网取样方法按《渔用聚酯经编网通用技术要求》的规定执行。PET经编网产品抽样方法及样本数如表3-26所示，样品试验次数按表3-27中的规定执行。

表3-26　PET经编网产品抽样方法及样本数

产品名称	组批规定	每批抽样数	需复测时每批抽样数
PET经编网	≤100片	5片	10片

表3-27　PET经编网样品试验次数

项目	网目长度	网目断裂强力	网片纵向断裂强力	网片修补长度
总次数	25	50	50	5

2. 委托检验

样品由送样人、送样企业、非检验机构或质量监督机构抽取。样品数量同上述抽样检验规定数量。

（三）检验项目、检验仪器与被测参数

1. 检验项目

检验项目如表 3–28 所示。

表 3–28　PET 经编网检验项目

产品名称	检验项目
PET 经编网	外观质量（含色差、修补长度等项目）、网目长度、网片纵向断裂强力、网目断裂强力

2. 检验仪器与被测参数

仪器名称、型号、准确度、量程、分辨力与被测参数大小、数据取值精度如表 3–29 所示。

表 3–29　PET 经编网检验仪器与被测参数

仪器名称型号	准确度	量程	分辨力	被测参数大小	允许变化范围
钢质直尺	满足网目长度检验要求	1 m	1mm	网目长度 10 ～ 300 mm	± 1 mm
强力试验机	满足网片纵向断裂强力、网目断裂强力检验要求	0 ～ 500 N 0 ～ 10 kN	满刻度 ± 0.01% 示值 ± 0.5%	网目断裂强力 0 ～ 10 kN 网片纵向断裂强力 0 ～ 10 kN	三位有效数字
卷尺	满足网片修补长度检验要求	0~20 m	1 mm	网片修补长度 20 m（大于 20 m 时分段）	± 0.01 m

（四）检验方法

1. 检验系统框图

检验系统框图如图 3–9 所示。PET 经编网检验项目主要包括外观、网目长度、网片纵向断裂强力、网目断裂强力。（织网用）PET 复丝线密度一般由纤维供应商提供，若需检验 PET 复丝线密度，则需使用天平与测长仪，具体要求按《化学纤维长丝拉伸性能检验方法》标准的规定执行。每一检验项目对一种产品的有效检验次数如表 3–27 所示，取其平均数。使用强力试验机时需要详细阅读强力试验机操作规程。

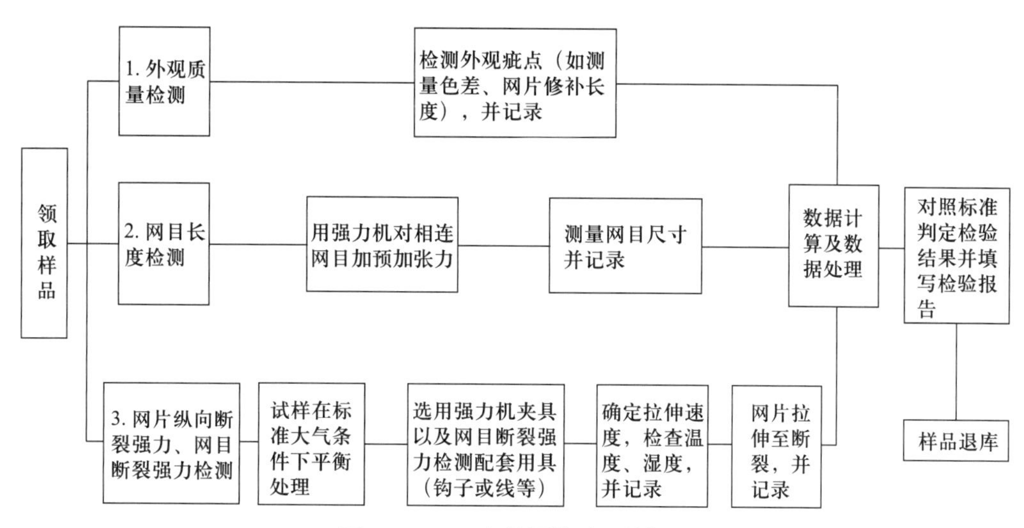

图 3-9　PET 经编网检验系统框图

2. 数据处理

每个样品按相关标准规定进行检验，然后计算算术平均值。网目长度、网片纵向断裂强力、网目断裂强力、网片修补长度数据处理如表 3-30 所示的规定。检验数据尾数修约按国家标准《数值修约规则与极限数值的表示和判定》的规定执行。

表 3-30　PET 经编网样品数据处理

序号	检验项目及其单位	数据处理
1	网目长度 /mm	整数
2	网片纵向断裂强力 /N	三位有效数字
3	网目断裂强力 /N	三位有效数字
4	网片修补长度 /m	两位小数

注：（织网用）PET 复丝线密度一般取整数。

（五）检验样品和检验仪器的检查

检验前对受检样品的检查项目包括样品编号、材料、规格、数量以及样品平衡时间。检验前对检验仪器的检查项目包括检定有效期、检验用仪器的量程、分辨力等是否符合标准要求。按仪器操作规程，检查仪器的完好情况并作记录。检验用主要仪器设备为强力机（使用量程、夹具使用、夹具间距、拉伸速度、各显示部分是否正常工作及零位）。检验后对仪器的检查项目包括检验结束时仪器各控制部分及操作部件是否正常，检查并记录。仪器各运动部件复原至起始位置。检验后对样品的检查项目包括检验过程中是否有非检验要求的意外损坏，有无结转其他检验部门继续检验的要求。多余的样品按顺序退库。

（六）电源、环境条件要求以及检验异常处理办法

1. 电源与环境条件要求

电子传感器式强力机、空气压缩机等加装稳压电源，保持电压稳定。综合试验室环境条件应符合《渔网　合成纤维网片断裂强力与断裂伸长率试验方法》的规定。样品检验前、检验中、检验后，都应经常检查温度、湿度数据并作好记录。

2. 检验异常处理办法

受检样品损坏，应及时报告管理部门妥善处理，允许使用备用样品重新进行检验。首次测量超标或测量结果离散太大，应复查仪器使用情况、量程选择、操作规程，若未发现问题则数据有效；当发现问题时应向主管领导汇报，经同意视具体情况处理或重新检验。检验过程中发生停电、停水或其他非人力可避免的自然灾害，应及时通知有关部门，待恢复正常后，继续检验。由于仪器故障而中断检验的，排除故障后，方可继续检验。以上情况对检验中断前的检验结果有影响时，恢复正常后，应重新检验，原数据作废；中断原因对此前检验设备没有影响时，原数据有效，恢复检验后只对未检验项目进行检验。

（七）检验结果判断方法

从每批渔用机织网片中随机抽取 5 片作为样品进行检验。产品按批检验，判定依据为相应的水产行业标准《渔用聚酯经编网通用技术要求》，规则如下：

①若所有样品的全部检验项目符合本标准第 5 章要求，则判该批产品合格；

②若有 1 个（或 1 个以上）样品的网片强力不符合本标准 5.3 要求，则判该批产品不合格；

③若有 2 个（或 2 个以上）样品除网片强力以外的检验项目不符合本标准第 5 章相应要求时，则判该批产品不合格；

④若有 1 个样品除网片强力以外的检验项目不符合本标准第 5 章相应要求时，应在该批产品中加倍抽样进行复检，若复检结果仍不符合要求，则判该批产品不合格。

监督抽查或统检的产品，按下达任务时批准的抽查方案中的规定进行判定。抽样检验，检验结果对该批产品有效；委托检验，检验结果仅对委托样品有效。复验时，检验程序与原标准检验程序相同。

第三节　绞捻网及其他渔网检验技术

绞捻网衣简称“绞捻网”。渔用绞捻网主要包括 UHMWPE 绞捻网、PE 绞捻网

等网衣。除绞捻网外，渔网还包括PA单丝网衣、铜合金斜方网、龟甲网衣、筛网、饲料挡网、防护网衣、防鲨网、防海豹网、防鸟网和分隔网衣等。本节主要介绍绞捻网及其他渔网检验技术，为绞捻网及其他渔网材料综合性能分析研究提供参考。

一、超高分子量聚乙烯绞捻网检验技术

超高分子量聚乙烯网片具有高强、耐磨、耐切割和耐紫外老化等优异性能。现有UHMWPE绞捻网行业标准为《超高分子量聚乙烯网片　绞捻型》（SC/T 4049—2019）。东海所石建高研究员联合荷兰DSM公司、日东制网、九九久、千禧龙、艺高网业等单位开展了UHMWPE绞捻网技术研发或应用，引领了渔网技术升级。UHMWPE绞捻网在深远海养殖业中可用于网箱箱体等产品的制备，目前在深远海网箱网片中用量较少。本部分概述UHMWPE绞捻网的检验技术，供读者开展相关试验参考。

（一）检验内容及其标准

UHMWPE绞捻网检验内容及其标准主要包括检验方式及其样本数、检验项目、检验仪器与被测参数、检验方法、检验样品和检验仪器的检查、电源与环境条件要求、检验异常处理办法、检验结果判断方法。

现行UHMWPE绞捻网产品标准为《超高分子量聚乙烯网片　绞捻型》，适用于网目长度不大于150 mm、目脚直径不大于3.0 mm且名义股数112股以下的UHMWPE绞捻网。本标准主要起草单位为山东好运通网具科技股份有限公司、中国水产科学研究院东海水产研究所、帝斯曼（中国）有限公司等，主要起草人为石建高等。本标准规定了UHMWPE绞捻网的术语和定义、标记、技术要求、试验方法、检验规则、标志、标签、包装、运输及贮存。

现行UHMWPE绞捻网物理机械性能检验标准包括《渔网　合成纤维网片断裂强力与断裂伸长率试验方法》《渔网网目尺寸测量方法》《渔具材料试验基本条件　预加张力》《渔网机织网片》《超高分子量聚乙烯网片　绞捻型》和《聚乙烯网片　绞捻型》（SC/T 5031—2014）等。网片纵向断裂强力的试验方法按《渔网　合成纤维网片断裂强力与断裂伸长率试验方法》的规定。网目长度的测量按《渔网网目尺寸测量方法》的规定，网目长度测量时，按《渔具材料试验基本条件　预加张力》的规定用强力机对横向相连的网目施加相应的预加张力。针对网目长度、网片纵向断裂强力，每批网片随机抽取5片作为样品进行检验，求算术平均数。外观指标测量时利用目测、直尺测量，并进行相关计算。计算网目长度偏差率，精确至0.1%。UHMWPE绞捻网疲劳性能目前尚无相关标准，可参考相关疲劳试验进行检验（见图3-10）。

图 3–10 UHMWPE 绞捻网疲劳性能检验

（二）检验方式及其样本数

1. 抽样检验

样品由检验机构或质量监督机构抽取。样品应在生产单位、销售单位已经检验合格的产品中随机抽取，特殊情况下也允许在生产线的终端、已经检验合格的产品中随机抽取。产品按批量抽样，在相同工艺条件下，同一品种、同一规格的 100 片网片为一批，不足 100 片亦为一批。从每批网片中随机抽取 5 片作为样品进行检验。UHMWPE 绞捻网取样方法按《超高分子量聚乙烯网片 绞捻型》的规定执行。UHMWPE 绞捻网产品抽样方法及样本数如表 3–31 所示，样品试验次数按表 3–32 中的规定执行。

表 3–31 UHMWPE 绞捻网产品抽样方法及样本数

产品名称	组批规定	每批抽样数	需复测时每批抽样数
UHMWPE 绞捻网	≤ 100 片	5 片	10 片

表 3–32 UHMWPE 绞捻网样品试验次数

项目	网目长度	网片纵向断裂强力
总次数	10	20

2. 委托检验

样品由送样人、送样企业、非检验机构或质量监督机构抽取。样品数量同上述抽样检验规定数量。

（三）检验项目、检验仪器与被测参数

1. 检验项目

检验项目如表 3–33 所示。

表 3–33　UHMWPE 绞捻网检验项目

产品名称	检验项目
UHMWPE 绞捻网	外观质量（破目、缺纱、修补率、每处修补长度、起毛）、网目长度及偏差率、网片纵向断裂强力

2. 检验仪器与被测参数

仪器名称、型号、准确度、量程、分辨力与被测参数大小、数据取值精度如表 3–34 所示。

表 3–34　UHMWPE 绞捻网检验仪器与被测参数

仪器名称型号	准确度	量程	分辨力	被测参数大小	允许变化范围
钢质直尺	满足网目长度检验要求	1 m	1 mm	网目长度 5 ~ 300mm	± 1 mm
强力试验机	满足网片纵向断裂强力检验要求	0 ~ 500 N 0 ~ 10 kN	满刻度 ± 0.01% 示值 ± 0.5%	网片纵向断裂强力 0 ~ 10 kN	三位有效数字
钢卷尺	满足外观中的修补长度检验要求	0~20 m	1 mm	修补长度 10 ~ 300 mm	± 1 mm

（四）检验方法

1. 检验系统框图

检验系统框图如图 3–11 所示。UHMWPE 绞捻网检验项目主要包括外观、网目长度及偏差率、网片纵向断裂强力。每一检验项目对一种产品的有效检验次数如表 3–32 所示，取其平均数。使用强力试验机时需要详细阅读强力试验机操作规程。

2. 数据处理

每个样品按相关标准规定进行检验，然后计算算术平均值。网片修补长度、网目长度、网片纵向断裂强力如表 3–35 的规定。检验数据尾数修约按国家标准《数值修约规则与极限数值的表示和判定》的规定执行。

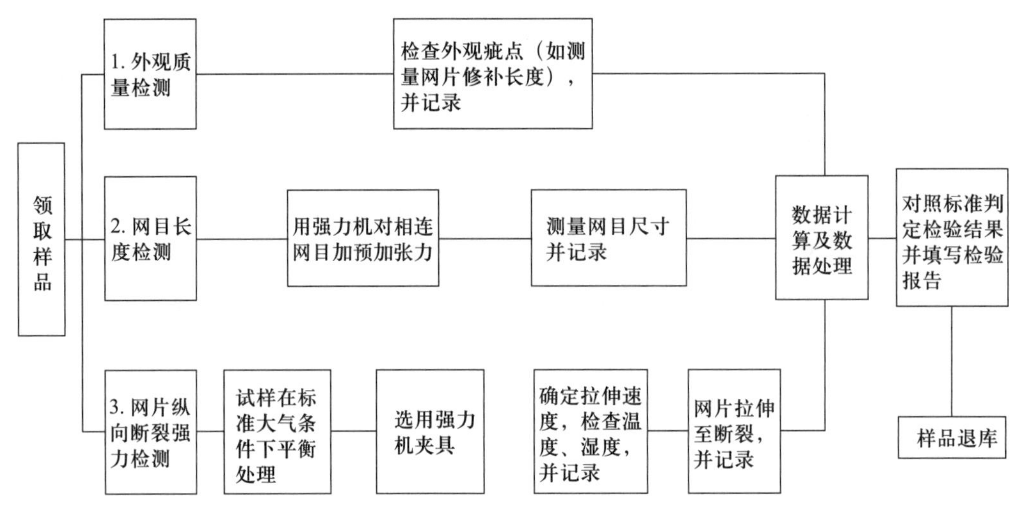

图 3–11　UHMWPE 绞捻网检验系统框图

表 3–35　UHMWPE 绞捻网样品数据处理

序号	检验项目及其单位	数据处理
1	外观中的网片修补长度 /mm	整数
2	网目长度 /mm	整数
3	网片纵向断裂强力 /N	三位有效数字

（五）检验样品和检验仪器的检查

检验前对受检样品的检查项目包括样品编号、材料、规格、数量以及样品平衡时间。检验前对检验仪器的检查项目包括检定有效期、检验用仪器的量程、分辨力等是否符合标准要求。按仪器操作规程，检查仪器的完好情况并作记录。检验用主要仪器设备为强力机（使用量程、夹具使用、夹具间距、拉伸速度、各显示部分是否正常工作及零位）。检验后对仪器的检查项目包括检验结束时仪器各控制部分及操作部件是否正常，检查并记录。仪器各运动部件复原至起始位置。检验后对样品的检查项目包括检验过程中是否有非检验要求的意外损坏，有无结转其他检验部门继续检验的要求。多余的样品按顺序退库。

（六）电源、环境条件要求以及检验异常处理办法

1. 电源与环境条件要求

电子传感器式强力机、空气压缩机等加装稳压电源，保持电压稳定。综合试验室环境条件应符合《渔网　合成纤维网片断裂强力与断裂伸长率试验方法》的规定。样品检验前、检验中、检验后，都应经常检查温度、湿度数据并作好记录。

2. 检验异常处理办法

受检样品损坏，应及时报告管理部门后妥善处理，允许使用备用样品重新进行检验。首次测量超标或测量结果离散太大，应复查仪器使用情况、量程选择、操作规程，若未发现问题则数据有效；当发现问题时应向主管领导汇报，经同意视具体情况处理或重新检验。检验过程中发生停电、停水或其他非人力可避免的自然灾害，应及时通知有关部门，待恢复正常后，继续检验。由于仪器故障而中断检验的，排除故障后，方可继续检验。以上情况对检验中断前的检验结果有影响时，恢复正常后，应重新检验，原数据作废；中断原因对此前检验设备没有影响时，原数据有效，恢复检验后只对未检验项目进行检验。

（七）检验结果判断方法

从每批 UHMWPE 绞捻网中随机抽取 5 片作为样品进行检验。产品按批检验，判定依据为相应的水产行业标准《超高分子量聚乙烯网片　绞捻型》，规则如下：

①若所有样品的检验项目符合本标准第 5 章中的要求，则判该批产品合格；

②若有 1 个（或 1 个以上）样品的网片纵向断裂强力不符合本标准第 5 章相应要求时，则判该批产品不合格；

③若有 2 个（或 2 个以上）样品除网片纵向断裂强力以外的检验项目不符合本标准第 5 章相应要求时，则判该批产品不合格；

④若有 1 个样品除网片纵向断裂强力以外的检验项目不符合本标准第 5 章相应要求时，应在该批产品中加倍抽样进行复检，若复检结果仍不符合要求，则判该批产品不合格。

监督抽查或统检的产品，按下达任务时批准的抽查方案中的规定进行判定。抽样检验，检验结果对该批产品有效；委托检验，检验结果仅对委托样品有效。复验时，检验程序与原标准检验程序相同。

二、聚乙烯绞捻网检验技术

聚乙烯绞捻网衣，俗称“聚乙烯（PE）绞捻网”“PE 绞捻网衣”或“PE 绞捻网”等。PE 绞捻网具有无结、密度小、耐低温、吸湿性小、耐磨性好和表面光滑等特点，广泛应用于网箱等领域。本部分概述 PE 绞捻网检验技术，供读者开展相关试验参考。

（一）检验内容及其标准

PE 绞捻网检验内容及其标准主要包括检验方式及其样本数、检验项目、检验仪器与被测参数、检验方法、检验样品和检验仪器的检查、电源与环境条件要求、检验异常处理办法、检验结果判断方法。现行 PE 绞捻网产品标准为《聚乙烯网片 绞捻型》，适用于以聚乙烯为原料、单丝线密度为 42tex 和 44tex 的机织绞捻型网片，本标准主要起草单位为中国水产科学研究院东海水产研究所等单位，主要起草人为汤振明、庄建、柴秀芳和石建高等。本标准规定了聚乙烯绞捻型网片的术语和定义、标记、要求、试验方法、检验规则、标志、标签、包装、运输和贮存。

现行 PE 绞捻网物理机械性能检验标准包括《渔网网目尺寸测量方法》《渔具材料试验基本条件 预加张力》和《聚乙烯网片 绞捻型》等。网目连接点断裂强力及其变异系数的试验方法按《聚乙烯网片 绞捻型》的规定。网目尺寸的测量按《渔网网目尺寸测量方法》的规定，网目尺寸测量时，按《渔具材料试验基本条件 预加张力》的规定用强力机对横向相连的网目施加相应的预加张力。针对网目尺寸、网目连接点断裂强力及其变异系数，每批网片随机抽取 5 片作为样品进行检验，求算术平均数。外观指标测量时采用目测、直尺测量，并进行相关计算。计算网目尺寸偏差率，精确至 0.1%。

（二）检验方式及其样本数

1. 抽样检验

样品由检验机构或质量监督机构抽取。样品应在生产单位、销售单位已经检验合格的产品中随机抽取，特殊情况下也允许在生产线的终端、已经检验合格的产品中随机抽取。《聚乙烯网片 绞捻型》未对抽样数量做具体规定，读者可参考《渔用机织网片》标准的抽样规定。该标准规定，产品按批量抽样，在相同工艺条件下，同一品种、同一规格的 100 片网片为一批，不足 100 片亦为一批。从每批网片中随机抽取 5 片作为样品进行检验。PE 绞捻网取样方法按《聚乙烯网片 绞捻型》的规定执行。PE 绞捻网产品抽样方法及样本数如表 3-36 所示，样品试验次数按表 3-37 中的规定执行。

表 3-36 PE 绞捻网产品抽样方法及样本数

产品名称	组批规定	每批抽样数	需复测时每批抽样数
PE 绞捻网	≤ 100 片	5 片	10 片

表 3-37 PE 绞捻网样品试验次数

项目	网目尺寸	网目连接点断裂强力及其变异系数
总次数	25	25

2. 委托检验

样品由送样人、送样企业、非检验机构或质量监督机构抽取。样品数量同上述抽样检验规定的数量。

（三）检验项目、检验仪器与被测参数

1. 检验项目

检验项目如表 3–38 所示。

表 3–38　检验项目

产品名称	检验项目
PE 绞捻网	外观、网目尺寸、网目连接点断裂强力及其变异系数

2. 检验仪器与被测参数

仪器名称、型号、准确度、量程、分辨力与被测参数大小、数据取值精度如表 3–39 所示。

表 3–39　PE 绞捻网检验仪器与被测参数

仪器名称型号	准确度	量程	分辨力	被测参数大小	允许变化范围
钢质直尺	满足网目尺寸检验要求	1 m	1 mm	网目尺寸 5 ~ 300 mm	± 1 mm
强力试验机	满足网目连接点断裂强力及其变异系数的检验要求	0 ~ 500 N 0 ~ 10 kN	满刻度 ± 0.01% 示值 ± 0.5%	网目连接点断裂强力 0 ~ 10 kN	三位有效数字
卷尺	满足外观中的网片修补长度检验要求	0 ~ 20 m	1 mm	修补长度 10 ~ 300 mm	± 1 mm

（四）检验方法

1. 检验系统框图

检验系统框图如图 3–12 所示。PE 绞捻网检验项目主要包括外观、网目尺寸偏差率、网目连接点断裂强力及其变异系数。每一检验项目对一种产品的有效检验次数如表 3–37 所示，取其平均数。使用强力试验机时需要详细阅读强力试验机操作规程。

2. 数据处理

每个样品按相关标准规定进行检验，然后计算算术平均值。网片修补长度、网目尺寸、网目连接点断裂强力及其变异系数如表 3–40 所示的规定。检验数据尾数修约按国家标准《数值修约规则与极限数值的表示和判定》的规定执行。

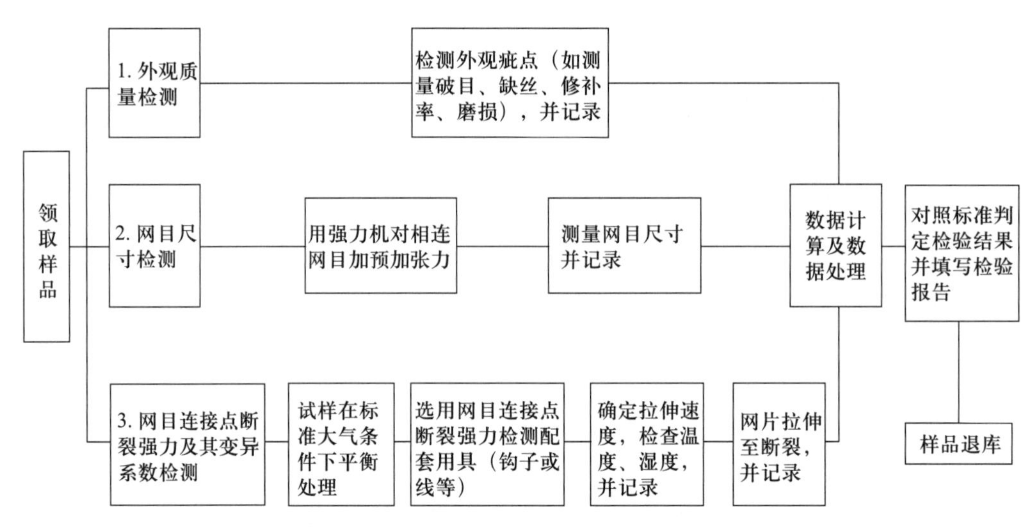

图 3–12　PE 绞捻网检验系统框图

表 3–40　PE 绞捻网样品数据处理

序号	检验项目及其单位	数据处理
1	外观中的网片修补长度 /mm	整数
2	网目尺寸 /mm	整数
3	网目连接点断裂强力 /N	三位有效数字
4	网目连接点断裂强力变异系数	两位有效数字

（五）检验样品和检验仪器的检查

检验前对受检样品的检查项目包括样品编号、材料、规格、数量以及样品平衡时间。检验前对检验仪器的检查项目包括检定有效期、检验用仪器的量程、分辨力等是否符合标准要求。按仪器操作规程，检查仪器的完好情况并作记录。检验用主要仪器设备为强力机（使用量程、夹具使用、夹具间距、拉伸速度、各显示部分是否正常工作及零位）。检验后对仪器的检查项目包括检验结束时仪器各控制部分及操作部件是否正常，检查并记录。仪器各运动部件复原至起始位置。检验后对样品的检查项目包括检验过程中是否有非检验要求的意外损坏，有无结转其他检验部门继续检验的要求。多余的样品按顺序退库。

（六）电源、环境条件要求以及检验异常处理办法

1. 电源与环境条件要求

电子传感器式强力机、空气压缩机等加装稳压电源，保持电压稳定。综合试验室环境条件应符合《聚乙烯网片　绞捻型》的规定。样品检验前、检验中、检验

后，都应经常检查温度、湿度数据并作好记录。

2. 检验异常处理办法

受检样品损坏，应及时报告管理部门妥善处理，允许使用备用样品重新进行检验。首次测量超标或测量结果离散太大，应复查仪器使用情况、量程选择、操作规程，若未发现问题则数据有效；当发现问题时应向主管领导汇报，经同意视具体情况处理或重新检验。检验过程中发生停电、停水或其他非人力可避免的自然灾害，应及时通知有关部门，待恢复正常后，继续检验。由于仪器故障而中断检验的，排除故障后，方可继续检验。以上情况对检验中断前的检验结果有影响时，恢复正常后，应重新检验，原数据作废；中断原因对此前检验设备没有影响时，原数据有效，恢复检验后只对未检验项目进行检验。

（七）检验结果判断方法

从每批 PE 绞捻网中随机抽取 5 片作为样品进行检验。产品按批检验，判定依据为相应的水产行业标准《聚乙烯网片　绞捻型》，规则如下：

①若所有样品的检验项目符合本标准第 5 章中的要求，则判该批产品合格；

②在检验结果中，若有 2 片或 2 片以上样品不合格时，则判该样品为不合格；若有 1 片样品不合格时，应该在该批次产品中重新抽取 10 片样品进行复测，若复测结果中，仍有 2 片或 2 片以上样品不合格时，则判该样品为不合格。

监督抽查或统检的产品，按下达任务时批准的抽查方案中的规定进行判定。抽样检验，检验结果对该批产品有效；委托检验，检验结果仅对委托样品有效。复验时，检验程序与原标准检验程序相同。

三、聚酰胺单丝网衣检验技术

聚酰胺单丝双死结型渔用机织网片简称“聚酰胺单丝网片”“PA 单丝网衣”“PA 单丝网片”或“尼龙单丝网衣”。PA 单丝网衣具有密度大、强度较高、弹性较好、吸湿性很小、耐热性和耐光性良好等特点，在深远海网箱领域中的防磨网上有一些应用。本部分介绍 PA 单丝网衣检验技术，供读者开展相关试验参考。

（一）检验内容及其标准

PA 单丝网衣检验内容及其标准主要包括检验方式及其样本数、检验项目、检验仪器与被测参数、检验方法、检验样品和检验仪器的检查、电源与环境条件要求、检验异常处理办法、检验结果判断方法。

现行 PA 单丝网衣产品标准为《渔用机织网片》，适用于以机器编织并经定型处理后的 PA 单丝网衣，本标准主要起草单位为国家渔具质量监督检验中心等单位，主要起草人为苗傲霜等。本标准规定了渔用机织网片的分类与标记、要求、试验方法、检验规则、标志、标签、包装、运输及贮存。

现行PA单丝网衣检验标准包括《渔网　合成纤维网片断裂强力与断裂伸长率试验方法》《渔网网目尺寸测量方法》《渔具材料试验基本条件　预加张力》《渔网机织网片》《渔网　网目断裂强力的测定》《聚酰胺单丝》（GB/T 21032—2007）和《渔具材料试验基本条件　标准大气》等。网目断裂强力和网目结牢度的试验方法按《渔网　网目断裂强力的测定》的规定。网目长度的测量按《渔网网目尺寸测量方法》的规定，网目长度测量时，按《渔具材料试验基本条件　预加张力》的规定用强力机对横向相连的网目施加相应的预加张力。针对网目长度、网目断裂强力、网目结牢度，每批网片随机抽取5片作为样品进行检验，求算术平均数。织网用单丝直径的测定，按《聚酰胺单丝》标准的规定。外观指标及外观类要求用目测。各被测参数的计算：计算网目长度偏差率，精确至0.1%；计算破目和漏目的百分率，精确至0.01%；计算活络结和扭结的百分率，精确至0.01%。验收PA单丝网衣质量时，需按《渔网机织网片》中附录A的规定，测出实测回潮率换算成公定质量。

（二）检验方式及其样本数

1. 抽样检验

样品由检验机构或质量监督机构抽取。样品应在生产单位、销售单位已经检验合格的产品中随机抽取，特殊情况下也允许在生产线的终端、已经检验合格的产品中随机抽取。产品按批量抽样，在相同工艺条件下，同一品种、同一规格的100片PA单丝网衣为一批，不足100片亦为一批。从每批PA单丝网衣中随机抽取5片作为样品进行检验。PA单丝网衣取样方法按《渔网机织网片》的规定执行。PA单丝网衣产品抽样方法及样本数如表3–41所示。样品试验次数按表3–42中的规定执行。

表3–41　PA单丝网衣产品抽样方法及样本数

产品名称	组批规定	每批抽样数	需复测时每批抽样数
PA单丝网衣	≤100片	5片	10片

表3–42　PA单丝网衣样品试验次数

项目	网目长度	网片修补长度	网目断裂强力	网目结牢度
总次数	25	5	20	20

2. 委托检验

样品由送样人、送样企业、非检验机构或质量监督机构抽取。样品数量同上述抽样检验规定数量。

（三）检验项目、检验仪器与被测参数

1. 检验项目

检验项目如表 3–43 所示。

表 3–43　检验项目

产品名称	检验项目
PA 单丝网衣	外观质量（含破目、漏目、活络结、扭结、混线、K 型网目）、网目长度、网目断裂强力、网目结牢度

2. 检验仪器与被测参数

仪器名称、型号、准确度、量程、分辨力与被测参数大小、数据取值精度如表 3–44 所示。

表 3–44　PA 单丝网衣检验仪器与被测参数

仪器名称型号	准确度	量程	分辨力	被测参数大小	允许变化范围
钢质直尺	满足网目长度检验要求	1 m	1 mm	网目长度 10 ～ 300 mm	± 1 mm
强力试验机	满足网目断裂强力检验要求	0 ～ 500 N 0 ～ 10 kN	满刻度 ± 0.01% 示值 ± 0.5%	网目断裂强力 0 ～ 500 N	三位有效数字
强力试验机	满足网目结牢度检验要求	0 ～ 500 N 0 ～ 10 kN	满刻度 ± 0.01% 示值 ± 0.5%	网目结牢度 0 ～ 500 N	三位有效数字

（四）检验方法

1. 检验系统框图

检验系统框图如图 3–13 所示。PA 单丝网衣检验项目主要包括外观、网目长度、网目断裂强力、网目结牢度。每一检验项目对一种产品有效检验次数如表 3–42 所示，取其平均数。使用强力试验机时需要详细阅读强力试验机操作规程。

2. 数据处理

每个样品按相关标准规定进行检验，然后计算算术平均值。网目长度、网目断裂强力、网目结牢度数据处理如表 3–45 的规定。检验数据尾数修约按国家标准《数值修约规则与极限数值的表示和判定》的规定执行。

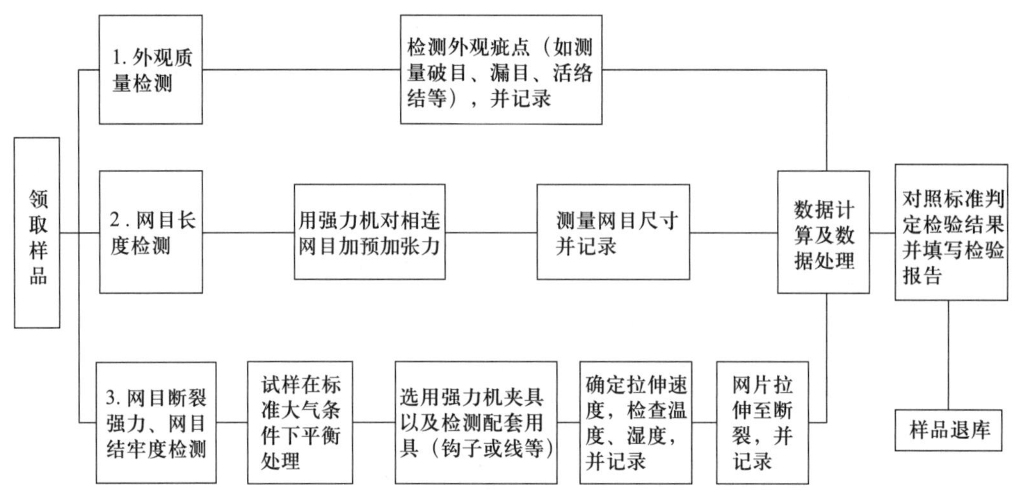

图 3-13　PA 单丝网衣检验系统框图

表 3-45　PA 单丝网衣样品数据处理

序号	检验项目及其单位	数据处理
1	网目长度 /mm	整数
2	网目断裂强力 /N	三位有效数字
3	网目结牢度 /N	三位有效数字

（五）检验样品和检验仪器的检查

检验前对受检样品的检查项目包括样品编号、材料、规格、数量以及样品平衡时间。检验前对检验仪器的检查项目包括检定有效期、检验用仪器的量程、分辨力等是否符合标准要求。按仪器操作规程，检查仪器的完好情况并作记录。检验用主要仪器设备为强力机（使用量程、夹具使用、夹具间距、拉伸速度、各显示部分是否正常工作及零位）。检验后对仪器的检查项目包括检验结束时仪器各控制部分及操作部件是否正常，检查并记录。仪器各运动部件复原至起始位置。检验后对样品的检查项目包括检验过程中是否有非检验要求的意外损坏，有无结转其他检验部门继续检验的要求。多余的样品按顺序退库。

（六）电源、环境条件要求以及检验异常处理办法

1. 电源与环境条件要求

电子传感器式强力机、空气压缩机等加装稳压电源，保持电压稳定。综合试验室环境条件应符合《渔网　合成纤维网片断裂强力与断裂伸长率试验方法》的规定。样品检验前、检验中、检验后，都应经常检查温度、湿度数据并作好记录。

2. 检验异常处理办法

受检样品损坏，应及时报告管理部门妥善处理，允许使用备用样品重新进行检验。首次测量超标或测量结果离散太大，应复查仪器使用情况、量程选择、操作规程，若未发现问题则数据有效；当发现问题时应向主管领导汇报，经同意视具体情况处理或重新检验。检验过程中发生停电、停水或其他非人力可避免的自然灾害，应及时通知有关部门，待恢复正常后，继续检验。由于仪器故障而中断检验的，排除故障后，方可继续检验。以上情况对检验中断前的检验结果有影响时，恢复正常后，应重新检验，原数据作废；中断原因对此前检验设备没有影响时，原数据有效，恢复检验后只对未检验项目进行检验。

（七）检验结果判断方法

从每批渔用机织网片中随机抽取 5 片作为样品进行检验。产品按批检验，判定依据为相应的国家标准《渔用机织网片》，规则如下：

①在检验结果中，若所有样品的全部检验项目符合本标准第 5 章要求，则判该批产品合格；

②在检验结果中，若有 1 个（或 1 个以上）样品的断裂强力不符合本标准 5.3 要求，则判该批产品不合格；

③在检验结果中，若有 2 个（或 2 个以上）样品除断裂强力以外的检验项目不符合本标准第 5 章相应要求时，则判该批产品不合格；

④在检验结果中，若有 1 个样品除断裂强力以外的检验项目不符合本标准第 5 章相应要求时，应在该批产品中加倍抽样进行复检，若复检结果仍不符合要求，则判该批产品不合格。

监督抽查或统检的产品，按下达任务时批准的抽查方案中的规定进行判定。抽样检验，检验结果对该批产品有效；委托检验，检验结果仅对委托样品有效。复验时，检验程序与原标准检验程序相同。

四、铜合金斜方网检验技术

深远海网箱技术领域目前尚未开展金属网衣及其检验标准系统研究。本部分参考《高密度聚乙烯框架铜合金网衣网箱通用技术条件》（SC/T 4030—2016）标准与《渔用网片与防污技术》专著，对铜合金斜方网检验技术进行简要介绍。

（一）检验内容及其标准

铜合金斜方网检验内容及其标准主要包括检验方式及其样本数、检验项目、检验仪器与被测参数、检验方法、检验样品和检验仪器的检查、电源与环境条件要求、检验异常处理办法、检验结果判断方法。

现行铜合金斜方网产品相关要求可参考标准《高密度聚乙烯框架铜合金网衣网箱通用技术条件》，该标准适用于框架采用高密度聚乙烯管、箱体全部或部分采用铜合金斜方网材料制成的高密度聚乙烯框架铜合金网衣网箱，规定了高密度聚乙烯框架铜合金网衣网箱的术语和定义、分类与标记、技术要求、试验方法、检验规则、标志、标签、包装、运输及贮存。

现行铜合金斜方网物理性能检验标准包括《渔网网目尺寸测量方法》《渔网　网目断裂强力的测定》《铜及铜合金线材》（GB/T 21652—2008）和《高密度聚乙烯框架铜合金网衣网箱通用技术条件》等。网目边长按《渔网网目尺寸测量方法》的规定进行检验，每个试样检验10次，计算所有试样的算术平均值，取两位有效数字。网目断裂强力按《渔网　网目断裂强力的测定》的规定进行检验，每个试样检验10次，计算所有试样的算术平均值，取三位有效数字。《铜及铜合金线材》涉及的铜合金丝按该标准的规定进行检验（图3–14）；《铜及铜合金线材》范围之外的其他牌号的铜合金丝性能按供需双方协商确定的方法进行检验。

图3–14　铜合金斜方网网目断裂强力检验

（二）检验方式及其样本数

1. 抽样检验

样品由检验机构或质量监督机构抽取。样品应在生产单位、销售单位已经检验合格的产品中随机抽取，特殊情况下也允许在生产线的终端、已经检验合格的产品中随机抽取。铜合金斜方网取样方法按《高密度聚乙烯框架铜合金网衣网箱通用技术条件》的规定执行。同一种材料、同一种规格的铜合金斜方网产品按公式（3–1）的要求计算后确定抽样数量。从每批铜合金斜方网中随机抽取5片作为样品进行检验。

$$S=0.4\sqrt{N} \tag{3-1}$$

式中：N——组成一批的铜合金斜方网数量；

S——计算结果应按数值修约规则修约成不小于 1 的整数。

铜合金斜方网样品试验次数按表 3-46 中的规定执行。

表 3-46 铜合金斜方网样品试验次数

项目	网目边长	网目断裂强力	铜合金丝直径
总次数	5	20	5

2. 委托检验

样品由送样人、送样企业、非检验机构或质量监督机构抽取。样品数量同上述抽样检验规定数量。

（三）检验项目、检验仪器与被测参数

1. 检验项目

检验项目如表 3-47 所示。

表 3-47 铜合金斜方网检验项目

产品名称	检验项目
铜合金斜方网	网目边长、网目断裂强力、铜合金丝直径

2. 检验仪器与被测参数

仪器名称、型号、准确度、量程、分辨力与被测参数大小、数据取值精度如表 3-48 所示。

表 3-48 铜合金斜方网检验仪器与被测参数

仪器名称型号	准确度	量程	分辨力	被测参数大小	允许变化范围
钢质直尺、游标卡尺等	满足网目边长检验要求	1 m	1 mm	网目边长 0 ~ 100 mm	± 1 mm
强力试验机	满足网目断裂强力检验要求	0 ~ 500 N 0 ~ 10 kN	满刻度 ± 0.01% 示值 ± 0.5%	网目断裂强力 330 ~ 2 600 N	三位有效数字
外径千分尺、游标卡尺、投影仪或显微镜	满足铜合金丝直径检验要求	—	0.01 mm	铜合金丝直径 0 ~ 6 mm	± 0.01 m

（四）检验方法

1. 检验系统框图

检验系统框图如图 3–15 所示。铜合金斜方网检验项目主要包括铜合金丝直径、网目边长、网目断裂强力。每一检验项目对一种产品的有效检验次数如表 3–46 所示，取其平均数。使用强力试验机时需要详细阅读强力试验机操作规程。

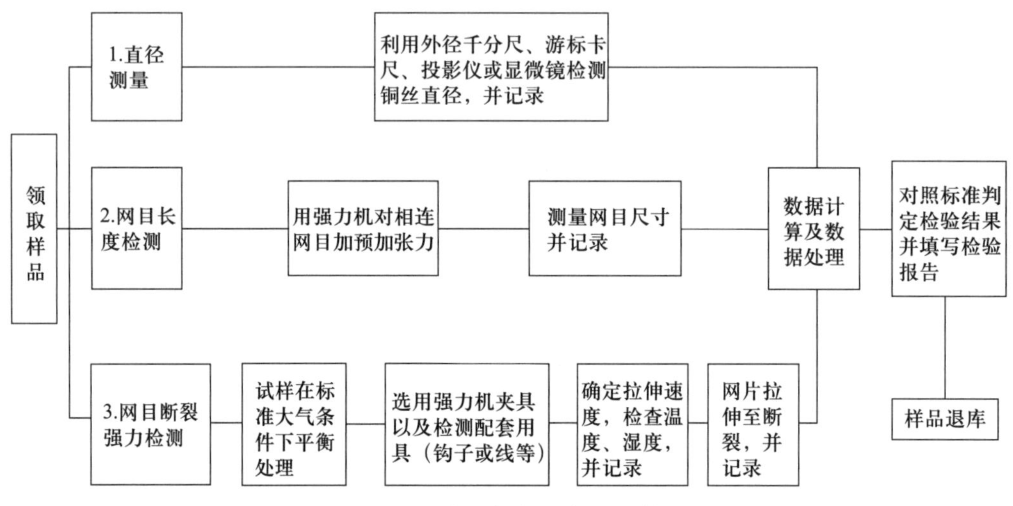

图 3–15　铜合金斜方网检验系统框图

2. 数据处理

每个样品按相关标准规定进行检验，然后计算算术平均值。网目边长、网目断裂强力、铜合金丝直径数据处理如表 3–49 所示的规定。检验数据尾数修约按国家标准《数值修约规则与极限数值的表示和判定》的规定执行。

表 3–49　铜合金斜方网样品数据处理

序号	检验项目及其单位	数据处理
1	网目边长 /mm	整数
2	网目断裂强力 /N	三位有效数字
3	铜合金丝直径 / mm	一位小数

（五）检验样品和检验仪器的检查

检验前对受检样品的检查项目包括样品编号、材料、规格、数量以及样品平衡时间。检验前对检验仪器的检查项目包括检定有效期、检验用仪器的量程、分辨力等是否符合标准要求。按仪器操作规程，检查仪器的完好情况并作记录。检验用主要仪器设备为强力机（使用量程、夹具使用、夹具间距、拉伸速度、各显示部分是否正常工作及零位）。检验后对仪器的检查项目包括检验结束时仪器各控制部分及操作部件是否正常，检查并记录。仪器各运动部件复原至起始位置。检验后对样品的检查项目包括检验过程中是否有非检验要求的意外损坏，有无结转其他检验部门继续检验的要求。多余的样品按顺序退库。

（六）电源、环境条件要求以及检验异常处理办法

1. 电源与环境条件要求

电子传感器式强力机、空气压缩机等加装稳压电源，保持电压稳定。网目边长、网目断裂强力、铜合金丝的综合试验室环境条件应分别符合《渔网网目尺寸测量方法》《渔网　网目断裂强力的测定》和《铜及铜合金线材》的规定。样品检验前、检验中、检验后，都应经常检查温度、湿度数据并作好记录。

2. 检验异常处理办法

受检样品损坏，应及时报告管理部门妥善处理，允许使用备用样品重新进行检验。首次测量超标或测量结果离散太大，应复查仪器使用情况、量程选择、操作规程，若未发现问题则数据有效；当发现问题时应向主管领导汇报，经同意视具体情况处理或重新检验。检验过程中发生停电、停水或其他非人力可避免的自然灾害，应及时通知有关部门，待恢复正常后，继续检验。由于仪器故障而中断检验的，排除故障后，方可继续检验。以上情况对检验中断前的检验结果有影响时，恢复正常后，应重新检验，原数据作废；中断原因对此前检验设备没有影响时，原数据有效，恢复检验后只对未检验项目进行检验。

（七）检验结果判断方法

从每批渔用机织网片中随机抽取 5 片作为样品进行检验。判定依据为相应的水产行业标准《高密度聚乙烯框架铜合金网衣网箱通用技术条件》，产品按批检验，规则如下：

①在检验结果中，若所有样品的全部检验项目符合本标准第 5 章要求，则判该批产品合格；

②在检验结果中，若铜合金斜方网的网目边长、网目断裂强力、铜合金丝直径要求中有一项不符合技术要求，则判定该批铜合金斜方网产品为不合格品。

监督抽查或统检的产品，按下达任务时批准的抽查方案中的规定进行判定。抽样检验，检验结果对该批产品有效；委托检验，检验结果仅对委托样品有效。复验时，检验程序与原标准检验程序相同。

五、PET 网衣等其他渔网检验技术

PET 网衣等其他网衣在深远海网箱养殖业中有一定的应用，但目前缺少相应的国家标准或行业标准。现将相关检验技术简述如下，供读者开展相关试验参考。

（一）PET 网衣

PET 网衣具有较好的强度、抗疲劳性等综合性能，在深远海网箱上有一些应用。PET 网衣目前尚无检验标准。基于 PET 网衣渔用特性，其检验项目至少包括网目边长、半刚性 PET 单丝直径、网片纵向断裂强力。网目边长、半刚性 PET 单丝直径的检验可参考铜合金斜方网进行（见本章第三节“四、铜合金斜方网检验技术”）；网片纵向断裂强力按《渔网　合成纤维网片断裂强力与断裂伸长率试验方法》标准执行。条件许可时，PET 网衣应进行耐磨性、耐老化性和抗冲击性等综合性能检验。PET 网衣检验需使用特种夹具（图 3–16），东海所石建高研究员发明了 PET 网测试专用夹具，创新实现了对 PET 网的精准检测。

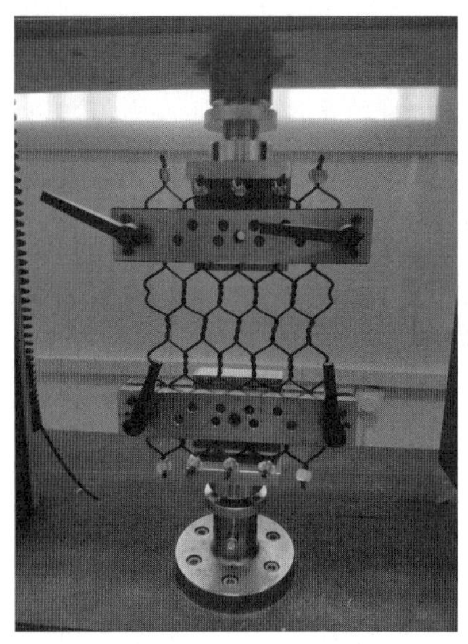

图 3–16　PET 网综合性能检验用的两种特种夹具

（二）金属网衣

特种金属网衣具有较好的防污功能，在我国水产养殖业有少量的应用。金属网衣包括斜方网、编织网、电焊网和拉伸网等种类，相关检验技术如下：

①若金属网衣为斜方网，则相关项目检验可参考铜合金斜方网进行；

②若金属网衣为金属编织网，则网目边长、金属丝直径的检验可参考铜合金斜方网进行；网片纵向断裂强力按《渔网　合成纤维网片断裂强力与断裂伸长率试验

方法》标准执行；

③若金属网衣为电焊网，则网目边长、金属丝直径的检验可参考铜合金斜方网进行；网片纵向断裂强力按《渔网　合成纤维网片断裂强力与断裂伸长率试验方法》标准执行；

④若金属网衣为拉伸网，则常用尺寸（如网厚、丝梗宽度、短节距、长节距、网面长、网面宽）的检验可参考《钢板网》（QB/T 33275—2016）标准执行；网目断裂强力按《渔网　网目断裂强力的测定》标准执行（图 3–17）；

⑤若金属网衣为其他金属网片，则按相关网片的标准、规范或合同要求进行检验。

图 3–17　金属编织网网目强力检验

（三）筛网

筛网检验项目主要包括丝径、开口大小、断裂强力及其伸长率（图 3–18）。网片断裂强力及其伸长率按《纺织品　织物拉伸性能　第 1 部分：断裂强力和断裂伸长率的测定（采样法）》（GB/T 3923.1—2013）标准执行；丝径、开口大小的检验可参考相关标准。

图 3–18　筛网

（四）饲料挡网

用于防止网箱中投喂饲料流失的网衣，称为“深远海网箱饲料挡网”。在深远海网箱领域，饲料挡网包括各类结构类型的筛网、平织网片、插捻网片等（图 3-19 和图 3-20）。针对饲料挡网的用途和目的，其检验项目主要包括丝径、开口大小、断裂强力及其伸长率。饲料挡网检验技术如下：

图 3-19　网箱用饲料挡网

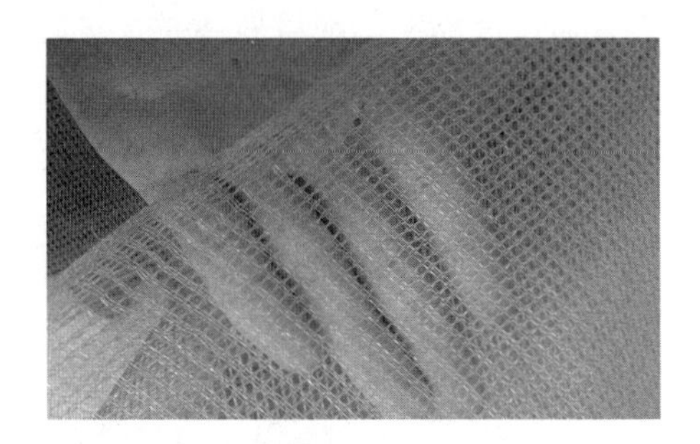

图 3-20　可用于饲料挡网的插捻网片

①若饲料挡网为筛网，则按筛网的检验技术进行；

②若饲料挡网为平织网片，则按平织网片的检验技术进行（如果饲料挡网是 PE 平织网片，则可按《渔网机织网片》标准进行检验）；

③若饲料挡网为插捻网片，则按插捻网片的标准、规范或合同要求等进行检验；

④若饲料挡网为其他网片，则按相关网片的标准、规范或合同要求进行检验。

（五）防护网衣

用于防止外来生物（如鲨鱼、海豹）、外来物体等攻击或破坏深远海网箱的网衣，称为“深远海网箱防护网衣”。在深远海网箱领域，防护网衣包括各类结构类型的网衣，如 UHMWPE 网衣、PA 网衣、PET 复丝网衣等。针对防护网衣的用途和目的，其检验项目主要包括网目尺寸、断裂强力及其伸长率。网目尺寸按《渔网网目尺寸测量方法》和《渔具材料试验基本条件　预加张力》标准的规定执行；网片断裂强力及其伸长率按《渔网　合成纤维网片断裂强力与断裂伸长率试验方法》标准的规定执行。

（六）防鲨网

用于防止鲨鱼攻击或破坏深远海网箱的网衣，称为“深远海网箱防鲨网”。在深远海网箱领域，防鲨网包括各类结构类型的网衣，如 UHMWPE 网衣、PA 编织有结网衣、PET 网衣等（见图 3-21）。针对防鲨网的用途和目的，其检验项目主要包括网目尺寸、断裂强力及其伸长率。网目尺寸按《渔网网目尺寸测量方法》和《渔具材料试验基本条件　预加张力》标准的规定执行；网片断裂强力及其伸长率按《渔网　合成纤维网片断裂强力与断裂伸长率试验方法》标准的规定执行。

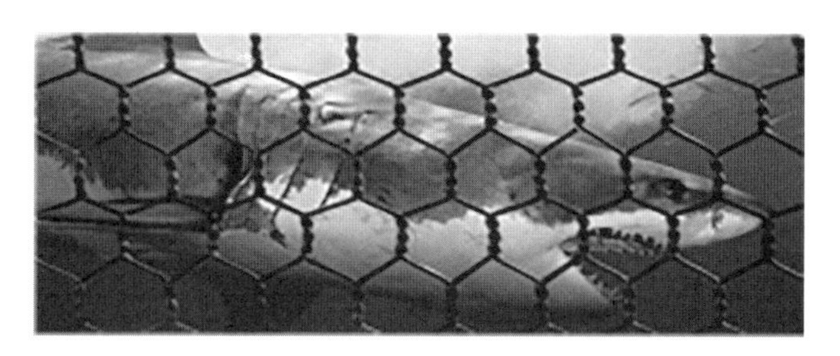

图 3-21　一种防鲨网

（七）防海豹网

用于防止海豹攻击或破坏深远海网箱的网衣，称为“深远海网箱防海豹网”。在深远海网箱领域，防海豹网包括各类结构类型的网衣，如 PA 编织有结网衣、UHMWPE 网衣、PET 网衣等。针对防海豹网的用途和目的，其检验项目主要包括网目尺寸、网片断裂强力及其伸长率。网目尺寸按《渔网网目尺寸测量方法》和《渔具材料试验基本条件　预加张力》标准的规定执行；网片断裂强力及其伸长率按《渔网　合成纤维网片断裂强力与断裂伸长率试验方法》标准的规定执行。

（八）防鸟网

用于防止海鸟攻击或伤害深远海网箱中养殖鱼类的网衣，称为“深远海网箱防鸟网”（图 3-22）。在深远海网箱领域，防鸟网包括各类结构类型的网衣，如 PE

图 3-22　一种防鸟网

网衣、PA 网衣、PET 复丝网衣、UHMWPE 网衣等。针对防鸟网的用途和目的，其检验项目主要包括网目尺寸、断裂强力及其伸长率。网目尺寸按《渔网网目尺寸测量方法》和《渔具材料试验基本条件　预加张力》标准的规定执行；网片断裂强力及其伸长率按《渔网　合成纤维网片断裂强力与断裂伸长率试验方法》标准的规定执行。

（九）分隔网衣

用于分隔大型深远海网箱养殖空间的网衣，称为“深远海网箱分隔网衣”。在深远海网箱领域，分隔网衣包括各类结构类型的网衣，如 PE 有结网衣、PA 网衣、PET 复丝网衣、UHMWPE 网衣等。针对分隔网衣的用途和目的，其检验项目主要包括网目尺寸、断裂强力及其伸长率。网目尺寸按《渔网网目尺寸测量方法》和《渔具材料试验基本条件　预加张力》标准的规定执行；网片断裂强力及其伸长率按《渔网　合成纤维网片断裂强力与断裂伸长率试验方法》标准的规定执行。

（十）其他渔网

在深远海网箱领域，有时还会使用聚胍盐接枝聚乙烯网衣、聚乙烯－聚乙烯醇网衣、MMWPE 网衣、熔纺 UHMWPE 单丝网衣、高强膜裂纤维网衣等其他渔网。针对深远海网箱应用的特点，上述网衣检验项目至少应包括网目尺寸、网片断裂强力及其伸长率。网目尺寸按《渔网网目尺寸测量方法》和《渔具材料试验基本条件　预加张力》标准的规定执行；网片断裂强力及其伸长率按《渔网　合成纤维网片断裂强力与断裂伸长率试验方法》标准的规定执行。条件许可时，还应对渔网继续进行耐磨性、耐老化性、顶破性能、抗疲劳性能和抗冲击性等综合性能检验，以评估其在深远海网箱应用的适配性。综上所述，对检验标准缺失的渔网进行检验，原则上按贸易双方、委托方的合同要求执行。

在合同中无检验标准或检验技术约定的情况下，渔网生产商、供应商、用户、研发人员等可委托我国渔网检验权威专业机构——农业农村部绳索网具产品质量监督检验测试中心进行渔网综合性能检验测试，由该专业检验机构综合评定后选用相关标准、技术规范等进行检验，以确保检测结果的科学性、权威性和精准性。

主要参考文献

陈昌平，黄桂峰，齐小宁，等，2016. 海水养殖设施金属网箱的构造及其应用［M］. 北京：海洋出版社：1–171.

雷霁霖，2005. 海水鱼类养殖理论与技术［M］. 北京：中国农业出版社 .

刘坤，林和山，李众，等，2020. 平潭岛东北部近岸海域大型污损生物群落结构特征［J］海洋学报 . 2020，42（06）：70–82.

麦康森，徐皓，薛长湖，等，2016. 开拓我国深远海养殖新空间的战略研究［J］. 中国工程科学，（18）：90–95.

石建高，2011. 渔用网片与防污技术［M］. 上海：东华大学出版社：1–418.

石建高，2016. 渔业装备与工程用合成纤维绳索［M］. 北京：海洋出版社：1–57.

石建高，2017. 捕捞渔具准入配套标准体系研究［M］. 北京：中国农业出版社：151–201.

石建高，2017. 捕捞与渔业工程装备用网线技术［M］. 北京：海洋出版社：1–40.

石建高，2018. 绳网技术学［M］. 北京：中国农业出版社：1–188.

石建高，2019. 深远海生态围栏养殖技术［M］. 北京：海洋出版社：170–222.

石建高，2020. 水产养殖网箱标准体系研究［M］. 北京：中国农业出版社：1–148.

石建高，2021. 深远海养殖用渔用纤维材料技术学［M］. 北京：海洋出版社：1–160.

石建高，房金岑，2019. 水产综合标准体系研究与探讨［M］. 北京：中国农业出版社：1–47，120–145.

石建高，孙满昌，贺兵，2016. 海水抗风浪网箱工程技术［M］. 北京：海洋出版社：1–218.

石建高，余雯雯，卢本才，等，2021. 中国深远海网箱的发展现状与展望［J］. 水产学报，45（6）：992–1005.

石建高，余雯雯，赵奎，等，2021. 海水网箱网衣防污技术的研究进展［J］. 水产学报，45（3）：472–485.

石建高，张硕，刘福利，2018. 海水增养殖设施工程技术［M］. 北京：海洋出版社：1–102.

石建高，周新基，沈明，2019. 深远海网箱养殖技术［M］. 北京：海洋出版社：

1–330.
孙满昌，2005. 海洋渔业技术学［M］，北京：中国农业出版社 .
孙满昌，石建高，许传才，等，2009. 渔具材料与工艺学［M］. 北京：中国农业出版社：1–202.
唐启升，2017. 水产养殖绿色发展咨询研究报告［M］. 北京：海洋出版社 .
王丹，吴反修，2021. 2021 中国渔业统计年鉴［M］. 北京：中国农业出版社：1–158.
徐君卓，2005. 深水网箱养殖技术［M］. 北京：海洋出版社：1–58.
中华人民共和国国家质量监督检疫总局中国国家标准化管理委员会，2008. 合成纤维渔网片试验方法　网片尺寸：GB/T 19599.2—2004［S］. 北京：中国标准出版社 .
中华人民共和国国家质量监督检疫总局中国国家标准化管理委员会，2008. 合成纤维渔网片试验方法　网片重量：GB/T 19599.1—2004［S］. 北京：中国标准出版社 .
中华人民共和国国家质量监督检疫总局中国国家标准化管理委员会，2008. 渔具材料试验基本条件　预加张力：GB/T 6965—2004［S］. 北京：中国标准出版社 .
中华人民共和国国家质量监督检疫总局中国国家标准化管理委员会，2008. 渔网 网目断裂强力的测定：GB/T 21292—2007［S］. 北京：中国标准出版社 .
中华人民共和国国家质量监督检疫总局中国国家标准化管理委员会，2008. 渔网　合成纤维网片强力与断裂伸长率试验方法：GB/T 4925—2008［S］. 北京：中国标准出版社 .
中华人民共和国国家质量监督检疫总局中国国家标准化管理委员会，2008. 渔网　有结网片的类型和标示：GB/T 30892—2014［S］. 北京：中国标准出版社 .
中华人民共和国国家质量监督检疫总局中国国家标准化管理委员会，2008. 渔网网目尺寸测量方法：GB/T 6964—2010［S］. 北京：中国标准出版社 .
中华人民共和国国家质量监督检疫总局中国国家标准化管理委员会，2008. 渔用织网网片：GB/T 18673—2008［S］. 北京：中国标准出版社 .
中华人民共和国国家质量监督检疫总局中国国家标准化管理委员会，2008. 主要渔具材料命名与标记 网片：GB/T 3939.2—2004［S］. 北京：中国标准出版社 .
中华人民共和国农业部，2018. 聚酰胺单丝机织网片　单线双死结型：SC/T 5026—2006［S］. 北京：中国农业出版社 .
中华人民共和国农业部，2018. 聚酰胺复丝机织网片　单线单死结型：SC/T 5028—2006［S］. 北京：中国农业出版社 .
中华人民共和国农业部，2018. 渔具材料基本术语：SC/T 5001—2014［S］. 北京：中国农业出版社 .

中华人民共和国农业部，2018. 渔具材料试验基本条件　标准大气：SC/T 5014-2002［S］. 北京：中国农业出版社 .

中华人民共和国农业部，2018. 渔具基本术语：SC/T 4001—1995［S］. 北京：中国农业出版社 .

中华人民共和国农业部，2018. 渔网　有结网片的特征和标示：SC/T 4020—2007［S］. 北京：中国农业出版社 .

中华人民共和国农业部，2018. 主要渔具制作　网片缝合与装配：SC/T 4005-2000［S］. 北京：中国农业出版社 .

中华人民共和国农业部，2018. 主要渔具制作　网衣缩结：SC/T 4003—2000［S］. 北京：中国农业出版社 .

中华人民共和国农业部，2018. 主要渔具制作　网片剪裁和计算：SC/T 4004—2000［S］. 北京：中国农业出版社 .

桑守彦，2004. 金網生簀の構成と運用［M］. 东京：成山堂书店 .

Shi J G，2018. Intelligent Equipment Technology for Offshore Cage Culture［M］. Beijing：Ocean Press，1-159.

Yebra D M，Kiil S，Dam-johansen K，2004. Anti-fouling technology-past，present and future steps towards efficient and environmentally friendly anti-fouling coatings［J］. Progress in Organic Coatings，50（2）：75-104.

Gudipati C S，Finaly J A，Callow J A，et al.，2005. The anti-fouling and fouling-release performance of hyperbranched fluoropolymer（HBFP）-poly（ethylene glycol）（PEG）composite coatings evaluated by adsorption of biomacromolecules and the green fouling alga ulva［J］. Langmuir，21：3044.

Yigit Ü，Erg ü n S，Bulut M，et al.，2017. Bio-economic efficiency of copper alloy mesh technology in offshore cage systems for sustainable aquaculture［J］. Indian Journal of Geo Marine Sciences，46（10）：2017-2024.

Yigit M，Dwyer R，Celikkol B，et al.，2018. Human exposure to trace elements via farmed and cage aggregated wild Axillary seabream（*Pagellus acarne*）in a copper alloy cage site in the Northern Aegean Sea［J］. Journal of Trace Elements in Medicine and Biology，50：356-361.